“双高”建设规划教材

高职高专“十四五”规划教材

冶金工业出版社

冶金原料性能检测与分析

主　编　孟　娜　曹　磊　白玉伟

副主编　杨改彦　张　涛　赵锦辉　王文涛

扫码输入刮刮卡密码

查看本书数字资源

北　京

冶　金　工　业　出　版　社

2025

内容提要

本书主要介绍了冶金原料的使用要求、常用的性能检测方法以及原料不同性能对生产的影响。全书共分为7个项目，主要内容包括物料基本性能的测定、铁矿石性能检测与分析、烧结矿性能检测与分析、球团矿性能检测与分析、焦炭性能检测与分析、煤粉性能检测与分析、炼钢原料性能检测与分析。

本书可作为高等职业院校冶金技术专业教材，也可作为冶金企业和相关专业的培训教材或技术参考书。

图书在版编目（CIP）数据

冶金原料性能检测与分析 / 孟娜，曹磊，白玉伟主编. -- 北京 : 冶金工业出版社，2025. 1. -- (“双高”建设规划教材). -- ISBN 978-7-5240-0057-0

Ⅰ. TF04

中国国家版本馆 CIP 数据核字第 20244DP833 号

冶金原料性能检测与分析

出版发行	冶金工业出版社	电　　话	(010)64027926
地　　址	北京市东城区嵩祝院北巷39号	邮　　编	100009
网　　址	www. mip1953. com	电子信箱	service@ mip1953. com

责任编辑　杜婷婷　王　颖　美术编辑　吕欣童　版式设计　郑小利

责任校对　梅雨晴　责任印制　禹　蕊

北京印刷集团有限责任公司印刷

2025年1月第1版，2025年1月第1次印刷

787mm×1092mm　1/16；14. 75印张；326千字；217页

定价 49. 00 元

投稿电话　(010)64027932　投稿信箱　tougao@cnmip. com. cn

营销中心电话　(010)64044283

冶金工业出版社天猫旗舰店　yjgycbs. tmall. com

（本书如有印装质量问题，本社营销中心负责退换）

天津工业职业学院	张秀芳
天津工业职业学院	林 磊
邢台职业技术学院	赵建国
邢台职业技术学院	张海臣
新疆工业职业技术学院	陆宏祖
河钢集团钢研总院	胡启晨
河钢集团钢研总院	郝良元
河钢集团石钢公司	李 杰
河钢集团石钢公司	白雄飞
河钢集团邯钢公司	高 远
河钢集团邯钢公司	侯 健
河钢集团唐钢公司	肖 洪
河钢集团唐钢公司	张文强
河钢集团承钢公司	纪 衡
河钢集团承钢公司	高艳甲
河钢集团宣钢公司	李 洋
河钢集团乐亭钢铁公司	李秀兵
河钢舞钢炼铁部	刘永久
河钢舞钢炼铁部	张 勇
首钢京唐钢铁联合有限责任公司	王国连
河北纵横集团丰南钢铁有限公司	王 力

前言

本书是编者在对行业专家和毕业生工作岗位进行调研的基础上，与生产一线的技术专家一起，跟踪技术发展趋势，依据冶金工业的生产实际和岗位群的技能要求编写而成的。本书力求紧密结合现场实践，注意学以致用，体现以掌握岗位技能为目标的特点，在叙述和表达方式上力求深入浅出、直观易懂，使读者触类旁通。

本书贯彻以学生为本和知识、能力、素质协调发展的实验教育理念和教学观念，总结近年来实验教学成果，加强综合性实验项目，旨在培养学生的科学思维和探索精神。

钢铁冶金原料、燃料种类繁多，性能各异，既有天然矿物，又有人造矿物（烧结矿、球团矿、铁合金等）。物料的各种特性都会对冶金工艺及产品的质量产生直接影响。通过物料性能的测定，对钢铁冶金用原料、燃料做出综合评价，为合理使用提供依据。本书内容分为理论知识和实验两部分，介绍各种冶金原料的性能、实验原理、实验设备、实验方法以及结果分析。

在本书编写过程中，力求突出以下几方面的特色。

（1）实操性强。每章都涉及检测实操，并且在每章后都安排了综合性的课后习题，让学生在实操中熟悉本章的学习重点，之后还可以通过思考和讨论来巩固本章的学习效果。

（2）创新点多。一是在教材体系上的创新。本书以冶金工业中使用的原料为主线设计全书的内容，使学生了解和掌握在冶金行业从事原料检测必须要做的工作。二是在内容上的创新。本书理论与实践相结合，主要内容有原料在冶金中的作用、原料性能的检测、不同原料性能对冶金的影响。三是在形式上的创新。在每章后有“思政展播”，用习近平新时代中国特色社会主义思想铸魂育人，用生动的人物故事大力弘扬劳模精神、劳动精神、工匠精神。

（3）通俗易懂。本书主要是针对一般冶金行业人员编写的，体现了职业教育的特点，通俗易懂，深入浅出。

本书与生产现场紧密联系，结合企业岗位的需求变化，每章都配有微课，课程内容直观易懂，便于学生学习掌握课程的重点与难点。

本书由河北工业职业技术大学孟娜、曹磊和白玉伟担任主编；华北理工大学以升创新教育基地杨改彦，邯郸钢铁集团有限责任公司张涛，河北工业职业技术大学赵锦辉、王文涛担任副主编；参加编写的还有河北工业职业技术大学王杨、任霄雅、韩立浩、赵秀娟、刘燕霞、黄伟青、齐素慈、关昕、王素萍。石家庄钢铁有限责任公司检测中心站长周慧芳审阅了全书，提出了许多宝贵意见，在此谨致谢意。

本书在编写过程中，参考了相关文献资料，在此向文献资料的作者表示由衷的感谢。

由于编者水平所限，书中不妥之处，敬请广大读者批评指正。

编 者

2024 年 3 月

目 录

课件下载

项目 1　物料基本性能的测定

项目 1 课件

任务 1.1　冶金原料概述

炼铁和炼钢是钢铁生产中的重要环节。不同的炼铁和炼钢方法使用的原料不尽相同，这里介绍的冶金原料主要包括高炉炼铁原料和转炉炼钢原料。

1.1.1　高炉炼铁原料的种类

铁矿石、燃料、熔剂是高炉炼铁的主要原料，它们在炉内的作用不同，同时相互之间进行了很多物理及化学变化，结果转化成了生铁、炉渣、煤气等高炉主要产品排出炉外。炼铁原料是高炉生产的基础，原料的质量和性质将直接影响高炉生产指标。我国高炉炼铁技术的进步和生产指标的改善很大程度上得益于炉料质量的改善。为提高原料质量，对原料的性能检测和分析成为一项重要的工作。

铁矿石（见图 1-1）是高炉炼铁的主要原料之一，是铁的主要来源，它的主要成分是铁的氧化物。通过还原剂的还原，把铁氧化物中的铁元素还原出来。铁元素是构成生铁的主要成分，约占生铁成分的 95%。目前高炉铁料主要有烧结矿（见图 1-2）、球团矿（见图 1-3）、富块矿。烧结矿又分高碱度烧结矿、自熔剂性烧结矿和酸性烧结矿。烧结法和球团法是目前两种常用的造块方法。造块后能提高矿石的品位、机械强度、还原性，并均匀粒度、稳定化学成分等，有利于高炉顺行。

图 1-1　铁矿石

图 1-2　烧结矿

目前高炉用燃料有固体、气体、液体三种形态，常用燃料有焦炭（见图 1-4）、煤、重油和天然气。燃料在高炉内燃烧产生大量的热量和还原气体，为铁矿石的还原提供了必要条件。主要燃料焦炭是从炉顶通过装料设施进入炉内，而煤粉、重油和天然气则是通过风口喷吹进入炉内。喷吹煤粉、重油和天然气的目的是取代部分焦炭，从而降低生铁成本。

图1-3　球团矿

图1-4　焦炭

熔剂也是高炉炼铁的主要原料之一。熔剂一般可分碱性熔剂、中性熔剂和酸性熔剂。由于自然铁矿石都以酸性脉石为主，所以高炉炼铁普遍采用碱性熔剂，一般采用较为廉价的石灰石，如图1-5所示。需要注意的是，石灰石一般不从高炉直接加入，而是在铁矿粉造块过程中配加进去，这种方法可以有效降低高炉炼铁的成本。

图1-5　石灰石

1.1.2　转炉炼钢原料的种类

炼钢原料是转炉炼钢的物质基础，原料质量的好坏将直接影响炼钢生产过程和炼钢产品的质量。炼钢原料按照金属与非金属的概念区分，分为金属料与非金属料两大类。按照使用功能划分，分为钢铁料、铁合金和渣辅料三大类。

金属料包括供炼钢使用的铁水、废钢、合金化使用的铁合金。非金属料也称为辅助材料，主要包括渣辅料、氧化剂、还原剂和增碳剂几种类型。

（1）渣辅料常见的有石灰、白云石、石灰石、镁球、萤石、硅石、铝矾土、合成渣等。

（2）氧化剂（有冷材的功能）常见的有氧化铁皮、铁矿石、烧结矿、球团矿、冷固球团等。

（3）常见的还原剂有碳化硅、铝渣球、氧化钙碳球、电石，增碳剂有炭粉、焦粉等。

1.1.3　项目 1 的主要任务

项目 1 要求掌握对冶金原料粒度、密度、比表面积、成球性、反应速度等基本性能的检测。

任务 1.2　筛分分析法测量物料的粒度

微课　筛分分析法测量物料的粒度

1.2.1　粒度、粒度组成、粒度分析的定义

粒度表征物料颗粒大小；物料可按粒度大小分成若干级别，各粒级的相对含量称为粒度组成；对原料的粒度组成测定称为粒度分析。

1.2.2　冶金原料的粒度范围及常用测定方法

冶金原料种类繁多，粒度范围也较宽泛（10~1×10^5 μm），常按照粒度大小不同，采用不同的测定方法，通常有筛分分析法、沉降分析法、计数法、比表面法等。粒度测定方法及其适用范围见表 1-1。

表 1-1　粒度测定方法及其使用的粒度范围

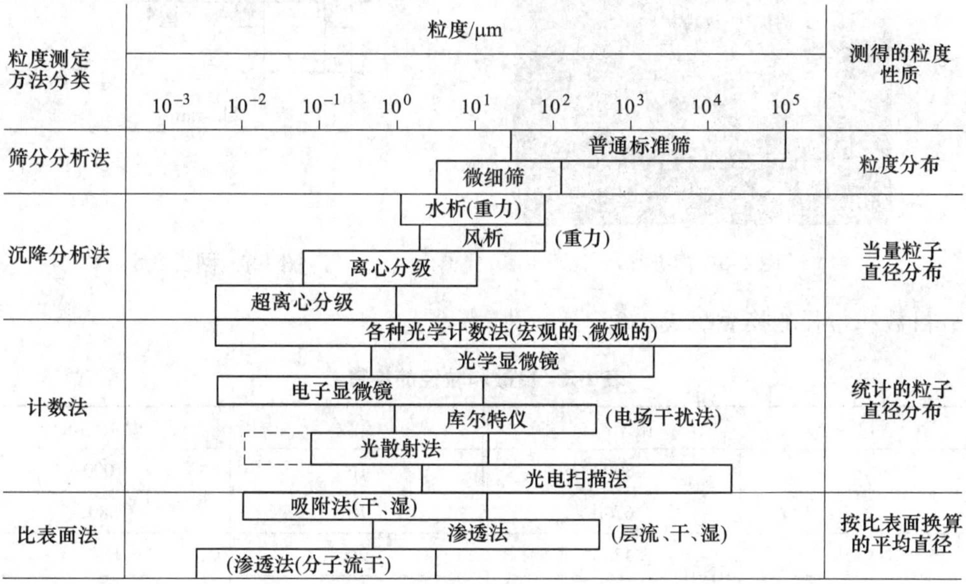

粗粒物料（5×10^3 ~ 1×10^5 μm）一般由人工筛分，常用钢板冲孔筛或金属丝编织网筛。为保证筛分分析结果的准确性并具有可比性，筛分分析时的试样量及筛子往复次数需保持不变。若物料含泥质较多时，则应先清洗掉黏附在大块上的泥质，以免影响筛析结果。

细粒物料（45~5×10^3 μm）常用普通标准筛进行粒度分析。标准筛是按一定筛比确定的筛孔大小组合成的一种套筛，如图 1-6 所示，在振筛机上借助于振打将物料分成若干级别，用质量分数表示其粒度及粒度组成。

粒度用毫米（mm）、微米（μm）或网目数表示，网目是指 25.4 mm（1 英寸）筛网长度上的筛孔数，如图 1-7 所示。50 网目是指 25.4 mm 上的筛孔数是 50 个，500 网目是指 25.4 mm 上的筛孔数是 500 个，网目数越大，筛孔数越多。网目除了表示筛网的筛孔外，它同时用于表示能够通过筛网的粒子的粒径，网目数越大的筛子筛出的物料粒度越小。粒度与网目关系如式（1-1）所示：

$$m = \frac{25.4}{a + d} \tag{1-1}$$

式中　m——网目数；

d——网孔尺寸，mm；

a——丝径，mm。

图 1-6　标准筛

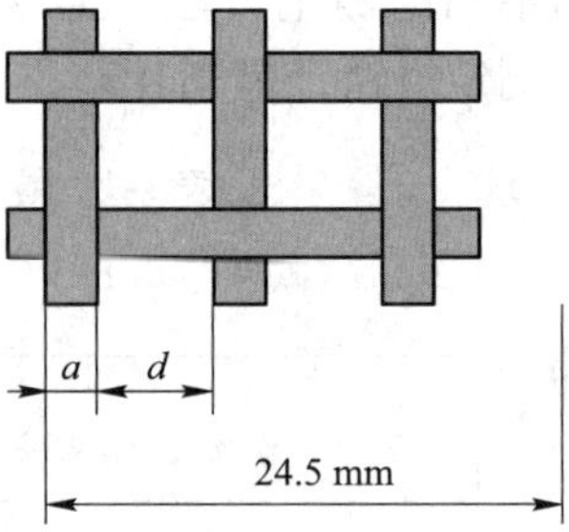

图 1-7　网目数

目数和粒径的换算见表 1-2。

表 1-2　目数和粒径的换算

目数	微米/μm	目数	微米/μm
2	8000	16	1000
3	6700	18	880
4	4750	20	830
5	4000	24	700
6	3350	28	600
7	2800	30	550
8	2360	32	500
10	1700	35	425
12	1400	40	380
14	1180	42	355

续表 1-2

目数	微米/μm	目数	微米/μm
45	325	180	80
48	300	200	74
50	270	230	62
60	250	240	61
65	230	250	58
70	212	270	53
80	180	300	48
90	160	325	45
100	150	400	38
115	125	500	25
120	120	600	23
125	115	800	18
130	113	1000	13
140	109	1340	10
150	106	2000	6.5
160	96	5000	2.6
170	90	8000	1.6
175	86	10000	1.3

套筛标准由筛比和基筛两个参数决定。筛比是指两个相邻筛子的筛孔尺寸之比。基筛是指作基准的筛子筛孔尺寸。根据基筛筛孔尺寸大小和筛比的不同，各国制定出各种不同的标注筛制，常见的有泰勒筛、美国标准筛、国际标准筛、日本标准筛、德国标准筛、英国标准筛。我国标准筛与国际标准筛基本相同。

泰勒筛的基筛为 200 目（0.074 mm），以 $\sqrt{2}=1.414$ 为主筛比，以 $\sqrt[4]{2}=1.189$ 为辅筛比，比基筛粗的筛孔尺寸用 $0.074\times(\sqrt{2})^n$ 计算，比基筛细的筛孔尺寸用 $0.074\times\dfrac{1}{(\sqrt[4]{2})^n}$ 计算，n 为基筛上下的层数。国际标准筛以 1 mm 作为基筛，筛比为 $(\sqrt[20]{10})^3=1.414$ 组成主系列 R20/3，小于 32 μm 以 $(\sqrt[10]{10})=1.25$ 为主筛比，组成主系列 R10，$\sqrt[20]{10}=1.12$ 为第一方案的辅助筛比，组成 R20 系列，以 $(\sqrt[40]{10})^3=1.189$ 为第二方案的辅助筛比，组成 R40/3 系列。日本采用国际标准 R20 和 R40/3 系列。德国采用 ϕ1 mm 为基筛，以 $\sqrt[10]{10}=1.25$ 为主筛比，组成 R10 系列。

干法筛分标准规定筛子直径为 200 mm，深度为 50 mm。实验时按试样粒度范围选用一套筛子，一般按主系列选取，也可部分地或全部从辅助系列中选取，要求筛子的个数和筛孔应能满足测定试样的粒度组成。按筛孔大小的顺序依次将标准筛套好，把称量好的试样倒入最上层的筛面，盖好上盖，放在振动式筛分机上筛分

10~15 min。筛析结束后，分别取出每一筛子的筛上试样称量，工业天平感量为 0.01 g，用质量分数表示。要求各粒级出量的总和与原试样量之差不得超过 1%，否则应重做。

1.2.3　试样量的选取

每次筛析所需试样的最小量取决于样品中最大粒度，可根据取样量公式计算。每次给标准筛的试样量以 50~150 g 为宜，当试样堆积密度小于 1.5 g/cm^3 时取 100~150 g，大于 1.5 g/cm^3 时取 50~100 g。

1.2.4　我国方孔筛的级别

目前我国对高炉炉料的粒度组成检测尚未标准化，推荐采用方孔筛（mm）：5×5、6.3×6.3、10×10、16×16、25×25、40×40、80×80 七个级别，其中 5×5、6.3×6.3、10×10、16×16、25×25、40×40 六个级别为必用筛，使用摇动筛筛分，粒度组成按各粒级的出量用百分数（%）表示。

1.2.5　粒度分布的表示方法

为了便于观察和分析问题，可将筛析结果整理成表格或图形的形式。

1.2.5.1　*表格法*

用表格的方法将粒径区间分布、累计分布一一列出的方法，见表 1-3。

表 1-3　筛析结果

粒级		质量/g	产率	
粒级/mm	粒级/网目		个别产率/%	累积产率/%
+0.85	+20	0	0	0
+0.60	+28	10	5.0	5.0
+0.425	+35	12	6.0	11.0
+0.300	+48	15	7.5	18.5
+0.212	+65	17	8.5	27.0
+0.150	+100	18	9.0	36.0
+0.106	+150	25	12.5	48.5
+0.075	+200	25	12.5	61.0
−0.075	−200	78	39.0	100.0
总计		200	100.0	

1.2.5.2　*图形法*

在直角坐标系中用直方图和曲线等形式表示粒度分布的方法。绘制的粒度特性曲线，如图 1-8 所示，图 1-8（a）为简单坐标法，其横坐标为粒度大小，纵坐标以累积产率计，此法使用粒级较窄的物料。图 1-8（b）为半对数坐标法，即横坐标用对数划分粒子尺寸，此法适用于宽粒级物料。此外还可以用全对数法求出直线方程，这就有可能求出更细物料的产率。

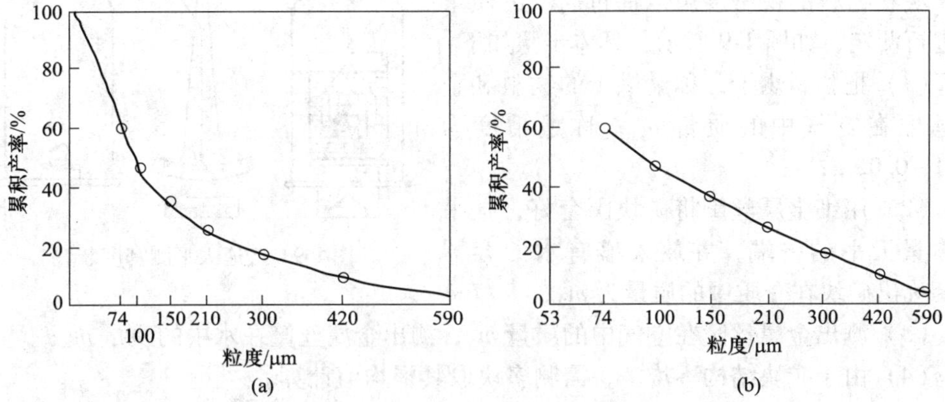

图 1-8　粒度特性曲线

（a）简单坐标法；（b）半对数坐标法

任务 1.3　块状物料视密度的测定

微课　块状物料视密度的测定

生产烧结矿和球团矿的原料是常用的造块原料。在生产烧结矿和球团矿以前，需要对其所使用的原料进行检测，主要检测项目包括粒度及粒度组成、密度、比表面积、孔隙率等。

用于造块的原料主要分为块状物料和散状物料，不同形态的物料其测定方法不同。

1.3.1　实验目标

（1）掌握块状物料视密度的定义。

（2）掌握块状物料视密度的测定原理和方法。

1.3.2　实验原理

单位体积物料的质量称为密度，用 ρ 表示 $\rho = M/V$，常用单位为 kg/m^3 或 g/cm^3。

测量物料密度的方法视物料性质而定。计算时，块状物料的体积包括物料内部孔隙的体积，不包括物料表面的开口空隙体积，计算的密度称为视密度、假密度或表观密度，表达式如式（1-2）所示：

$$视密度 = 质量 /(外部实际体积 + 内部闭口孔隙体积) \tag{1-2}$$

1.3.3　实验装置

本实验装置包括天平、砝码、密度瓶、量筒等，如图 1-9 所示。

1.3.4　操作步骤

块状物料的视密度可以通过简单的质量法进行测定，如图 1-9 所示，具体步骤如下：

(1) 把物料烘干，称量烘干的物料和金属丝框在空气中的质量 m_1，称量精度为 0.01~0.02 g；

(2) 用细金属丝筐将矿块圈套好，挂吊在称量天平的一端，并放入盛有水的容器中，称出矿块在介质中的质量为 m_2；

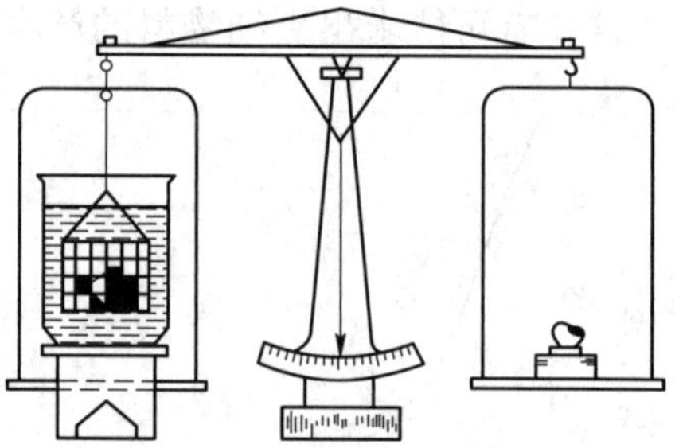

图 1-9　普通天平测密度装置

(3) 测出金属丝筐在空气中的质量 m_3，测出金属丝筐在水中的质量 m_4；

(4) 由于矿块结构不均一，需测多块取其平均值计算。

根据物料性能不同，介质还可应选用酒精、苯和二甲苯等物质。

1.3.5　数据处理

计算公式如式 (1-3) 所示：

$$\rho_C = \frac{(m_1 - m_3) \cdot \rho'}{(m_1 - m_3) - (m_2 - m_4)} \tag{1-3}$$

式中　ρ_C——块状物料的视密度，g/cm^3；

m_1——块状物料和金属丝筐在空气中的质量，g；

m_2——块状物料和金属丝筐在水中质量，g；

m_3——金属丝筐在空气中质量，g；

m_4——金属丝筐在水中的质量，g；

ρ'——水的密度，g/cm^3。

微课　散状物料真密度和堆积密度的测定

任务 1.4　散状物料真密度和堆积密度的测定

用于造块的主要原料除了块状物料，还经常用散状物料。散装物料密度的测定方法和块状物料密度的测定方法是不同的。

1.4.1　实验目标

(1) 掌握散状物料密度测定原理。

(2) 掌握散状物料的真密度、堆积密度的测定方法。

(3) 掌握孔隙率的计算方法。

1.4.2　实验原理

堆积密度是指在规定条件下，散状物料在自然状态下堆积时单位容积内的质量 (g/cm^3)。散状物料的体积包括矿粒间孔隙的体积。堆积密度受粒度与粒度组成、颗粒形状及表面状态、颗粒湿度、装料方式等许多因素影响。

在计算散状物料密度时，所用体积为不含孔隙的体积，计算出来的密度称为真密度。密度瓶法测定真密度用的是阿基米德原理：浸在液体（或气体）里的物体受到向上的浮力作用，浮力的大小等于被该物体排开的液体的重力。

孔隙率即指全部孔隙的体积与物料总体积之比，用体积分数表示。

1.4.3　实验装置

本实验装置包括天平、砝码、密度瓶、量筒等。

1.4.4　操作步骤

1.4.4.1　散状物料真密度的测定

为测定不包含孔隙的物料密度，需将物料研磨到小于 0.1 mm。其测定方法很多，常用的是密度瓶法，具体步骤如下：

（1）取 25 mL 的密度瓶用洗液洗净、烘干，用感量为 0.0001 g 的天平称量密度瓶的质量为 m_5。

（2）取经烘干、粒度小于 0.1 mm 的试样放入密度瓶中，试样装入量为瓶容积的 1/3 左右，称出瓶和试样的总质量为 m_6。

（3）向瓶内注入蒸馏水至容积的 2/3，用抽气法或在热水浴中煮沸的方法，除去试样上附着的气泡。静置冷却后，再将蒸馏水注满至瓶口，塞上瓶塞，使水从瓶塞上的毛细管中溢出，此时说明瓶中已装满水。擦干瓶外的水分，称量瓶、水和试样的总质量为 m_7。

（4）从瓶中倒出水和试样，洗净后装满蒸馏水，称出瓶和水的总质量为 m_8。

1.4.4.2　散状物料堆积密度的测定

测定散状物料堆积密度的方法比较简单，取一已经校准其体积为 V 的容器（如量筒），质量为 m_9，加入试样刮平后测量其质量为 m_{10}。采用这种方法可测量干料，也可测定不同湿度的物料，为减少误差，应进行多次测定并取结果的平均值。一些常见物料的堆积密度见表 1-4。

表 1-4　常见物料的堆积密度

物料名称	堆积密度/（$t \cdot m^{-3}$）	物料名称	堆积密度/（$t \cdot m^{-3}$）
烟煤粉	0.4~0.7	平炉渣（粗）	1.6~1.85
粉状石墨	0.45	高炉渣	0.6~1.0
磁铁矿	2.5~3.5	铅锌水碎渣（湿）	1.5~1.6
赤铁矿	2.0~2.8	干煤灰	0.64~0.72
褐铁矿	1.2~2.1	煤灰	0.70
锰矿	1.7~1.9	粗砂（干）	1.4~1.9
镁砂（块）	2.2~2.5	细砂（干）	1.4~1.65
粉状镁砂	2.1~2.2	细砂（湿）	1.9~2.1

续表 1-4

物料名称	堆积密度/(t·m^{-3})	物料名称	堆积密度/(t·m^{-3})
铜矿	1.7~2.1	造型砂	0.8~1.3
铜精矿	1.3~1.8	石灰石（大块）	1.6~2.0
铅精矿	1.9~2.4	石灰石（中块）	1.2~1.5
锌精矿	1.3~1.7	生石灰	1.7~1.8
铅锌精矿	1.3~2.4	碎石	1.32~2.0
铁烧结块	1.7~2.0	白云石（块）	1.2~2.0
碎烧结块	1.4~1.6	碎白云石	1.8~1.9
铅烧结块	1.8~2.2	砾石	1.5~1.9
铅锌烧结块	1.6~2.0	黏土（小块）	0.7~1.5
锌烟尘	0.7~1.5	黏土（湿）	1.7
黄铁矿烧渣	1.7~1.8	水泥	0.9~1.7
欠薪团矿	1.3~1.8	熟石灰（粉）	0.5
黄铁矿球团矿	1.2~1.4	熟石灰（块）	2.0

1.4.5　数据处理

（1）散状物料真密度按下式计算密度：

$$\rho_Z = \frac{(m_6 - m_5)\cdot\rho'}{(m_8 - m_5) - (m_7 - m_6)} \tag{1-4}$$

式中　ρ_Z——散状物料的真密度，g/m^3；

m_5——密度瓶的质量，g；

m_6——密度瓶和试样的总质量，g；

m_7——密度瓶、试样和水的总质量，g；

m_8——密度瓶和水的总质量，g；

ρ'——水的密度，g/cm^3。

（2）散状物料堆积密度 ρ_D 可用下式计算：

$$\rho_D = \frac{m_{10} - m_9}{V} \tag{1-5}$$

式中　ρ_D——散状物料的堆积密度，g/m^3；

m_9——容器的质量，g；

m_{10}——试样和容器的总质量，g；

V——容器体积，cm^3。

（3）散状物料孔隙率的计算，散状物料的孔隙率可根据测得的真密度 ρ_Z 和堆积密度 ρ_D 按下式计算：

$$q = \left(1 - \frac{\rho_D}{\rho_Z}\right) \times 100\% \tag{1-6}$$

式中　q——散状物料的孔隙率，%；

ρ_D——堆积密度，g/cm^3；

ρ_Z——真密度，g/cm^3。

本实验数据计算结果见表 1-5。

表 1-5　实验数据记录表

次数	块状物料的视密度 $\rho_C/(g \cdot m^{-3})$	散状物料的真密度 $\rho_Z/(g \cdot m^{-3})$	散状物料的堆积密度 $\rho_D/(g \cdot m^{-3})$	散状物料的孔隙率 $q/\%$
1				
2				
3				

任务 1.5　液体渗透法测定物料的比表面积

微课　液体渗透法测定物料的比表面积

比表面积是指单位质量（或体积）的散状粉末物料所具有的总表面，即矿粒内表面和外表面之和，单位为 cm^2/g 或 cm^2/cm^3。理想的非孔性物料只具有外表面积，有空和多孔物料具有外表面积和内表面积。

铁精矿是造球的主要原料，它是一种粉状细磨物料。铁精矿的粒度和比表面积有关系，随着粒度的减小，比表面积增大，表面过剩能量增高，活性增强，容易成球。但粒度过细，导致毛细管过小，使毛细管的阻力增大，毛细水的迁移速度降低，因而成球速度也降低，造球时间延长。铁精矿的比表面积影响成球速度，同时也影响生球中颗粒黏结强度。在生产中生球的强度具有决定性的意义，所以一般将矿粉磨得很细（一般为 1500~1900 cm^2/g），造球速度靠其他因素加快。

比表面积的测定方法分渗透法和吸附法。渗透法是利用流体（气体或液体）在通过被测试样料层时的速度计算比表面，因所用流体不同，分为液体渗透法和气体渗透法。液体渗透法用于测定大于 5 μm 的试料，更细的物料和与水发生作用的物料（如水泥）需用气体渗透法。

1.5.1　实验目标

（1）掌握铁精矿比表面积的测定原理和操作步骤。

（2）了解液体渗透法测定物料比表面积的实验装置。

1.5.2　实验原理

液体渗透法根据达尔斯（Darcy）定律，黏度为 μ，在 ΔP 的压力差下，流过面积为 A，厚为 L 的试料层，其流速 u 为：

$$u = \frac{Q}{A} = K\frac{\Delta P}{\mu L} \tag{1-7}$$

式中　u——液体的速度，cm/s；

Q——流体透过料层的流量，cm^3/s；

A——料层的面积，cm^2；

ΔP——流体通过料层前后的压力差，Pa；

L——料层厚度，mm；

μ——流体黏度，Pa · s；

K——比例常数。

由于流速与料层中的孔道截面和长度有关，而料层中的孔道截面积和长度又与料层孔隙率（ε）和表面积有关，由此可导出库曾（Kozen）公式：

$$K = \frac{1}{kS_v^2} \cdot \frac{\varepsilon^3}{(1-\varepsilon)^2} = \frac{1}{k\rho_s^2 S_w^2} \cdot \frac{\varepsilon^3}{(1-\varepsilon)^3} \tag{1-8}$$

式中　S_v——单位体积物料的表面积，$S_v = \rho_s S_w$；

S_w——单位质量物料的表面积；

ρ_s——物料的密度；

k——形状系数。

将式（1-9）代入式（1-8）。导出单位质量物料的表面积 S_w：

$$S_w = \frac{1}{\rho_s}\sqrt{\frac{1}{k} \cdot \frac{\varepsilon^3}{(1-\varepsilon)^2} \cdot \frac{A}{Q} \cdot \frac{\Delta P}{\mu L}} \tag{1-9}$$

设形状系数 $k=5$。

$$S_w = \frac{1}{\rho_s}\sqrt{\frac{1}{5} \cdot \frac{\varepsilon^3}{(1-\varepsilon)^2} \cdot \frac{A}{Q} \cdot \frac{g\Delta P}{\mu L}} = \frac{14}{\rho_s}\sqrt{\frac{1}{k} \cdot \frac{\varepsilon^3}{(1-\varepsilon)^2}} \tag{1-10}$$

$$\varepsilon = 1 - \frac{m}{A \cdot L\rho_s} \tag{1-11}$$

式中　m——物料的质量，g。

1.5.3　实验装置

液体渗透法的试验装置种类很多，其中最简单的是卡门（Carman）液体渗透计，如图1-10所示。

它包括一个截面积为 A 的渗透管1，其直径为1.8~2.0 cm，长度为直径的5倍。管下部用弯管3连接贮气瓶4，抽气口5与抽气泵和压力调节器相连。待测试样装在由弹簧圈7支持的滤布6上，贮水器10保持渗透管1中液面始终为恒定高度 h_1。

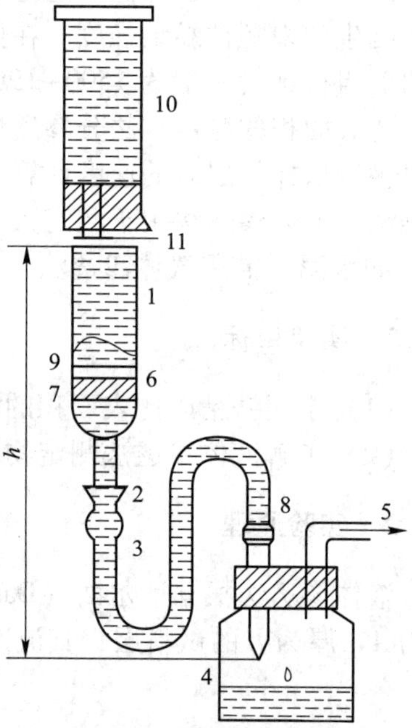

图1-10　卡门液体渗透计

1—渗透管；2—磨砂口；3—弯管；4—贮气瓶；5—抽气口；6—滤布；7—弹簧圈；8—调节阀；9—试样；10—贮水器；11—出水口

1.5.4　操作步骤

试验时，将已知质量的样品置于烧杯中，取5~10倍渗透用液体加入杯中共同搅拌，并加热至沸点，务使样品分散（也可加分散剂），冷却至室温后，小心转入渗透管1，一面搅拌一面抽气使样品在滤布上挤紧，注意避免分层现象。抽气真空度为 53366.1~66708 Pa，将贮水器 10 流入渗透管 1 的水保持恒定后测透过料层的流量 Q 和流体通过料层前后的压力差 ΔP，即可计算比表面积 S_w。

微课　气体渗透法测定物料的比表面积

任务 1.6　气体渗透法测定物料的比表面积

液体渗透法用于测定大于 5 μm 的试料，更细的物料和与水发生作用的物料（如水泥）需用气体渗透法。

1.6.1　实验目标

（1）掌握气体渗透法测物料比表面积的原理和步骤。

（2）了解气体渗透法测定物料比表面积的实验装置。

1.6.2　实验装置

实验设备常用的有粉末行业中通用的费氏仪，如图 1-11 所示，我国水泥工业采用新 T-3 型气体渗透仪，如图 1-12 所示。

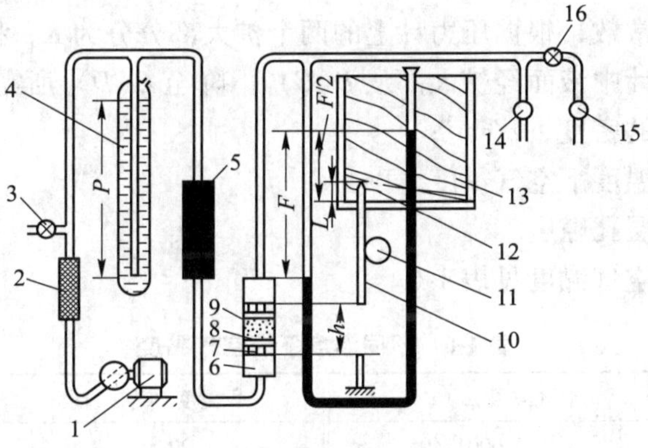

图 1-11　费氏仪装置

1—空气泵；2—过滤器；3—调压阀；4—稳压管；5—干燥剂管；6—试样管；7—多孔塞；8—滤纸垫；9—试样层；10—齿杆；11—手轮；12—U 形压力计；13—粒度读数板；14，15—针型阀；16—换挡阀

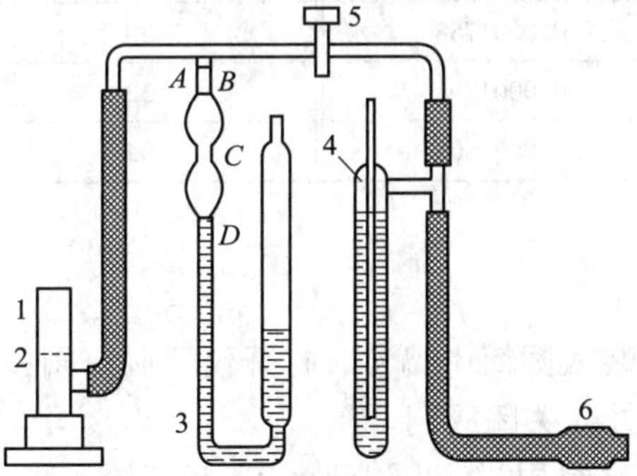

图 1-12　新 T-3 透气式比表面仪

1—圆筒；2—穿孔圆板；3—气压计；4—负压调节器；5—活塞；6—抽气球

费氏仪由真空泵、过滤器、稳压管、干燥剂管、U 形压力计、针型阀和粒度读数板等主要部分组成。由空气泵打出压缩空气经过滤器进入稳压管稳压，稳压后的压缩空气再经干燥剂管去除水分，然后经试样管到 U 形压力计。气体通过试样层时产生压力降 ΔP，被测的颗粒越大，压降就越小，表现在 U 形压力计水位上升就越高，在粒度读数板上读出数就大。反之，被测颗粒越小，在粒度读数板上读出的粒度就越小。

新 T-3 型气体渗透仪主要由圆筒、穿孔圆板、气压计、负压调节器、活塞、抽气球组成。

1.6.3　实验原理

新 T-3 型气体渗透仪主要是根据一定量的空气，在通入孔隙一定的固定料层厚度时，由于料层阻力不同而引起气流通过速度的变化，用式（1-12）来计算比表面积：

$$S_w = \frac{K}{\rho}\sqrt{\frac{\varepsilon^3}{(1-\varepsilon)^2}} \cdot \sqrt{\frac{1}{\mu}} \cdot \sqrt{T} \tag{1-12}$$

式中　S_w——试料的比表面积，cm^2/g；

K——仪器常数，根据压力计上的两个扩大部分分为 $K_上$ 和 $K_下$；

T——气压计中液面经扩大部从 $B(C)$ 下降至 $C(D)$ 所需时间，s；

ρ——试样的密度，g/cm^3；

μ——试验温度下空气黏度，Pa · s；

ε——试料层孔隙度。

不同温度下的空气黏度见表 1-6。

表 1-6　不同温度下的空气黏度

温度/℃	空气黏度 μ/(Pa · s)	温度/℃	空气黏度 μ/(Pa · s)
8	0.0001749	22	0.0001818
10	0.0001759	24	0.0001828
12	0.0001768	26	0.0001837
14	0.0001778	28	0.0001847
16	0.0001788	30	0.0001857
18	0.0001798	32	0.0001867
20	0.0001808	34	0.0001876

1.6.4　操作步骤

（1）将称量的试样装入圆筒中捣实，打开仪器调节阀，用抽气球抽气，使压力计的液面上升至刻度 A 处，关闭阀门。

（2）由于空气通过试料层进入压力计，液面开始下降，当液面下降到 B 处时开始计时，记下液面从 B 到 C 所需时间及试验时的温度。即可用式（1-12）计算物料比表面积 S_w，计算时仪器系数取 $K_上$。

（3）若液面从 B 到 C 所需时间小于 35 s，则应采用下面扩大部分，记录从 C 到 D 所需时间，计算时用 $K_{下}$。

1.6.5　注意事项

（1）捣紧试样时表面要平坦，用力要均匀，捣完后不可倾翻和振动，以免改变试样的粒度分布。

（2）抽气时用力应小而均匀，液面上升不能过快，以免压力计中蓝色液体冲入旋塞中。

（3）实验完成后将筒内试液倒出，擦干净，以备下次实验使用。

1.6.6　数据处理

实验后记录数据，基础数据见表 1-7，液面下降的时间记录见表 1-8。计算 t_1 与 t_2 的平均值和试样的比表面积。

表 1-7　基础数据记录表

仪器参数 K	试样孔隙率 q/%	室温/℃	空气黏度 μ/(Pa · s)	物料密度 ρ/(g · cm^{-3})

表 1-8　实验数据记录表

次　　数	1	2	3
液面从 B 降到 C 的时间 t_1			
液面从 C 降到 D 的时间 t_2			

微课　物料成球性能的测定 1

微课　物料成球性能的测定 2

任务 1.7　物料成球性能的测定

成球性是造球物料的一个综合指标，它受造球物料的矿物成分、表面特性、黏结力及内摩擦力等的综合影响。成球性判断的主要指标是物料成球后的抗压强度。在烧结混匀和制粒过程以及球团造球过程中，物料的毛细湿容量（最大毛细水含量）和分子湿容量（最大分子水含量）直接影响生球抗压强度和成球速度。

1.7.1　实验目标

（1）通过实验掌握物料最大毛细水含量和最大分子水含量的测定方法。

（2）掌握成球性指数的表达公式及其在造块生产中的作用。

1.7.2　实验原理

在烧结或球团工艺的一定条件下，影响成球过程的主要因素是原料本身的性质，尤其是原料的成球性能。所谓原料的成球性能是指细磨物料在自然状态下滴水成球的性能及其在机械力作用下的密集能力。其通常用成球性指数 K 来表示，它综合反映了细磨物料的天然性质，如颗粒表面的亲水性、颗粒的形态及结构状态（粒度及粒度组成、孔隙率）等。物料的成球性指数用试样的最大毛细水含量和最大分子水含量做静态评定，前者表明试样的表面特性，两者均能说明物料的润湿性。

干燥的矿粉一般都具有亲水性，在颗粒表面分子力作用下，水分子被吸附在矿粒表面。由于分子引力的作用，在吸附水外层又形成一层薄膜水，薄膜水内层靠近颗粒，受其吸力作用较强，称为强结合水，它与吸附水称为最大分子水，可使粉料成形，但仍不具塑性。薄膜水的外层更接近于自由水，能够在外力作用下发生塑性变形。当矿粉被水润湿其量超过薄膜水时，在颗粒间出现毛细水，开始为触点态，使颗粒连接起来；进一步润湿时则呈蜂窝态，在水的表面张力及外力作用下，颗粒靠拢；继续润湿出现饱和态毛细水，使颗粒之间产生最大的毛细力。毛细水的充填率对生球强度有影响，当饱和态毛细水出现时，水的充填率达到0.8~0.9时，毛细引力最大，球团的抗压强度最高；当触点态毛细水出现时，水的充填率很低（为0.4以下），毛细引力下降、抗压强度下降（根据计算，只有最大毛细引力时抗压强度的35%）。当水的充填率达到1时，即过饱和时，则球团表面便产生水膜，此时毛细引力已不存在，球团抗压强度也很弱了。生球的抗压强度主要决定于颗粒之间气-液相的表面张力所引起的毛细引力。其他静电吸力、范德华力的影响都是很小的。但有人认为分子力的作用不可忽视。

颗粒表面亲水性越高，薄膜水及毛细水含量越高，成球性就越好。不同矿粉及黏结剂的最大分子水及毛细水的含量见表1-9。物料的成球性可用成球指数K来表示，最大毛细水含量用$W_{\text{毛}}$来表示，最大分子水含量用$W_{\text{分}}$来表示。

根据成球性指数K的大小，可将物料的成球性分为如下几种：

（1）$K<0.2$，无成球性；

（2）$K=0.2\sim0.35$，弱成球性；

（3）$K=0.35\sim0.6$，中等成球性；

（4）$K=0.6\sim0.8$，良好成球性；

（5）$K>0.8$，优等成球性。

表1-9　各种铁矿粉及黏结剂的成球性

物料名称	粒度/mm	$W_{\text{分}}$/%	$W_{\text{毛}}$/%	K
磁铁矿	0~0.15	5.3	18.6	0.4
赤铁矿	0~0.15	7.4	16.5	0.81
褐铁矿	0~0.16	21.3	36.8	1.37
石灰石	0~0.25	15.3	36.1	0.74
消石灰	0~0.25	30.1	66.7	0.82
膨润土	0~0.20	45.1	91.8	0.97

影响细磨物料成球性能的因素除了原料本身的性质外，还有黏结剂和造球工艺参数的影响，原料的成球性指数K可以表征静态成球性。

采用容量法测定最大毛细水含量，原理为水在毛细力作用下沿物料颗粒之间形成的毛细孔上升，直至水将全部毛细孔充满为止。

一般采用压滤法测定分子水。分子水是被牢固地吸附在矿料表面，失去了自由水的一切特性，以至在较大的离心力或压力下都难以使分子水与矿粒分离的水。压滤法测定分子水的原理是使用一定压力使试样中的自由水排出，用滤纸吸收后仍保留在试样中的水量就相当于最大分子水含量。

1.7.3 实验装置

最大毛细水含量测定仪，如图 1-13 所示。采用压滤法测定最大分子水含量的实验装置包括 ϕ50 mm×100 mm 的压膜 1 套、液压机 1 台、烘箱 1 台，如图 1-14 所示。

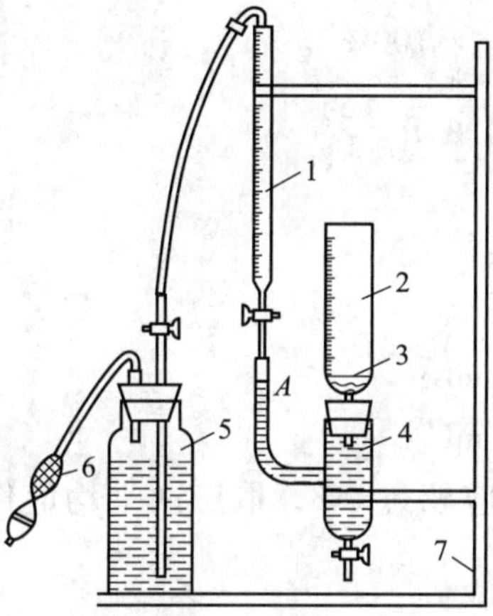

图 1-13 最大毛细水含量测定仪

1—滴定管；2—玻璃装料器；3—筛板；4—玻璃储水器；5—水瓶；6—打气球；7—支架

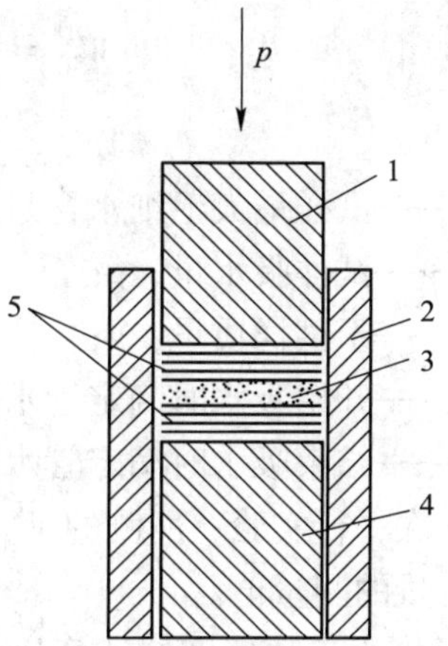

图 1-14 压滤法测定最大分子水含量的实验装置

1—上压塞；2—压模；3—试样；4—下压塞；5—滤纸

1.7.4 操作步骤

1.7.4.1 测定最大毛细水含量

（1）在装料器和筛板上涂一薄层石蜡，将筛板放进装料器中，在筛板上铺两层滤纸。然后将以烘干的试样（质量 $m_{干}=80\sim100$ g）以松散状态装入装料器中（记下料层高度 H 及料重），并使料面平整。

（2）向储水器中注入蒸馏水，当其水面升至 A 处，与筛板下缘处于同一水平线时，试样开始吸水，记录试样开始吸水时间 t_1 与滴定管水面读数 h_1。

（3）试样吸水后，使放水速度与试样吸水速度一致，直到其不再吸水为止，记录结束吸水时间 t_2 及滴管水面高度 h_2。

1.7.4.2 测定最大分子水含量

（1）取准备好的造球原料 0.5 kg 盛于盘内，加水润湿至饱和状态，静置 2 h，使颗粒表面得以充分湿润。

（2）将下压塞放入压模中，并将 20 张直径为 50 mm 的滤纸放于下压塞上，再将已准备好的试样放在压模内的滤纸上铺平，其量以试样受压后的厚度不超过 2 mm 为宜。

（3）在试样上加 20 张滤纸，再放上上压塞。将装有试样的压模放在液压机上，以 6.55 MPa 的压力加压 10 min，压后取出试样称重得 m_1。然后将试样于（110±5）℃温度下烘干至恒重 m_2。

1.7.5　数据处理

（1）最大毛细水含量的计算公式为：

$$W_{毛} = \frac{m_{水}}{m_{水} + m_{干}} \times 100\% \tag{1-13}$$

$$m_{水} = (h_2 - h_1) \times 1 \tag{1-14}$$

式中　$W_{毛}$——试样最大毛细水含量，%；

$m_{水}$——试样吸水量，g；

$m_{干}$——干试样质量，g；

h_1——开始吸水时滴定管水面高度，mL；

h_2——结束吸水时滴定管水面高度，mL。

进行 3 次平行实验，所测的 $W_{毛}$ 误差不应超过 2%，取三次平均值作为试样最大毛细水含量的测量值。

（2）毛细水迁移速度的计算公式为：

$$v = \frac{H}{t_2 - t_1} \tag{1-15}$$

式中　v——毛细水迁移速度，mm/min；

H——试样料层高度，mm；

t_1——开始吸水时间，min；

t_2——结束吸水时间，min。

（3）最大分子水含量的计算公式为：

$$W_{分} = \frac{m_1 - m_2}{m_1} \times 100\% \tag{1-16}$$

式中　$W_{分}$——试样最大分子水含量，%；

m_1——试样加压后的质量，g；

m_2——试样干燥后的质量，g。

进行 3 次平行实验，其测定误差不应超过 0.5%，所测试样的最大分子水含量取 3 次实验的平均值。

（4）成球性指数 K 的计算公式为：

$$K = \frac{W_{分}}{W_{毛} - W_{分}} \tag{1-17}$$

本实验数据计算结果见表 1-10。

表 1-10　实验数据记录表

次数	最大毛细水含量 /%	毛细水迁移速度 /(mm · min^{-1})	最大分子水含量 /%	成球性指数
1				
2				
3				

计算毛细水迁移速度和成球性指数。分析影响成球性指数的主要因素有哪些。为了使实验误差最小，在测定最大毛细水含量和最大分子水含量的过程中需要注意哪些细节？

微课　碳酸钙分解速度的测定

任务 1.8　碳酸钙分解速度的测定

1.8.1　实验目标

（1）掌握用天平法测定碳酸钙的分解速度的方法。

（2）研究碳酸钙分解的动力学特征。

1.8.2　实验原理

碳酸钙受热时按式（1-18）分解：

$$CaCO_{3(s)} \xlongequal{} CaO_{(s)} + CO_{2(g)} \tag{1-18}$$

研究认为其分解反应包括 5 个步骤：

（1）环境中的热量传递到碳酸钙颗粒表面；

（2）颗粒表面的热量传递到颗粒的反应内表面；

（3）在反应内表面上进行热吸收和热分解；

（4）分解形成的 CO_2 在无孔 CaO 层和 CaO 层内孔扩散；

（5）CO_2 从颗粒的内表面扩散到环境中。

这 5 个步骤实际上是由颗粒的传热传质、化学反应和 CO_2 的扩散三部分组成的，如图 1-15 所示。图中，Q_i 为环境换递给石灰石粉料颗粒的热量，界面 a 为石灰石粉料颗粒的外表面，界面 b 为反应界面。

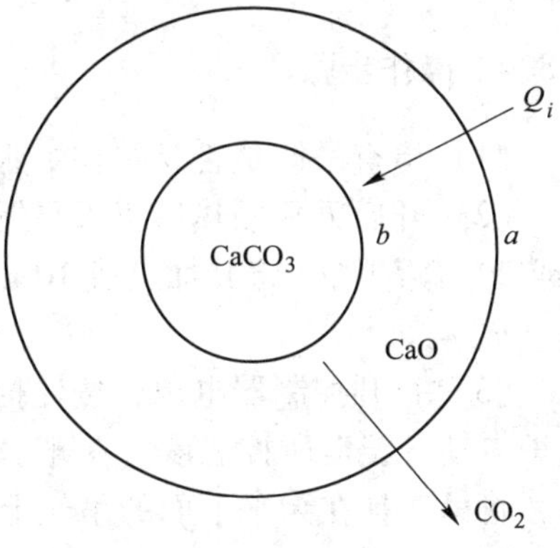

图 1-15　正在分解的石灰石粉料颗粒

CO_2 从试样中以气体逸出，试验时，试样质量减少量即为 CO_2 生成量，分解速度为：

$$v = -\frac{dm(CO_2)}{dt} = \frac{\Delta m(CO_2)}{\Delta t} \tag{1-19}$$

CO_2 分解率为：

$$R = \frac{\Delta m(CO_2)}{m_0 \times 0.44} \tag{1-20}$$

式中 v——碳酸钙的分解速度，g/min；

Δt——从试样开始至某一时刻的间隔时间，min；

$\Delta m(CO_2)$——在间隔时间 Δt 内试样质量的减少量，g；

m_0——碳酸钙原始质量，g。

1.8.3 实验装置

实验装置（见图 1-16）由以下两部分组成：

（1）电子天平，由吊丝及悬挂于电炉内的吊篮与天平相连；

（2）温度控制装置，包括竖式电炉、热电偶及温度控制器。

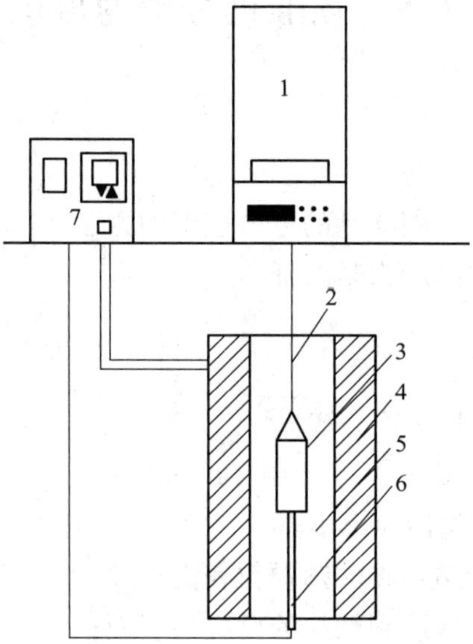

图 1-16 实验装置示意图

1—电子天平；2—吊丝；3—吊篮；4—竖式电炉；5—炉膛；6—热电偶和保护管；7—温度控制器

1.8.4 操作步骤

（1）检查吊篮是否悬挂在炉膛的中心位置。

（2）开启天平预热后将天平置零，先在天平盘上放置空吊篮，然后置零，再将 1 或 2 粒碳酸钙（将其加工成 10 g 左右的圆形颗粒）装入吊篮，称出碳酸钙原始质量（m_0）。

（3）打开控制器电源，按住控制器温度“▲”或“▼”键，输入实验温度值，电炉自动升温至所控温度（一般选 700~750 ℃）并自动恒温。当炉温稳定数分钟后，将吊篮挂在天平下面的吊丝上，打开炉口石棉板，迅速将吊篮放入电炉并用石棉板盖好炉口（注意不能使石棉板与吊丝接触），同时用秒表开始计时和记录对应质量，然后每隔一定质量（或时间）记录一次所对应的时间（或质量）。

(4) 随着碳酸钙的分解，试样逐渐减轻，直至试样不再减轻（或分解速度很慢）时停止记录，从中选择实验所需的 10 个数据点填入实验报告中。

(5) 试验完毕后，关闭天平、温度控制器电源，从炉内取出吊篮。

1.8.5 数据处理

实验数据见表 1-11。

表 1-11 实验数据记录表

室温：____℃，实验温度：____℃，试样原始质量 m_0：____g，试样粒度：____

绘制碳酸钙分解速度与时间关系图，并与标准曲线比较，进行误差分析。分析影响动力学曲线的因素。

次 数	1	2	3	4	5	6	7	8	9	10
质量减少量 Δm/mg										
反应过程时间 t_i/min										
间隔时间 Δt/min										
分解速度 v/(mg · min^{-1})										
分解率 R										

课 后 习 题

1-1 填空题：单位质量（或体积）的散装粉末状物料所具有的总表面称为________，它是矿粒________和________之和，单位用 cm^2/g 或 cm^2/cm^3 表示。

1-2 填空题：渗透法是测定比表面的一种常用的方法。渗透法系利用流体在通过被测试样料层时的速度计算比表面，因所用流体的不同，分为________和________。________可用于测定大于 5 μm 的试样，更细的物料和水发生作用的物料需用________。

1-3 填空题：测量物料密度的方法视物料性质而定。块状物料计算体积时包括物料内部的空隙，则称为________或________，散装物料的堆积则包括矿粒间的空隙，则以________表示。为测定不包含空隙的物料密度，需将物料研磨到小于 0.1 mm。不含空隙的密度又称为________。

1-4 填空题：物料可按照粒度的大小分成若干的级别，各粒级的相对含量称为____________，对原料的粒度组成测定称为____________。

1-5 名词解释：成球性能。

思 政 展 播

【党的二十大报告摘引】

加快建设国家战略人才力量，努力培养造就更多大师、战略科学家、一流科技领军人才和创新团队、青年科技人才、卓越工程师、大国工匠、高技能人才。

【工匠故事】

潘从明是金川集团铜业有限公司贵金属冶炼分厂提纯工序的工序长。他能仅凭溶液颜色，准确把控万分之一的精准度，从铜镍冶炼“废渣”中同时提取 8 种以上稀贵金属；他发明的“颜色判断法”作为铂族金属精炼师的“绝技、绝活”，登上了中央电视台新闻频道“大国工匠”栏目；他主创的“镍阳极泥中铂钯铑铱绿色高效提取技术”，突破了原有贵金属工艺流程长、资源利用率低、对复杂原料适应性差等技术瓶颈，获得国家科技进步奖二等奖。

从一名默默无闻的普通工人，成长为“全国劳模”“大国工匠”“省级领军人才”，他走过了不平凡的奋斗之路，也为推动我国贵金属冶金技术向“高、精、尖”发展做出了突出贡献。

滴水掘金，用“恒心”创传奇

“这些贵金属被称为工业维生素。天宫升空，蛟龙下海，天眼、悟空、墨子、大飞机，这一个个大国重器，一旦缺少了贵金属，都将无从谈起。”潘从明转动着手中的试剂瓶说。

潘从明所说的铂族贵金属因其特有的导电、延展等性能，被用在导弹、卫星等装备和产品的核心装置上，是稀有的战略性新型材料。

20 世纪 60 年代，祖国镍都的第一代创业者怀揣报国梦想，克服艰难困苦，在茫茫戈壁上揭开了中国铂族金属工业发展的大幕，也让新中国从此告别缺镍少钴的历史。

经过无数个日日夜夜数万次的反复试验，潘从明团队终于研发出了一套稳定可靠、经济环保的新型贵金属提取工艺，冶炼提取次数比过去缩减了一半，颠覆了沿用 30 多年的传统工艺，技术达到国内领先水平。

精益求精，用“匠心”铸品牌

2020 年 1 月，潘从明负责的“镍阳极泥中铂钯铑铱绿色高效提取技术”项目获国家科技进步奖二等奖，这是全省目前唯一获得国家科技进步奖“工人农民组”的获奖项目，潘从明也是西北五省区首位获此殊荣的一线工人。

从北京人民大会堂领奖归来的第二天，潘从明就匆匆返回生产一线。

26 年来，潘从明带领他的团队在一次次艰苦攻关中砥砺前行，先后承担国家和省（部）级重点科研项目 9 项，完成各类创新项目 228 项，拥有国家授权专利 31 项，在核心期刊发表科技论文 21 篇、论著一部。

源于潘从明和团队成员的执着，金川贵金属产品纯度连续 35 年保持了 99. 99%的质量传奇，生产的金、铂、钯主产品被授予“甘肃省名牌产品”称号，金川贵金属产品成为国内外交易市场公认的“信得过的硬品牌”。

勇于创新，用“初心”谋未来

如今的潘从明，掌握着世界领先的贵金属冶炼技术，但他创新的步伐却丝毫没有停滞。他说：“我的成长离不开党和国家的培养和关怀，我的事业在金川，根在中国。”

矿产资源终究有限，中国大量汽车、电子产品、石油催化剂等即将面临报废高峰期，各类二次资源中含有的贵金属就是移动的“城市矿山”，逐渐成了国内外同行关注的焦点。

“我们的资源绝对不能让别人拿去。”潘从明笃定决心，提前着手研发各类二次资源综合回收技术与贵金属高附加值化合物的生产。

2019 年，潘从明带领团队进行贵金属一二次资源综合回收利用项目试车工作，解决现场急难问题 600 多项。

在他的带领下，项目各项工作稳步推进，提前一个月实现了达产达标，将金川铂族金属的产能提升至 7000 kg/a 以上，使金川集团形成了以矿产资源为主导，同时可处理二次资源物料的全流程生产线，加速了贵金属产业的发展。

他的经历告诉我们，一个肯孜孜以求、追求职业技能完美和极致的人，即使在普通的岗位上，也能成就一番事业，成为一个领域不可或缺的人才，提升一个领域的技术水准。

当前，我国正处在从工业大国向工业强国迈进的关键时期，培育和弘扬严谨认真、精益求精、追求完美的工匠精神，对于建设制造强国具有重要意义。不论是传统制造业还是新兴制造业，不论是工业经济还是数字经济，工匠始终是中国制造业的重要力量，工匠精神始终是创新创业的重要精神源泉。中国制造、中国创造需要培养更多像潘从明一样的高技能人才和大国工匠，需要激励更多劳动者特别是青年人走技能成才、技能报国之路，更需要大力弘扬工匠精神，造就一支有理想守信念、懂技术会创新、敢担当讲奉献的庞大产业工人队伍，为经济社会发展注入充沛动力。

（资料来源：每日甘肃网新闻）

项目 2　铁矿石性能检测与分析

项目 2 课件

任务 2.1　铁矿石概述

2.1.1　铁矿石简介

铁矿石主要用于冶炼含碳量不同的生铁［含碳量（质量分数）一般在 2%以上］和钢［含碳量（质量分数）一般在 2%以下］。生铁按用途不同分为炼钢生铁、铸造生铁、合金生铁。钢按组成元素不同分为碳素钢、合金钢。合金钢是在碳素钢的基础上，为改善或获得某些性能而有意加入适量的一种或多种元素的钢，加入钢中的元素种类很多，主要有铬、锰、钒、钛、镍、钼、硅。

此外，铁矿石还用作合成氨的催化剂（纯磁铁矿）、天然矿物颜料（赤铁矿、镜铁矿、褐铁矿）、饲料添加剂（磁铁矿、赤铁矿、褐铁矿）和名贵药石（磁石）等，但用量很少。

铁矿石含有铁化合物和铁单质，是钢铁生产企业的重要原材料，铁矿石又被称为天然矿石。

2.1.2　矿物、矿石及脉石的概念

矿物是指地壳中具有固定化学组成和物理性质的天然化合物或自然元素。矿物分为有用矿物和废石。能够被人类利用的矿物，称为有用矿物。

含有用矿物的矿物集合体，如其中金属的含量在现代技术经济条件下能够回收加以利用时，这个矿物集合体就称为矿石。在地壳内或表面上矿石大量积聚具有开采价值的区域称为矿床。矿石中除了有用矿物之外，几乎总是含有一些废石矿物，这些矿物称为脉石。常见的脉石有 SiO_2、Al_2O_3、CaO、MgO。所以矿石由两部分构成：有用矿物和脉石。矿石有金属矿石和非金属矿石之分。矿石的名称是根据从其中得到的金属而确定的，如铜矿石、铁矿石等。只产出一种金属的称为单金属矿石；而从其中能提取两种以上金属的矿石称为多金属矿石，如攀枝花的钒钛磁铁矿就是有名的多金属矿石。矿石中有用成分的含量称为矿石品位，常用质量分数表示。经过选矿处理而获得的高品位矿石称为精矿。

如以年产 1 亿吨生铁计算，需要原矿 1.5 亿~2.0 亿吨。地壳中铁的储量比较丰富，按元素总量计算占 4.2%，仅次于氧、铝、硅，居第四位。但在自然界中铁不是以纯金属状态存在，绝大多数形成氧化物、硫化物或碳酸盐等化合物。

2.1.3　铁矿石的分类

2.1.3.1　铁矿石的主要品种

铁矿物种类繁多，目前已发现的铁矿物和含铁矿物 300 余种，其中常见的有 170 余种。但在当前技术条件下，具有工业利用价值的主要有磁铁矿、赤铁矿、磁赤铁矿、钛铁矿、褐铁矿和菱铁矿等。

A　磁铁矿

FeO 含量（质量分数）为 31.03%、Fe_2O_3 含量（质量分数）为 68.97%，或 Fe 含量（质量分数）为 72.2%、O 含量（质量分数）为 27.6%等轴晶系。单晶体常呈八面体，较少呈菱形十二面体。在菱形十二面体面上，长对角线方向常现条纹。集合体多呈致密块状和粒状，颜色为铁黑色，条痕为黑色，半金属光泽，不透明，硬度为 5.5~6.5 mm，密度为 5.16~5.18 g/cm^3，具有强磁性。

磁铁矿中常有相当数量的 Ti^{4+} 以类质同象代替 Fe^{3+}，还伴随有 Mg^{2+} 和 V^{3+} 等相应地代替 Fe^{2+} 和 Fe^{3+}，因而形成一些矿物亚种。

（1）钛磁铁矿 $Fe^{2+}_{(2+x)}Fe^{3+}_{(2-2x)}Ti_xO_4(0<x<1)$，$TiO_2$ 含量（质量分数）为 12%~16%。常温下，钛从其中分离成板状和柱状的钛铁矿及布纹状的钛铁晶石。

（2）钒磁铁矿 FeV_2O_4 或 $Fe^{2+}(Fe^{3+}V)O_4$，V_2O_5 含量（质量分数）高达 68.41%~72.04%。

（3）钒钛磁铁矿是指成分更为复杂的上述两种矿物的固溶体产物。

（4）铬磁铁矿 Cr_2O_3 含量可达百分之几。

（5）镁磁铁矿 MgO 含量可达 6.01%。

磁铁矿形成于内生作用和变质作用过程，是岩浆成因铁矿床、接触交代—热液铁矿床、沉积变质铁矿床，以及一系列与火山作用有关的铁矿床中铁矿石的主要矿物。此外，也常见于砂矿床中。磁铁矿氧化后可变成赤铁矿（假象赤铁矿及褐铁矿），但仍能保持其原来的晶形。

B　赤铁矿

自然界中 Fe_2O_3 的同质多象变种已知有两种，即 α-Fe_2O_3 和 γ-Fe_2O_3。前者在自然条件下稳定，称为赤铁矿；后者在自然条件下不如 α-Fe_2O_3 稳定，处于亚稳定状态，称为磁赤铁矿。

赤铁矿中的 Fe 含量（质量分数）为 69.94%，O 含量（质量分数）为 30.06%，常含类质同象混入物 Ti、Al、Mn、Fe^{2+}、Ca、Mg 及少量 Ga 和 Co，三方晶系，完好晶体少见。结晶赤铁矿为钢灰色，隐晶质；土状赤铁矿呈红色，条痕为樱桃红色或鲜猪肝色，金属至半金属光泽，有时光泽暗淡，硬度为 5~6 mm，密度为 4.9~5.3 g/cm^3。赤铁矿的集合体有各种形态，形成一些矿物亚种。

（1）镜铁矿为具金属光泽的玫瑰花状或片状赤铁矿的集合体。

（2）云母赤铁矿为具金属光泽的晶质细鳞状赤铁矿。

（3）鲕状或肾状赤铁矿形态呈鲕状或肾状。

赤铁矿是自然界中分布很广的铁矿物之一，可形成于各种地质作用，但以热液作用、沉积作用和区域变质作用为主。在氧化带里，赤铁矿可由褐铁矿或纤铁矿、针铁矿经脱水作用形成，但也可以变成针铁矿和水赤铁矿等。在还原条件下，赤铁矿可转变为磁铁矿，称为假象磁铁矿。

C　磁赤铁矿

γ-Fe_2O_3，其化学组成中常含有 Mg、Ti 和 Mn 等混入物。等轴晶系、五角三四面体晶类，多呈粒状集合体，致密块状，常具磁铁矿假象，颜色及条痕均为褐色，硬度为 5 mm，密度为 4.88 g/cm^3，强磁性。磁赤铁矿主要是磁铁矿在氧化条件下经次生变化作用形成。磁铁矿中的 Fe^{2+}完全为 Fe^{3+}所代替（$3Fe^{2+} \rightarrow 2Fe^{3+}$），所以由 1/3$Fe^{2+}$占据的八面体位置产生了空位。另外，磁赤铁矿可由纤铁矿失水而形成，也有由铁的氧化物经有机作用而形成的。

D　褐铁矿

褐铁矿实际上并不是一个矿物种，而是针铁矿、纤铁矿、水针铁矿、水纤铁矿，以及含水氧化硅、泥质等的混合物。其化学成分变化大，含水量变化也大。

（1）针铁矿 α-FeO(OH)，Fe 含量为 62.9%。含不定量的吸附水者，称水针铁矿 $HFeO_2 \cdot NH_2O$。斜方晶系，形态有针状、柱状、薄板状或鳞片状。通常呈豆状、肾状或钟乳状。切面具平行或放射纤维状构造。有时呈致密块状、土状，也有呈鲕状。颜色红褐、暗褐至黑褐。经风化而成的粉末状、赭石状褐铁矿则呈黄褐色。针铁矿条痕为红褐色，硬度为 5~5.5 mm，密度为 4~4.3 g/cm^3。而褐铁矿条痕则一般为淡褐或黄褐色，硬度为 1~4 mm，密度为 3.3~4 g/cm^3。

（2）纤铁矿，γ-FeO(OH)，Fe 含量为 62.9%。含不定量的吸附水者，称水纤铁矿 $FeO(OH) \cdot NH_2O$。斜方晶系。常见鳞片状或纤维状集合体。颜色暗红至黑红色。条痕为橘红色或砖红色。硬度为 4~5 mm，密度为 4.01~4.1 g/cm^3。

E　钛铁矿

$FeTiO_3$，Fe 含量（质量分数）为 36.8%，Ti 含量（质量分数）为 36.6%，O 含量（质量分数）为 31.6%。三方晶系。菱面体晶类。常呈不规则粒状、鳞片状或厚板状。在 950 ℃以上，钛铁矿与赤铁矿形成完全类质同象。当温度降低时，即发生熔离，故钛铁矿中常含有细小鳞片状赤铁矿包体。钛铁矿颜色为铁黑色或钢灰色。条痕为钢灰色或黑色。含赤铁矿包体时呈褐色或带褐红色的条痕。金属—半金属光泽。不透明，无解理。硬度为 5~6.5 mm，密度为 4~5 g/cm^3。弱磁性。钛铁矿主要出现在超基性岩、基性岩、碱性岩、酸性岩及变质岩中。我国攀枝花钒钛磁铁矿床中，钛铁矿呈粒状或片状分布于钛磁铁矿等矿物颗粒之间，或沿钛磁铁矿裂开面呈定向片晶。

F　菱铁矿

$FeCO_3$，FeO 含量（质量分数）为 62.01%，CO_2 含量（质量分数）为 37.99%，常含 Mg 和 Mn。三方晶系。常见菱面体，晶面常弯曲。其集合体呈粗粒状至细粒状，也有呈结核状、葡萄状、土状者。黄色、浅褐黄色（风化后为深褐色），玻璃光泽。硬度为 3.5~4.5 mm，密度为 3.96 g/cm^3 左右，因 Mg 和 Mn 的含量不同而有所变化。

根据铁矿石中铁氧化物主要矿物形态，将磁铁矿、赤铁矿、褐铁矿和菱铁矿的主要特征见表 2-1。

表 2-1　不同种类铁矿石的特征

矿石名称	矿物名称	理论含铁量/%	密度/(t·m^{-3})	颜色	条痕	实际富矿含铁量/%	强度及还原性
磁铁矿	磁铁矿（Fe_3O_4）	72.4	5.2	黑或灰有光泽	黑	45~70	坚硬、致密、难还原
赤铁矿	赤铁矿（Fe_2O_3）	70.0	4.9~5.3	红或浅灰	红	55~68	软、易破碎、易还原
褐铁矿	水赤铁矿（$2Fe_2O_3 \cdot H_2O$）	66.1	4.0~5.0	黄褐暗褐或绒黑	黄褐	37~58	疏松易还原
	针赤铁矿（$Fe_2O_3 \cdot H_2O$）	62.9	4.0~4.5				
	水针铁矿（$3Fe_2O_3 \cdot 4H_2O$）	60.9	3.0~4.4				
	褐铁矿（$2Fe_2O_3 \cdot 3H_2O$）	60.0	3.0~4.2				
	黄针铁矿（$Fe_2O_3 \cdot 2H_2O$）	57.2	3.0~4.0				
	黄赭石（$Fe_2O_3 \cdot 2H_2O$）	55.2	2.5~4.0				
菱铁矿	菱铁矿（$FeCO_3$）	48.2	3.8	灰带有黄褐	灰或带黄色	30~40	易破碎、焙烧后易还原

2.1.3.2　铁矿石按照粒度分类

矿石的粒度和气孔度的大小，对高炉冶炼的进程影响很大。粒度太小会影响高炉内料柱的透气性，使煤气上升阻力增大。粒度过大又将影响炉料的加热和矿石的还原。由于粒度大，减少了煤气和矿石的接触面积，使矿石中心部分不易还原，从而使还原速度降低，焦比升高。

（1）原矿。原矿是指从矿山开采出来未经选矿或其他技术加工的矿石，但原矿粒度最好不超过 300 mm。少数原矿可直接应用，大多数原矿需经选矿或其他技术加工后才能利用。在选矿中，经过碎磨进入分选作业的矿石称为入选原矿。

（2）块矿。块矿有两种：一种是标准块，粒度为 6~40 mm；另一种是混合块，一般需要筛选破碎后才可以使用。

（3）粉矿。粉矿品位低于块矿，需要通过破碎、磨矿、选别，把块子变成粉子，以达到品位的要求，一般要求为 60%~67%。

（4）粗粉。粗粉粒度为 0~10 mm，但 10 mm 以上一般不超过 10%，0.15 mm 以下最多不超过 35%。

（5）精粉。精粉基本是国内产，在 200 目（0.074 mm）以下。国内一般用外矿都是粗粉，现在也有用进口精粉的，如俄罗斯精粉、乌克兰精粉和巴西 SSFT 粉等。精粉要求 0.074 mm 以下的不少于 70%。

2.1.3.3 铁矿石按照冶炼需求分类

A 铁精矿

贫铁矿经过细磨、精选获得的铁品位较高的铁矿粉。铁精矿是生产人造富矿的原料，如图 2-1 所示。

图 2-1 铁精矿

铁精矿按含铁矿物的不同，有磁铁精矿、赤铁精矿和褐铁精矿之分；按选矿方法的不同，又可分为弱磁精矿、强磁精矿、浮选精矿以及重选精矿等。通常磁铁精矿是采用磁选法处理磁铁矿石所得；赤铁精矿是用重选法、浮选法、强磁选法、磁化焙烧-磁选法，或采用联合流程处理赤铁矿石所得；褐铁精矿则是用重选法、强磁选法或磁化焙烧-磁选法等处理褐铁矿石而得。对铁精矿一般有 4 点要求。

（1）含铁量要高。磁铁精矿含铁量要在 65%以上，赤铁精矿在 60%以上，褐铁精矿应在 50%以上。含铁量的波动小于±0.5%。

（2）水分要低。水分对贮存运输、矿石混匀、造球等都有很大影响。一般磁铁精矿的水分应低于 10%，赤铁精矿及褐铁精矿的水分应低于 12%。

（3）粒度合适。用于生产球团矿的铁精矿，要求小于 0.074 mm 的粒级占 70%以上，比表面积以 1200~2000 cm^2/g 为好。

（4）杂质（如硫、磷、铅、砷、锌、铜等有害元素）的含量越低越好，一般要求 $w(S) \leqslant 0.10\% \sim 0.19\%$，$w(P) \leqslant 0.05\% \sim 0.09\%$，$w(Pb) \leqslant 0.1\%$，$w(As) \leqslant 0.04\% \sim 0.07\%$，$w(Zn) \leqslant 0.1\% \sim 0.2\%$，$w(Cu) \leqslant 0.1\% \sim 0.2\%$。

铁精粉（包括铁矿）的酸碱性是指矿中脉石成分的酸碱度，具体是指 CaO 与 SiO_2 的比值，$w(CaO)/w(SiO_2)$ 大于 1 则为碱性矿，$w(CaO)/w(SiO_2)$ 小于 1 则为酸性矿。如果矿中 MgO、Al_2O_3 含量较高，也有将 $w(CaO+MgO)/w(SiO_2+Al_2O_3)$ 大于 1 作为碱性矿，反之则为酸性矿。铁精粉的酸碱度与高炉的炼铁指标有关，如果高炉采用碱性渣熔炼（为了更好地脱硫）则希望使用碱性矿；如果高炉采用酸性渣熔炼（为了提高高炉利用系数和降低焦耗）则希望使用酸性矿。目前，国内高炉一般使用碱性矿，即希望铁矿的碱度（CaO/SiO_2）的数值高一些。铁精粉的酸碱度用下式计算：$w(CaO+MgO)/w(SiO_2+Al_2O_3)>1.2$，为碱性矿石；$w(CaO+MgO)/w(SiO_2+Al_2O_3)=0.8\sim1.2$，为自溶性矿石；$w(CaO+MgO)/w(SiO_2+Al_2O_3)=0.5\sim0.8$，为半自溶矿石；$w(CaO+MgO)/w(SiO_2+Al_2O_3)<0.5$，为酸性矿石；也可以简化成 CaO/SiO_2 比进行评价。国内的铁矿大都是低 CaO、MgO，高 SiO_2、Al_2O_3 的酸性矿石。

B 烧结矿

烧结是将贫铁矿经过选矿得到的铁精矿，富铁矿在破碎、筛分过程中得到的粉矿和生产中回收的含铁粉料、熔剂以及燃料等，按要求比例配合，加水制成颗粒状的烧结混合料，平铺在烧结机上，经点火抽风烧结成块，如图 2-2 所示。国外烧结以使用富矿粉为主，而中国以精矿粉为主。

图 2-2　烧结矿

烧结矿的品种已由单一的酸性烧结矿发展成为适应不同条件的自熔性烧结矿和熔剂性烧结矿。酸性烧结矿是指碱度为自然碱度，即低于高炉炉渣碱度（$R=1.0\sim1.2$）的烧结矿。高炉使用这类烧结矿时，需加入一定量的石灰石溶剂才可以使炉渣达到预定碱度。自熔性烧结矿，指碱度等于或接近于炉渣碱度的烧结矿（$R=1.0\sim1.4$）。高炉使用自熔性烧结矿冶炼时，一般可不加或少加石灰石。熔剂性烧结矿是指碱度明显高于炉渣碱度的烧结矿（$R>1.4$），其中，$R=2.0\sim3.0$ 为高碱度烧结矿，$R=3.0\sim4.0$ 为超高碱度烧结矿。由于 CaO 含量高，高炉使用这类烧结矿作为炉料时，无须另加石灰石，而往往与酸性炉料配合冶炼，以获得碱度合适的炉渣。

C　球团矿

铁矿粉造球团的方法特别适于处理细精矿，随着选矿推广细筛再磨，铁精矿粒度越来越细，加上球团具有较好的冷态强度、还原性和粒度组成，所以其发展较快。球团矿如图 2-3 所示。中国细精矿粉较多，高碱度烧结矿冶金性能优越，搭配一部分碱度较低的球团矿可能是较好的高炉炉料结构。

图 2-3　球团矿

2.1.4　铁矿石冶炼前的加工处理

矿山开采的铁矿石要经过破碎、筛分、选矿、造块、混匀等准备处理，以品位高，成分、粒度均匀稳定的状态供应高炉使用。富铁矿一般在矿山通过破碎、筛分，得到粒度合乎规格的块矿。贫铁矿和含有共生矿物的铁矿在破碎之后，还须进行细磨富选提高品位，回收有用成分，去除有害物质，取得铁精矿粉。

高炉原料场接收运来的各种铁矿石及其他原料后，分别露天堆存，一般堆存 45 天以上的用量。在原料场上还进行炉料的整粒和混匀处理。整粒是对入炉块状原料主要是富铁矿进行破碎、筛分，使粒度均匀和含粉末少。粉末严重会阻碍炉内煤气的正常流动，必须筛除。粒度均匀、粒度分布范围窄、料柱孔隙度高，则料柱透气性好。而粒度小的矿石被气体还原时反应速度快，在矿石软熔前可达到较高的还原度，有利于降低单位产品的燃料消耗量。粒度的大小必须适当兼顾。现代钢铁厂要求的铁矿石粒度为 8~25 mm，烧结矿粒度为 5~50 mm，含粉率在 5%以下。烧结矿的整粒，一般在烧结厂进行。

混匀的目的是为高炉提供成分稳定的矿石，成分的波动幅度值小，对改善高炉冶炼指标有很大的作用。如使含铁量的波动幅度在 0.5%以内。现代化钢铁厂基本上都采用“配料”和“平铺直取”两个工序组成的混匀工艺。混匀料堆均以两堆为一组，一堆平铺，另一堆直取；每堆供料不低于 7 天的用量。高炉入炉块矿和烧结用粉矿的混匀工作分别在各自的混匀料堆组中进行。

2.1.5　高炉冶炼对铁矿石的要求

化学成分、物理性质及冶金性质决定铁矿石质量。优质铁矿石的含铁量高，脉石少，有害杂质少，化学成分稳定，粒度均匀，有良好的还原性及一定的机械强度等性能。

2.1.5.1　*矿石品位*

矿石品位即指矿石含铁量。矿石含铁量是衡量铁矿石质量的主要指标。矿石有无开采价值，开采后能否直接入炉以及其冶炼价值如何，主要取决于矿石的含铁量。工业上使用的铁矿石含铁量（质量分数）范围为 23%~70%，铁矿石含铁量高，有利于降低焦比和提高产量；铁矿石含铁量降低时，其冶炼价值也降低。而且冶炼价值降低的幅度远比矿石含铁量降低的幅度大。

随着铁矿石含铁量的降低，脉石数量增多，熔剂消耗量大大增加，渣量也相应增加，势必使焦比升高和产量降低。同时，由于渣量大，也必然给高炉操作带来一系列困难。因此，贫矿直接入炉冶炼在经济上是不合算的，在技术上也是不合理的，必须经过选矿处理，提高品位后再经烧结或球团制成人造富矿然后入炉冶炼。这样不但能合理利用资源，而且又能进一步改善高炉技术经济指标。

矿石直接入炉冶炼的最低品位，没有固定标准，它取决于矿石类型、矿石中脉石的成分、有害杂质和有益元素的含量等因素。对于褐铁矿、菱铁矿和碱性脉石较多的矿石，对含铁量的要求可以降低，因为褐铁矿和菱铁矿中的结晶水和 CO_2 分解放出后，铁分就能提高。对于含有益元素的矿石，需要考虑综合利用问题。

一般来说，直接入炉冶炼的称为富矿；由于含铁较低，不能直接入炉冶炼要经过选矿处理的称为贫矿。矿石的最低工业品位不仅决定于含铁品位，还应考虑矿石的自然经济条件，如交通运输、水电供应等，矿山露天或井下开采条件，矿石的储量，可选性和综合利用等因素。

2.1.5.2　脉石的化学成分

脉石含量越少，矿石品位越高。当脉石数量相同时，其中酸性脉石 SiO_2 和 Al_2O_3 含量越少越好。这样冶炼时可以少加熔剂，减少渣量，有利于焦比降低、炉况顺行和产量提高。

脉石中含碱性氧化物（CaO）较多的矿石，具有较高的冶炼价值。这种矿石可视为酸性脉石的富矿和石灰石的混合矿，冶炼时可少加或不加石灰石，对降低焦比是有利的。

炉料中的 MgO 在冶炼时全部进入炉渣，矿石中含 MgO 较高时，渣中 MgO 含量易升高。渣中有适量 MgO 能改善炉渣的流动性，增加其稳定性，有利于脱硫和炉况顺行。但若炉渣中 MgO 含量过高时，又会降低其脱硫能力和流动性，给高炉操作带来困难。

Al_2O_3 在高炉渣中为中性氧化物，但渣中 Al_2O_3 含量（质量分数）超过 18%~22%时，炉渣变得难熔而不易流动。因此对矿石中的 Al_2O_3 要加以控制，一般矿石中让 $w(SiO_2)/w(Al_2O_3)$ 不宜小于 2~3。若此比值很小，就应与含 Al_2O_3 较低的矿石配合使用。

2.1.5.3　有害杂质和有益元素

A　有害杂质

矿石中的有害杂质是指那些对冶炼有妨碍或对冶炼产品的质量产生不良影响的元素，通常有硫、磷、铅、锌及钾和钠等。高炉冶炼希望矿石中有害杂质含量越低越好。

（1）硫：硫在矿石中主要以硫化物形式存在，如黄铁矿（FeS_2）、黄铜矿（$CuFeS_2$）、闪锌矿（ZnS）、方铅矿（PbS）等；也有以硫酸盐形态存在的，如石膏（$CaSO_4 \cdot 2H_2O$）、重晶矿（$BaSO_4$）等。硫对钢铁产品的危害主要体现如下。

1）钢中硫超过一定含量时，钢会产生“热脆”现象。这是由于 FeS 和 Fe 结合成低熔点（985 ℃）合金，冷却时最后凝固成薄膜状，并分布于晶粒界面之间，当钢材被加热到 1150~1200 ℃时，硫化物首先熔化，使钢材沿晶粒界面形成裂纹。

2）硫显著地降低钢的焊接性、抗腐蚀性和耐磨性。

3）对铸造生铁，硫同样有害。它降低铁水的流动性并阻止 Fe_3C 分解，使铸件产生气孔，难以车削加工，并降低其韧性。

炼钢生铁硫的含量（质量分数）最高不能大于 0.07%，铸造生铁最高不能大于

0.06%。高炉冶炼过程中可以去除大部分硫，但需要高炉温与较高的炉渣碱度，这不利于增产节焦。根据实践经验，矿石中含硫量升高 0.1%，焦比升高 5%。所以要求矿石中含硫越低越好，一般规定矿石中 $w(S) \leqslant 0.03\%$。对于高硫矿石可以通过选矿、焙烧和烧结的方法处理，降低含硫量。

（2）磷：在矿石中一般以磷灰石（$3CaO \cdot P_2O_5$）形态存在。磷在选矿和造块过程中不易除去，而在高炉冶炼过程中几乎全部还原进入生铁，因此控制生铁含磷量的唯一途径就是控制原料的含磷量，要求矿石中含磷量尽可能低。磷的影响如下。

1）降低钢在低温下的冲击韧性，使钢材产生“冷脆”。因为磷化物是脆性物质，钢水冷凝时，它凝聚在钢的晶界周围，减弱其结合力，使钢材在冷却时产生很大的脆性。

2）磷高时还使钢的焊接性能、冷弯性能和塑性降低。

3）由于磷共晶有较低的熔点，可使铁水的熔化温度降低，因而能延长铁水的凝固时间，改善铁水的流动性，对于铸造形状复杂的普通铸件是有利的，可使铁水充满铸型，改善铸件质量。但由于磷的存在要影响铸件的强度，故除少数高磷铸造铁允许有较高的含磷量外，一般生铁含磷量越低越好。

（3）铅：我国一些铁矿石中含有少量的铅，一般以硫化物状态存在，如方铅矿（PbS）。

在普通烧结过程中不能去除铅，而在高炉内铅是易还原元素，但是铅几乎不溶于生铁。其密度又大于铁水，所以还原出来的铅沉积于炉底铁水层以下，渗入砖缝破坏炉底砌砖，甚至使炉底砌砖浮起。另外，铅在 1550 ℃时沸腾，铅蒸气在炉内挥发上升，在上部再度氧化成 PbO，部分随气流逸出，部分又随炉料下降再被还原，如此循环，使炉内铅不断积聚。冶炼含铅矿石常结瘤。因此，要求铁矿石中含铅越少越好，一般限制铁矿石中含铅不应超过 0.1%。目前对于含铅高的铁矿石，可以通过氯化焙烧和浮选方法使铅铁分离。

（4）锌：我国一些铁矿石中含有少量的锌，常常以硫化物形态存在，如闪锌矿（ZnS）。在一般烧结过程中锌不能够排除。在高炉内锌易还原，且不溶于生铁。锌还原后很容易挥发，锌蒸发上升到高炉上部被氧化成 ZnO，其中一部分被煤气带出炉外；另一部分黏附在炉料上，随炉料下降造成循环富集。靠近炉墙的锌蒸气有一部分会渗进炉衬，在炉衬中冷却并氧化为 ZnO，体积增大，对炉衬起破坏作用。部分 ZnO 凝附于炉墙内壁上，时间长了会结成锌质瘤。由于锌的挥发温度很低，锌质瘤结瘤位置在炉身上部、炉喉部位。因此要求铁矿石中含锌越少越好。一般铁矿石含锌（质量分数）不应超过 0.1%～0.2%。若矿石中含锌高则不能单独直接冶炼，应该与含锌少的矿石混合使用，或进行焙烧、选矿等处理，降低铁矿石中的含锌量。

（5）钾和钠：矿石中的碱金属以云母 $K(Mg \cdot Fe)_3(OH \cdot F)_2(AlSi_3O_{10})$、霓石（$NaFeSi_2O_6$）、钠闪石 $Na_2Fe_2^{3+}Fe_3^{2+}(Si_4O_{11})_2(OH)_2$ 等碳酸盐及硅酸盐形态存在。

在高炉冶炼过程中，钾、钠的危害是很严重的。因为它们在高炉内被直接还原，到下部高温区（高于 1500 ℃）生成大量碱蒸气，其中一部分碱蒸气在高温下与焦炭中的 C、煤气中的 N_2 生成氰化物。氰化物的沸点较高（高于 1500 ℃），呈雾状液体状态。这些碱蒸气和雾状氰化物，随煤气上升到炉身中部的低温区（低于 800 ℃），被氧化成碳酸盐，部分沉积在炉料和炉墙上，部分又随炉料下降，如此循环富集。其危害性表现在：

1）碱金属与炉衬作用生成钾霞石（$K_2O \cdot Al_2O_3 \cdot 2SiO_2$）等，体积膨胀 40%，从而破坏炉衬，缩短高炉寿命；

2）与炉衬作用生成低熔点化合物，使炉料黏在炉墙上，或使炉料黏结在一起，不断恶化上部料层透气性，最后导致炉瘤的形成；

3）钾、钠与焦炭中的石墨反应，生成插入式化合物 CK_8、CNa_8，体积膨胀很大，破坏焦炭的高温强度，使高炉下部料柱透气性变坏；

4）钾、钠能增大焦炭的反应性，扩大直接还原，加之前述几个因素的影响，使高炉焦比升高，产量降低；

5）使烧结矿和球团矿的软化温度降低，低温还原粉化率升高，并导致球团矿的恶性膨胀。

因此，对矿石中的碱金属含量要加以控制，一般要求（K_2O+Na_2O）含量（质量分数）小于 0.1%~0.6%。1 t 铁的碱负荷低于 3~5 kg/t 为宜。

（6）砷：在铁矿石中砷通常以硫化物形式存在，如毒砂（FeAsS），或以 As_2O_3、As_3O_5 等形式存在。矿石中的砷在烧结过程中只能除去一部分，还可以采用氯化焙烧方法排除。砷在高炉冶炼过程中全部还原进入生铁中，钢中含砷大于 0.1%以上时，钢质变脆并使焊接性能变坏。所以应该控制铁矿石中含砷量，要求其含量不超过 0.07%。

（7）氟：氟以 CaF_2 形式进入渣中，CaF_2 能降低炉渣的熔点和增加炉渣的流动性。铁矿石中的含氟量过多时会使炉渣在高炉内过早形成，不利于矿石还原，并由于氟的挥发对耐火材料及金属结构有一定的腐蚀作用，铁矿石中含氟不超过 1%时对冶炼无影响，当含量（质量分数）达到 4%~5%时，需要增加炉渣碱度来控制炉渣的流动性。

（8）铜：铜在矿石中主要以黄铜矿（$FeCuS_2$）和孔雀石［$CaCO_3 \cdot Cu(OH)_2$］等形态存在，某些磁铁矿石中含有一定量的铜矿物。其中以硫化物形态存在的黄铜矿可以通过浮选而回收，做到铜铁分离。但以氧化物形式存在的铜却进入铁精矿。在一般烧结过程中不能去除铜，而炼铁过程中铜全部还原进入生铁。在炼钢过程中它又进入钢中。

铜对钢铁材料的影响具有两重性。当钢中含铜不超过 0.3%时，可以增加金属的抗腐蚀性能；但含铜量超过 0.3%时，钢的焊接性能变坏，并产生热脆现象，轧制时产生裂纹。因此对铁矿石中的含铜量要有限制，一般矿石允许含铜量不超过 0.2%。

B　有益元素

铁矿石中伴生的有益元素，是指对金属质量有改善作用的或者可以提取的元素，如锰（Mn）、铬（Cr）、钴（Co）、镍（Ni）、钒（V）、钛（Ti）、铌（Nb）、钽（Ta）以及铈（Ce）、镧（La）等。当这些元素（质量分数）达到一定数量时，

如 $w(\mathrm{Mn})\geqslant 5\%$，$w(\mathrm{Ni})\geqslant 0.2\%$，$w(\mathrm{Cr})\geqslant 0.06\%$，$w(\mathrm{V})\geqslant 0.1\%\sim 0.15\%$，$w(\mathrm{Co})\geqslant 0.03\%$，$w(\mathrm{Cu})\geqslant 0.3\%$，$w(\mathrm{Pb})\geqslant 0.5\%$，$w(\mathrm{Zn})\geqslant 0.7\%$，$w(\mathrm{Sn})\geqslant 0.2\%$，$w(\mathrm{Mo})\geqslant 0.3\%$，可视为复合矿石，经济价值很大。我国复合矿石储量大，种类多，是很宝贵的财富。有许多元素是我国发展尖端科学技术所急需的，因此对这类矿石应大力开展综合利用工作。

2.1.5.4　铁矿石的还原性

铁矿石的还原性是指铁矿石被还原性的气体 CO 或 H_2 还原的难易程度，是一项评价铁矿石质量的重要指标。矿石还原性的好坏在很大程度上影响矿石还原的速率，进而影响高炉冶炼的技术经济指标。因为还原性好的矿石，在中温区被气体还原剂还原出来的铁就多，不仅可以减少高温区的热量消耗，有利于降低焦比，而且还可以改善造渣过程，促进高炉稳定顺行，使高炉冶炼达到高产、优质。

铁矿石的还原性与矿物组成和结构、脉石成分、矿石粒度与气孔率、矿石的软化性等有关。结构致密、气孔度低，与煤气难以接触的矿石较难还原。磁铁矿组织致密，气孔率低，最难还原；赤铁矿稍疏松，具有中等气孔度，较易还原；褐铁矿和菱铁矿加热后失去结晶水与 CO_2，气孔度大大增加，还原性很好。高碱度烧结矿和球团矿的还原性一般比天然富矿的还原性要好。

2.1.5.5　铁矿石的软熔性

铁矿石的软熔性是指它的软化性及熔滴性。软化性包括铁矿石软化温度和软化区间两个方面。软化温度是指铁矿石在一定的荷重下加热开始变形的温度；软化区间是指铁矿石从开始软化到软化终了的温度区间。熔滴性是指矿石开始软化到开始滴落的温度及温度区间。

高炉内开始在下降过程中被上升煤气流不断加热升温和还原，当到达一定温度时，矿石开始软化，继而熔化、滴落，最后以铁水和渣液的状态聚积于炉缸内。在炉料从软化到开始滴落这个区间，形成了一个铁矿石与焦炭层交替分布的软熔带，其透气性很差。软熔带的形状、位置、厚薄对高炉冶炼和顺行都有重要影响。

铁矿石的软熔性对软熔带的分布特性有决定性的影响。软化温度高而熔滴性好的矿石使软熔带下移，软熔带变薄，有利于降低高炉下部煤气流阻力，均匀煤气分布，促进顺行和焦比降低；而软熔温度低、软熔区间宽的矿石，使软熔带升高、变厚，既不利于 FeO 的间接还原，又恶化料柱透气性，影响冶炼过程的正常进行。

矿石的软熔性主要受脉石成分与数量、矿石还原性等的影响。脉石数量少、碱性氧化物含量高，矿石易还原，FeO 低的其软熔温度高，软熔区间窄，有利于高炉冶炼。

研究表明，在混合矿试样中，低软熔温度试样比例较少时，其软化、熔融温度的实验值基本等于各单项数据按比例计算相加得到，其较小的差别主要是由于颗粒界面相互嵌入引起的。但滴下温度差别较大，主要是因为传质作用的影响。在低软熔温度试样比例较大时，由于它不先软化，导致嵌入程度不断加大，软化温度试验值比计算值低很多。

2.1.5.6　铁矿石的粒度和气孔率

铁矿石的粒度影响料柱的透气性和传热、传质条件，因而影响高炉顺行和还原过程。一般来说，粒度大料柱透气性好，但与煤气接触面积小，扩散半径大，块矿中心部分不易加热和还原，煤气利用变差，焦比升高；反之，若粒度太小，特别是粉末较多时，会使煤气流上升的阻力增加，有碍顺行，使产量降低。

确定矿石粒度，必须兼顾高炉气体力学和传热传质两方面的因素，应在保证有良好透气性的前提下，尽量改善还原条件。为此，应降低粒度上限，提高粒度下限，缩小粒度范围，力求粒度均匀，尽量减少粉末含量。

适宜的矿石粒度与还原性、机械强度及高炉大小等因素有关。目前我国高炉入炉铁矿石的粒度见表 2-2。

表 2-2　入炉铁矿石粒度

高炉类型	还原性	粒度/mm	分级粒度/mm
大型高炉	难还原	8~40	8~20，20~40
	易还原	8~50	8~25，25~50
中型高炉	难还原	8~30	8~15，15~30
	易还原	8~40	8~20，20~40

与国外先进指标相比，表 2-2 中的粒度尚偏大一些。日本大于 2000 m^3 级的高炉，矿石的粒度仅为 10~40 mm，甚至 8~28 mm，冶炼效果很好。根据国内外生产实践，矿石的粒度宜小而均匀，高炉使用的铁矿石都必须严格进行整粒，将入炉矿石粒度控制在 8~20 mm，小于 5 mm 的粒度一定要筛除。

铁矿石的气孔率系指铁矿石中孔隙所占体积与它的总体积的百分比。气孔率越高，透气性越好，与煤气接触的表面积越大，越有利于还原。开口气孔对还原有利。

2.1.5.7　铁矿石的强度

铁矿石的强度是指铁矿石耐冲击、摩擦、挤压的强弱程度。随着高炉容积不断扩大，入炉铁矿石的强度也要相应提高，否则，由于铁矿石强度低，入炉后产生大量粉末，一方面增加炉尘损失；另一方面粉末多易阻塞煤气通路，降低料柱透气性，使高炉操作困难。强度好的铁矿石破碎困难，生成的粉末也比较少；而强度差的铁矿石易破碎，生成的粉末也较多，使矿石损耗增加。天然矿石的强度一般都比较好，球团矿的机械强度比烧结矿好。人造富矿入炉前应进行强度测定。

应该指出，上述指的是常温下的强度，并不能反映高炉内的实际情况。各种铁矿石在高温下的机械强度有待于进一步研究。

2.1.5.8　铁矿石化学成分的稳定性

铁矿石化学成分的波动会引起炉温、炉渣碱度和生铁质量的波动，从而破坏高炉顺行，并使焦比升高，产量降低。

国内外都严格控制炉料成分的波动范围。为了稳定化学成分，对于富矿应该在矿石破碎筛分后混匀处理。对于人造富矿，在准备原料时要对铁精矿粉混匀，并要准确配料。

上述指标中，尤其是矿石品位、脉石成分与数量、还原性与强度、有害杂质含量，必须保持相对稳定，高炉生产与操作才能保持稳定。否则，将引起炉温、炉渣碱度和生铁质量的波动，破坏高炉的正常作业制度，影响高炉稳定和获得优良的产品。

任务 2.2　减重法测铁矿石的还原度

微课　减重法测铁矿石的还原度

动画　减重法测铁矿石的还原度

现代高炉生产中，铁矿石中铁氧化物的还原是高炉冶炼过程中最基本的反应，还原过程包括间接还原和直接还原。本实验研究铁矿石在高炉中的间接还原。在现有的高炉冶炼技术条件下，尽可能地发展间接还原，充分利用高炉煤气中的 CO 的还原能力，对于改善高炉煤气的能量利用，降低焦比具有重要的意义。所谓铁矿石的还原度，是指铁矿石中的铁氧化物被 CO 还原的难易程度。高炉工作者力求铁矿石具有良好的还原性，因此需要通过实验来测定。还原性是评价铁矿石冶炼价值的重要指标。本实验应用于天然铁矿石、球团矿、烧结矿还原度的检测。

2.2.1　实验目标

（1）了解所用设备的工作原理及基本操作方法。

（2）掌握铁矿石还原度的测定方法及实验结果的处理方法。

2.2.2　实验原理

将粒度范围为 10～12.5 mm 的铁矿石、烧结矿、球团矿试样置于固定室中，以（30±0.5)%的 CO 和（70±0.5)%的 N_2 组成的还原气体在（900±10）℃下等温还原，还原气体中的杂质含量（质量分数）不得超过：H_2 0.2%，CO_2 0.2%，O_2 0.1%，H_2O 0.2%。每隔一定时间称量试样的失重变化，还原 3 h 后，计算还原度和还原速率指数。

2.2.3　实验装置

本实验装置包括煤气发生炉，分析配气装置，还原管（见图 2-4），还原炉（见图 2-5），电子天平，10 mm、12.5 mm、16 mm 的方孔筛，自动监测系统。

还原炉中多孔板的孔直径为 2～5 mm，孔距为 4 mm，孔数为 241 个，孔的总面积为 1180 mm^2，板厚 4 mm。

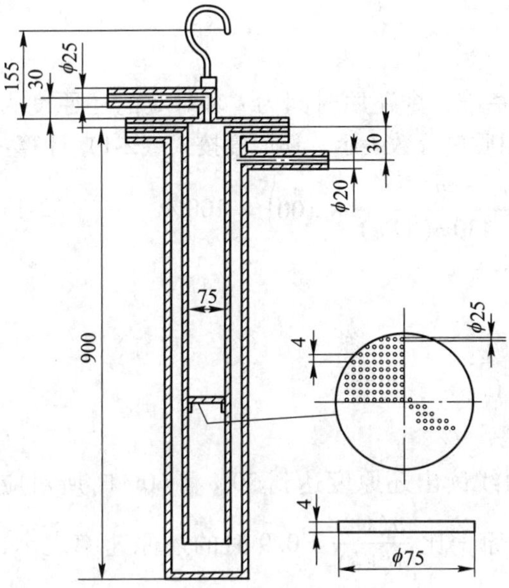

图 2-4　还原管示意图

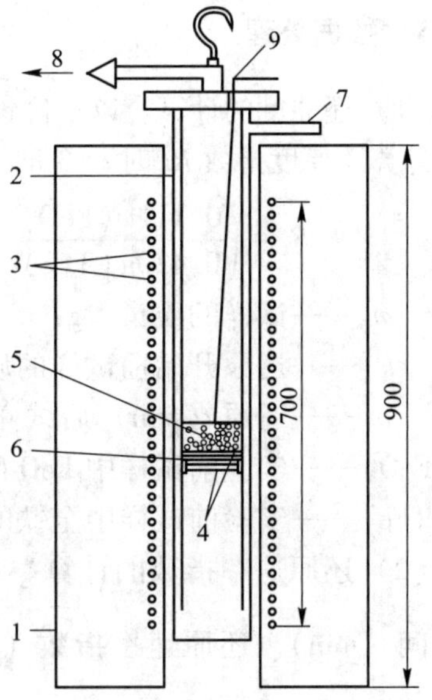

图 2-5　还原炉示意图

1—电炉；2—还原管；3—电热元件；
4—多孔板；5—试样；6—高氧化铝球；
7—煤气入口；8—煤气出口；9—热电偶

2.2.4　操作步骤

（1）制样。试验试样应按照 GB 10122 的规定进行取样和制样。试验前试验试样应在（105±5）℃的温度下烘干，烘干时间不小于 2 h，然后冷却至室温，并保存在干燥器皿中。通过筛分得到粒度范围为 10.0～12.5 mm 的试验试样，然后，用随机的方法取得本试验用的试样。筛出大于 12.5 mm 的试样，并小心破碎大于 12.5 mm 的部分。直至全部通过 16.0 mm 的筛子，然后合并各部分进行筛分，从试样中筛除大于 12.5 mm 和小于 10.0 mm 部分。然后将得到的 10.0～12.5 mm 这部分试样混匀，并使用随机的方法缩分，制备出还原试验用的试样。

注意：铁矿石的还原性是它的粒度的函数，因此，本实验得到的结果只限于使用范围为 10～12.5 mm 的试样。如果需要测定不同粒度范围铁矿石的还原性，必须分别进行还原性试验或用其他方法得到。实验中天然铁矿石、烧结矿、球团矿试样的粒度均不得大于 16.0 mm。

（2）试样装入还原管。将试样放到还原管中，试样表面要铺平，可以把试样直接放在多孔板上。但是为了使煤气流更加均匀，也可以在多孔板和试样之间放两层粒度为 10.0～12.5 mm 的高氧化铝球，但此时需要在高氧化铝球上再放一块多孔板，试样则放在这块多孔板上。

（3）通电升温。升温速率小于 10 ℃/min。到达 900 ℃时，N_2 的流量加到 15 L/min，在此温度下恒温 30 min。然后以 15 L/min 还原气体取代 N_2，在开始的 15 min 内，每隔 1 min 记录一次试样质量，之后每隔 10 min 记录一次。还原 3 h 后，改通 N_2，停止通还原气体。将还原管自然冷却到室温。

2.2.5　数据处理

（1）还原度的计算。以三价铁状态为基准，令还原时间为 t 时对应的还原度为 R_t，计算还原度指数 RI 时 $t=3$ h，两者均用质量分数表示。还原度按式（2-1）计算：

$$R_t = \left(\frac{0.111w(\text{FeO})}{0.430w(\text{TFe})} + \frac{m_1 - m_t}{m_0 \times 0.430w(\text{TFe})} \times 100\right) \times 100\% \tag{2-1}$$

式中　m_0——试样的质量，g；

m_1——还原开始前试样的质量，g；

m_t——还原 t(min) 后试样的质量，g；

$w(\text{FeO})$——实验前试样中 FeO 的质量分数，%；

$w(\text{TFe})$——实验前试样中全铁的质量分数，%。

（2）还原速率指数的计算。从还原曲线读出还原度达到 30%和 60%时所对应的时间（min）。还原速率指数（RVI）用原子比 $\frac{n(\text{O})}{n(\text{Fe})} = 0.9$ 时的还原速率表示，单位为 %/min，由式（2-2）计算：

$$RVI = \frac{dR_t}{dt} = \frac{33.6}{t_{60} - t_{30}} \tag{2-2}$$

式中　33.6——常数；

t_{30}——还原度达到 30%时的时间，min；

t_{60}——还原度达到 60%时的时间，min。

注意：在某种情况下实验达不到 60%的还原度，此时式（2-3）运用于较低的还原度：

$$RVI = \frac{dR_t}{dt} = \frac{k}{t_y - t_{30}} \tag{2-3}$$

式中　t_y——还原度达到 y%时的时间，min；

k——取决于 y%的常数，$y\%=50\%$时，$k=20.0$，$y\%=55\%$时，$k=26.5$。

本实验数据记录见表 2-3 和表 2-4。

表 2-3　还原度实验数据记录

$w(\text{FeO})$/%	$w(\text{TFe})$/%	m_0/g	m_1/g	m_t/g	还原度指数 R_t（精确到 0.1）/%

表 2-4　还原速率指数实验数据记录表

t_y/min	t_{30}/min	还原速率指数 RVI（精确到 0.01）/(%·min^{-1})

（3）做两次平行实验，对还原度指数 RI 的允许误差（两个结果的差值），烧结矿不超过 5%（绝对值），球团矿不超过 3%（绝对值）。如果两个结果的差值在上述范围内，实验可以结束；如果不在上述范围内，应按规定的程序进行。

（4）根据实验结果绘制还原度与时间的关系曲线。

任务 2.3　铁矿石熔滴性能的测定

在高炉生产过程中，铁矿石的熔滴性能会影响高炉中矿状带和软熔带的顺行，高炉软熔带作为上部块状带与下部滴落带之间的过渡区域，起着“承上启下”的作用。软熔带既影响含铁原料的间接还原，又通过炉渣的初步形成来影响热量的传递。铁矿石的软熔滴落性能会影响高炉原料在块状带的还原以及软熔带温度区间和上下压差，这对于高炉生产有很大的影响。

高炉内矿石在下降过程中，会被不断上升的煤气加热升温和还原，在一定的温度下，矿石开始软化，继而熔化、滴落，最后以铁水和渣铁状态聚集于炉缸内。炉料从软化开始到熔化滴落的区间即为软熔带，它具有较低的流动性。软熔带的形状和结构（位置、尺寸），不仅会对还原气体的扩散产生一定的影响，也会对铁矿石的进一步还原产生不利的作用；另外，还会使高炉料柱的透气性变差，从而对高炉的强化冶炼造成负面影响。

微课　铁矿石熔滴性能的测定

矿石的软熔性对软熔带的特性起着决定性的作用，软化温度高而熔滴点相对较低的矿石软熔带下移。软熔带变薄，有利于降低高炉下部煤气气流阻力，使煤气分布均匀，促进煤气顺行，降低焦比；否则，将会对冶炼过程产生不利的影响。

动画　铁矿石熔滴性能的测定

2.3.1　实验目标

（1）熟悉矿石熔滴性能测试系统的使用，掌握熔滴性能的测试方法。

（2）学会分析测定结果，评价矿石的熔滴性能。

2.3.2　实验原理

本实验将实验样品在还原条件下由热膨胀到开始收缩 4%时的温度 t_4 定义为软化开始温度，样品收缩 40%时的温度 t_{40} 定义为软化终了温度，两者之间的温度区间 Δt_{40-4} 定义为软化温度区间。高炉冶炼要求软化开始温度高一些，区间窄一些以保持炉况稳定，有利于固相还原反应的进行。本实验用于铁矿石、烧结矿、球团矿的熔滴性能测定。

2.3.3　实验装置

本实验装置包括煤气发生炉、分析配气装置、位移测定装置、筛子（ϕ10 mm、ϕ15 mm 圆孔筛，6.3 mm、10.0 mm 方孔筛）、熔滴炉计算机控制系统等。本实验装置如图 2-6 所示。

2.3.4　操作步骤

（1）制样和烘干。将试样（烧结矿、天然矿）用方孔筛筛出 6.3~10.0 mm 的粒级，焦炭用圆孔筛筛出 10.0~15.0 mm 的粒级。将试样在（120±5）℃条件下烘干 2 h，待冷却到室温时取出，放入干燥器皿以备用。

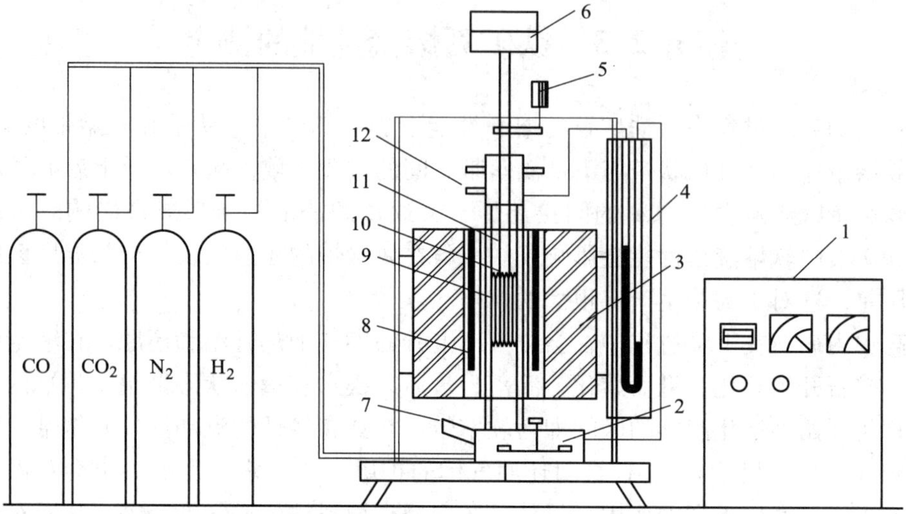

图 2-6　铁矿石熔滴性能测定的实验装置

1—控温柜；2—取样盘；3—电炉；4—压差计；5—电感位移计；6—荷重；7—窥视孔；8—硅碳管；9—刚玉管；10—石墨压块；11—石墨压杆；12—出气口

（2）装样。在高铝质的刚玉管中先装上 20 mm 的焦炭，然后装上 50～60 mm 的铁矿石，再装上 20 mm 的焦炭，最后盖上盖。在炉下方中心处放入坩埚。将装好的试样的刚玉管放入电炉中，接好报警器、炉渣接收器，并在炉内顶处放入 7 个砝码来模拟高炉内部的压力，接好位移传感器。

（3）通电升温还原。通入冷却水以保护炉盖，为其降温，温度低于 400 ℃时通保护气体 N_2，其流量为 5 L/min。按给定曲线升温。升温至 900 ℃时，改通成分为 30% CO+70% N_2 的还原气体，还原气体流速为 15 L/min。

（4）断电降温冷却。待升到适当温度时有铁水下滴时，报警器响，立刻断电降温。实验完毕，切断还原气体，改通 N_2 保护冷却。

2.3.5　数据处理

（1）软化开始温度 t_4 =________℃。

（2）软化终了温度 t_{40} =________℃。

（3）渣铁开始滴落温度 t_m =________℃。

（4）软化温度区间 $\Delta t_{40-4}=t_{40}-t_4$ =________℃。

任务 2.4　铁矿石低温还原粉化率的测定

铁矿石低温还原粉化发生在高炉炉身上部在 500～600 ℃温度区间时，由于物料、气流的冲击作用以及铁矿石还原作用会发生晶形变化，由赤铁矿变为磁铁矿时，前者为三方晶系六方晶格，而后者为等轴晶系立方晶格，还原造成晶格的扭曲，产生极大的内应力，导致铁矿石在机械力的作用下破碎粉化。大量粉状物料的存在，会对炉内气流的分布和炉料的顺行产生直接影响，从而影响高炉冶炼的产量和质量。

铁矿石低温还原粉化性能的好坏，直接影响高炉顺行和增产节焦。影响铁矿石低温粉化还原性能的因素有矿石的种类、Fe_2O_3的结晶形态、人造富矿的碱度、还原温度及铁矿石中的其他元素的含量。烧结矿物组成越复杂、冷却速度越快，烧结矿的低温还原粉化越严重。铁矿石低温还原粉化性能的国家标准 GB/T 13242—1991，既提供了铁矿石低温还原粉化性能的测定方法，又为高炉操作制度的制定提供了依据。

微课　铁矿石低温还原粉化率的测定

2.4.1　实验目标

（1）掌握实验设备的使用和操作方法。

（2）掌握铁矿石低温还原粉化指数的测定方法。

（3）通过实验研究各种因素对铁矿石还原粉化效果的影响。

动画　铁矿石低温还原粉化率的测定

2.4.2　实验原理

低温还原粉化指数是指铁矿石（烧结矿及球团矿）在低温还原过程中发生碎裂粉化的特性，用 *RDI* 来表示。

本实验还原温度：(500±10) ℃。

还原时间：60 min。

还原气体成分：CO 20%、CO_2 20%、N_2 60%，H_2 的浓度应小于 2.0%。

还原后试样通入 N_2 冷却，然后全部装入小转鼓（ϕ130 mm×200 mm）内，以 30 r/min 的转速转动 10 min，再将转鼓后的试样进行筛分，以大于 6.3(+6.3) mm、大于 3.15(+3.15) mm、小于 0.5(−0.5) mm 粒级的质量与还原后入鼓试样的总质量之比的百分数作为低温还原粉化指数。在评定时，以 $RDI_{+3.15}$ 作为考核指标，$RDI_{+6.3}$ 和 $RDI_{-0.5}$ 只作为参考指标。

2.4.3　实验装置

本实验装置如图 2-7 所示，包括还原气体的制备系统（包括 CO 还原气体的配置、净化、分析和调节装置）、还原管、还原炉、转鼓（见图 2-8）、方孔筛（6.3 mm、3.15 mm、0.05 mm）、电子天平。

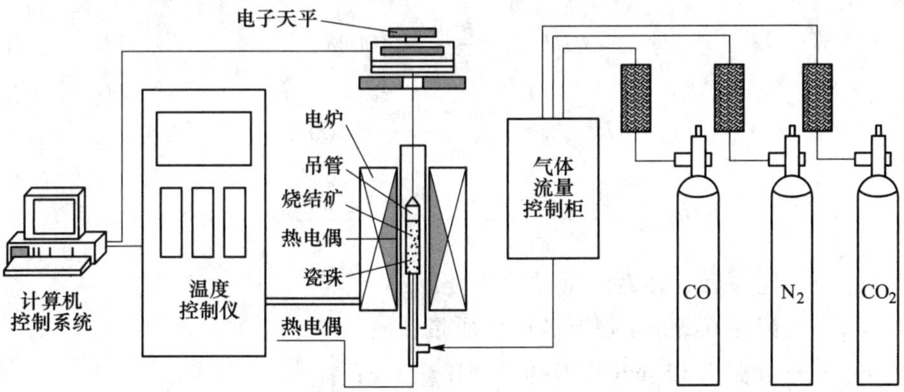

图 2-7　铁矿石低温还原粉化率测定的实验装置

2.4.4　操作步骤

（1）制样和烘干。按照 GB/T 10122—1998 的规定对所送试样进行缩分取样［质量为（500±0.1）g］和制样，用 10.0～12.5 mm 的方孔筛筛分得到粒度为 10.0～12.5 mm 的试样，应留有平行试样，以备出现争议时复检。将试样放入（105±5）℃的体系中烘干不小于 2 h，然后冷却至室温并保存在干燥器皿中。

图 2-8　转鼓

（2）装样。将试样装入还原管，将其表面铺平。密闭还原管的顶部，将惰性气体通入还原管，流量（标态）为 5 L/min。然后把还原管放入还原炉中，等待升温还原。

（3）通电升温还原。通电升温，升温速率不得大于 10 ℃/min。通入 N_2，其流量为 5 L/min。当试样温度升至接近 500 ℃时，将 N_2 流量加大到 15 L/min。在 500 ℃下恒温 30 min，用流量为 15 L/min 的还原气体［CO(20±0.5)%、CO_2(20±0.5)%、N_2(60±0.5)%］代替 N_2。连续还原 1 h 后改通 5 L/min 的 N_2，并将试样自然冷却到 100 ℃以下。

（4）转鼓和筛分。从还原管中取出所有试样，测定其质量，记为 m_{D0}。随后将其放入转鼓中，固定密封盖，转鼓以（30±1）r/min 的速度 300 转后停止，关闭转鼓控制器的电源开关。然后打开转鼓的顶盖取出所有试样，测量其质量，然后用 6.3 mm、3.15 mm 及 0.5 mm 的方孔筛小心进行手筛，测定并记录留在 6.3 mm、3.15 mm 及 0.5 mm 各粒级筛上试样的质量，分别记为 m_{D1}、m_{D2}、m_{D3}。在转鼓实验和筛分中损失的粉末可视为小于 0.5 mm 的部分，并记入其质量中。

2.4.5　数据处理

低温还原粉化指数 *RDI* 用质量分数表示，由式（2-4）～式（2-6）计算：

$$RDI_{+6.3} = \frac{m_{D1}}{m_{D0}} \times 100\% \qquad (2\text{-}4)$$

$$RDI_{+3.15} = \frac{m_{D1} + m_{D2}}{m_{D0}} \times 100\% \qquad (2\text{-}5)$$

$$RDI_{-0.5} = \frac{m_{D0} - (m_{D1} + m_{D2} + m_{D3})}{m_{D0}} \times 100\% \qquad (2\text{-}6)$$

式中　m_{D0}——还原后、转鼓前试样的质量，g；

m_{D1}——留在 6.3 mm 筛上的试样质量，g；

m_{D2}——留在 3.15 mm 筛上的试样质量，g；

m_{D3}——留在 0.5 mm 筛上的试样质量，g。

本实验数据记录见表 2-5。

表 2-5 实验数据记录表

m_{D0}/g	m_{D1}/g	m_{D2}/g	m_{D3}/g	$RDI_{+6.3}$/%	$RDI_{+3.15}$/%	$RDI_{-0.5}$/%

课 后 习 题

2-1 判断题：铁矿石在还原条件下由热膨胀到开始收缩 4%时的温度 t_4 定义为软化开始温度，样品收缩 40%时的温度 t_{40} 定义为软化终了温度，两者之间的温度区间 Δt_{40-4} 定义为软化温度区间。（　　）

2-2 简答题：根据实验过程，分析影响铁矿石还原测试结果的因素有哪些？

2-3 名词解释：低温还原粉化性能。

思 政 展 播

【党的二十大报告摘引】

全党同志务必不忘初心、牢记使命，务必谦虚谨慎、艰苦奋斗，务必敢于斗争、善于斗争，坚定历史自信，增强历史主动，谱写新时代中国特色社会主义更加绚丽的华章。

【工匠故事】

崔郁，航空工业复合材料试验高级技师，航空工业技术能手、首席技能专家，曾获得部级科技进步奖二等奖 3 项、航空科学技术一等奖 1 项、国防科学技术进步奖一等奖 1 项等多项殊荣。

崔郁立足岗位，锐意进取，在复合材料理化检测技术等方面练就了一身绝活，她怀着对航空事业的热爱，凭借着过硬的测试技术，无数次解决了复合材料检测技术难题，保障了科研、型号任务的圆满完成，为国防工业做出了突出贡献。

扎根一线 锐意进取

复合材料检测是复合材料大规模应用的重要保障，没有复合材料的检测，就像一个人的健康没有了医生的诊断。崔郁扎根一线，从一名普通工人开始，刻苦钻研，到逐渐成为复合材料检测专业的工匠、大咖、专家，这一走就是 30 年。她作为技术带头人出色完成了复合材料化学分析、液相色谱、气相色谱、红外、DSC、DMA、TGA、流变、透射电镜以及材料的燃烧、物化、力学等分析测试工作，建立并优化了分析测试方法，有效保障了型号任务材料选型与质量控制，实现多个新材料在重点型号上的装机应用。

胸怀报国志 不忘航空情

崔郁对设备的热爱胜过一切，对工艺的钻研近乎痴迷。面对新设备、新方法、新概念，她勇挑重担，刻苦攻关，加班加点，分秒必争，为的就是材料更可靠一点，型号进度更快一点，新型战机更轻盈一点，为了这些一点点，崔郁一直在努力，从未止步。此外，崔郁立足国内，紧跟国际前沿，积极对标国外先进复合材料理化检测技术，查漏补缺，取长补短，啃硬骨头，打攻坚战，消化吸收，创新应用，主持编写了和修订的多项国家标准、军用标准、行业标准、企业标准，填补了多项国内空白。

扎根航空，矢志报国。凭借自身努力和良好的团队合作，她负责的检测平台硕果累累，为多个型号选材提供了可靠的数据支撑，对项目的成功研制起到了至关重要的作用。巾帼不让须眉，凭借自己的敢闯敢干，她屡获殊荣，“民机舱内材料燃烧、烟雾、毒性专项研究”获部级科技进步奖二等奖；“某型号桨叶成型技术研究”获国防科学技术进步奖一等奖；“某型号螺旋桨桨叶成型技术研究”获航空科学技术奖一等奖等。一个个荣誉，一座座奖杯，都凝聚着她的心血和汗水。她深知，既是航空人，就知责任重，胸怀报国志，不忘航空情。

耐得住寂寞 守得住繁华

科研工作，充满着单调与乏味，尤其是理化检测工作。一个个试片，打磨成镜面般光滑，一张张金相分析，让人头昏眼花，一个个检测报告，堆积如山。就是这么枯燥的检测工作，崔郁一干就是 30 年，完成了从一名一线工人到行业大咖的华丽转身。30 年如一日，崔郁总是能从这看似乏味的工作中不断地寻找到乐趣和支撑点，全身心地投入其中，为提高复合材料测试表征能力，推动航空工业的发展做出积极的贡献。

崔郁就是这样的一个执着的女科研工作者，耐住了寂寞，人生自繁华。

（资料来源：搜狐网）

项目 3　烧结矿性能检测与分析

项目 3 课件

任务 3.1　烧结矿概述

3.1.1　造块技术概述

铁矿石造块技术是将粉状的矿石通过高温或冷固结的方法使之成块的技术。采矿过程中产生的粉矿，破碎作业中产生的粉矿，以及选矿过程中产生的精矿，由于粒度太小，大大降低料柱的透气性，不能满足高炉冶炼的要求，所以需要通过造块技术来增大粒度，将粉状料制成具有高温强度的块状料来适应高炉冶炼。同时，在高炉炼铁过程中，要求炉料粒度大小适宜均匀、粉末少、强度高，而且要求有较好的软化和熔滴性能，来确保炉内料柱透气性良好。还要求炉料含铁品位高，有害杂质（S、P 等）少，并有一定的碱度，还原性好，可以降低炼铁焦比。通过烧结球团，能改善铁矿石的上述冶金性能，为高炉提供优质原料来改善冶炼指标，对于含碳酸盐和结晶水较多的矿石，以及某些难还原和含有有害成分的矿石，也可通过烧结球团高温造块法使有用成分富集和脱除大部分有害或无用成分。钢铁厂内的各种含铁废渣，包括含铁尘泥与炉渣，也可采用烧结球团造块法进行回收，充分回利用收含铁金属，还可以提高烧结矿的强度和还原性能，同时也可以改善环境质量。

3.1.2　造块技术的方法

目前，人造块状原料的制备方法主要有烧结法、球团法和压团法三种。

（1）烧结法。烧结法是将各种粉状含铁原料进行高温加热，经混合和造球后在烧结设备上使物料在不完全熔化的条件下烧结成块的方法。所得产品是一种外形不规则多孔状的矿石，被称为烧结矿。烧结矿主要依靠液相黏结。烧结过程所需的热量是通过燃料与通入的空气的燃烧来提供的，所以又称为氧化烧结。带式烧结工艺一般流程如图 3-1 所示。

（2）球团法。球团法是细精矿粉按一定比例经过配料混匀，在造球设备上滚动制成一定尺寸的生球，然后再焙烧固结的方法。所得产品外形呈球形，其粒度均匀，强度较高，还原性好，称为球团矿。球团矿液相黏结相很少，以固相黏结为主。高温氧化焙烧时的热量主要来源于外部气体的燃烧。球团法工艺流程如图 3-2 所示。

（3）压团法。压团法是在一定外压力作用下，使含黏结剂的混匀细粒物料在模型中受压后成为具有一定形状、尺寸、密度和强度的团块方法。团块强度主要取决于添加的黏结剂或粉状物料本身具有的黏结物。成形后团块一般还需要一定的固

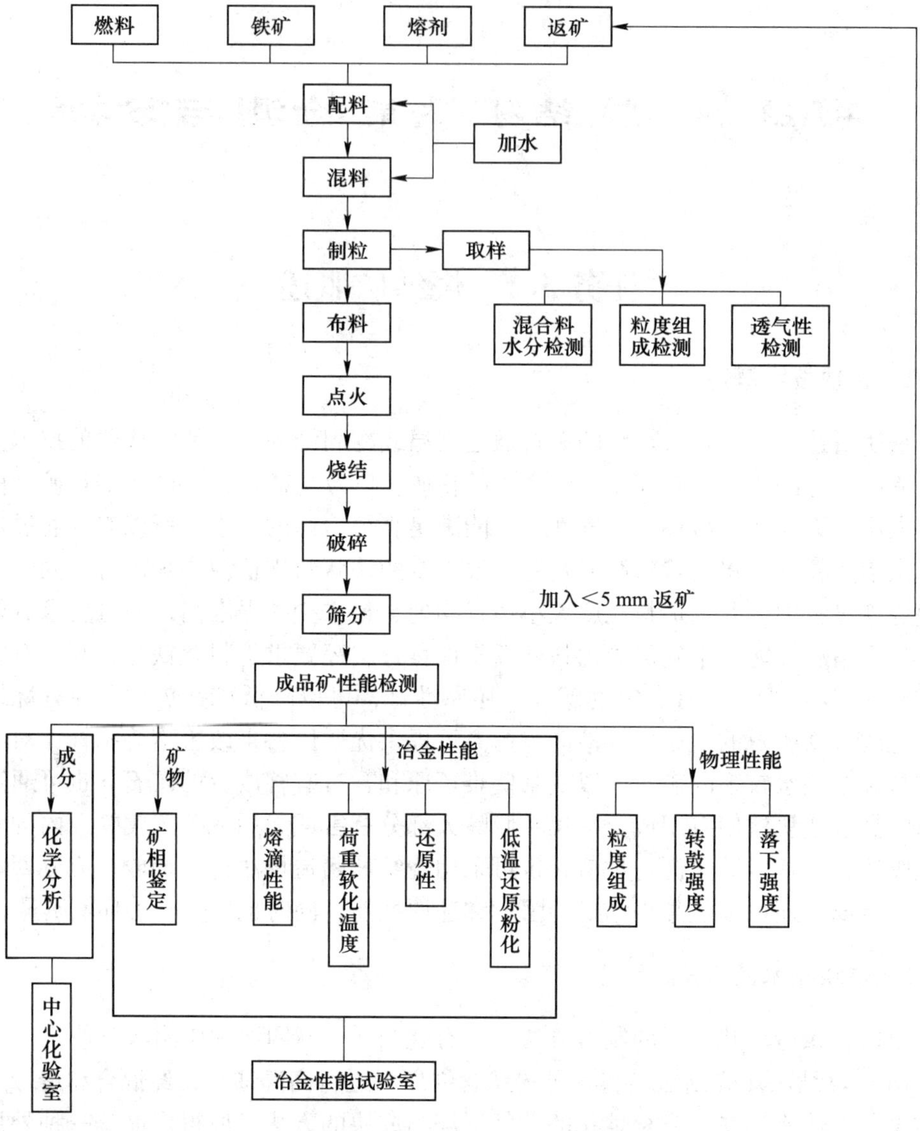

图 3-1　带式烧结工艺一般流程

结，但其化学成分和矿物组成基本上保持了原矿特性。压团法工艺流程如图 3-3 所示。

3.1.3　熟料入炉的优越性

高炉冶炼所用的含铁原料可分为生料和熟料两类。一般将直接入炉的天然富块矿称为生料。将多种原料配合经过焙烧或者烧结高温处理的人造块矿称为熟料。熟料在形成过程中首先完成造渣等工序，在高炉冶炼过程中只需进行铁氧化物的还原和分离，所以使用熟料可以提高入炉品位，提高矿石的冶金性能，降低燃耗，提高产能，特别是在大型高炉冶炼中尤为显著。所以目前高炉冶炼主要使用熟料。

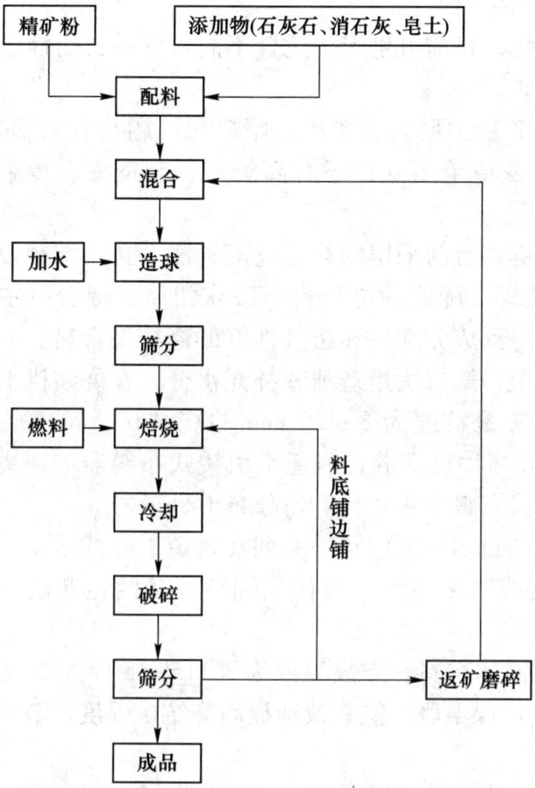

图 3-2　球团法工艺流程

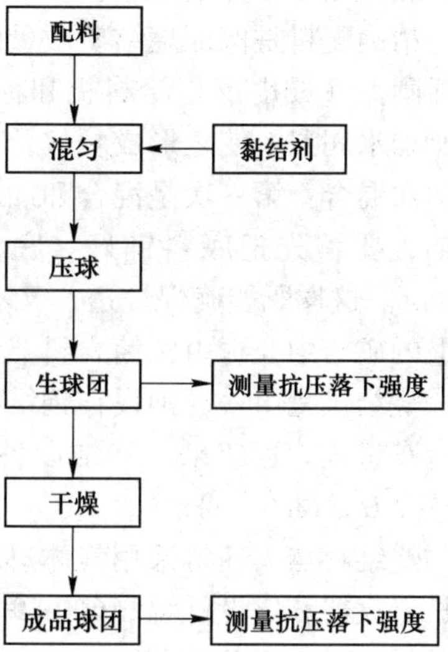

图 3-3　压团法工艺流程

烧结、球团工艺不仅能使粉料成块，而且对高炉炉料也具有火法预处理的效果，造块生产中加入一定数量的熔剂，可以形成具有足够碱度的人造富矿。在高炉冶炼过程中，可不加或添加少量熔剂，从而降低焦炭消耗，降低高炉生产成本。随着熟料的使用，高炉冶炼效率得到了改善，这种改善的程度不但随着炉料中熟料比例的增大而增大，而且随着熟料质量的提高而提高。综合上述原因，把熟料入炉的优越性概括如下。

烧结矿和球团矿具有良好的物性和冶金特性，例如：具有良好的还原能力，有良好的强度和较高的软熔点。生产过程中，硫、锌、钾、钠等有害杂质大幅降低，降低了对高炉的危害，并可改善高炉的技术经济指标。

对富铁矿石和贫矿等有效资源的充分利用，如富铁矿粉和贫矿经深选得到的精矿粉通过造成块后皆可再次入炉冶炼。

工业生产的废弃物（如高炉炉尘泥、轧钢皮、硫酸渣、钢渣等）也可再次利用。

3.1.4　烧结原料和烧结过程

烧结是将贫铁矿经过选矿后获得的铁精矿，富铁矿在破碎、筛分过程中得到的粉矿和生产中回收的含铁粉料、熔剂以及燃料等，按照一定的比例进行调配，加入适量的水，形成颗粒状的烧结料，然后均匀地铺在烧结机上，通过点火抽风烧结而成。国外主要采用富矿粉，中国主要采用精矿粉。

烧结矿的种类也从单一走向多样化，目前可生产出适合不同条件的自熔性烧结矿、高碱度烧结矿和含氧化镁的烧结矿。

烧结用到的原料种类很多：含铁矿粉主要有富矿粉、精矿粉；燃料有无烟煤、焦粉；熔剂有石灰石、白云石、生石灰或消石灰；还有高炉灰、轧钢皮、转炉炉尘、硫酸渣等各种辅助原料。

精确配料是保证烧结矿质量的关键，目前采用的是重量配料法。自动配料设备包括圆盘（或皮带）给料机和称量装置。配好的烧结料一般在圆筒式混合机中混合、加水润湿，使之形成颗粒，从而得到成分均匀和透气性好的烧结混合料。一般分两次混合：第一次是混合和加水润湿；第二次是造球和补充水分。在烧结机上料之前，要首先把底料铺好。底料通常是粒度为 8～25 mm 的烧结矿，厚度约为 30 mm。这样既能确保烧透，又不会烧坏炉算。混合料通常由梭式布料器加到烧结机上的矿槽中，再由圆筒布料器和辊式布料器将物料均匀分布于台车内。

烧结机是由一套铺设在钢结构上的封闭轨道以及一系列在轨道上连续运动的烧结台车组成。近年来，烧结设备的规模越来越大。现代化烧结设备的生产能力是 1.5～2.0 t/(m^2 · h)。

烧结料点火通常采用气体燃料或液体燃料，点火温度为（1150±50）℃。适当增长点火器和增设低温（600～900 ℃）保温段，能有效地提高烧结矿强度、节约固体燃料，减少 FeO 含量。

在提高烧结料透气率的基础上，逐步增加料层厚度，能减少燃耗，提高产品质量。目前，最厚料层已达 500～600 mm。

3.1.5　烧结原料的质量要求

烧结原料优劣直接关系到烧结矿的品质。各烧结厂在使用原材料时，都会制定相应的质量标准及要求。

3.1.5.1　含铁原料的质量要求

铁矿粉是烧结生产过程中的主要原料，它的理化性能对烧结矿的品质有很大的影响。主要要求铁矿石品位高，成分稳定，杂质含量低，脉石成分适用于造渣，且粒度大小合适。铁矿石种类及质量评价见表 3-1，铁矿石按含铁量高低分类如图 3-4 所示。

表 3-1　铁矿石种类及质量评价

铁矿石种类	成　分	理论含铁量/%	实际富矿含铁量/%	冶炼性能
磁铁矿	Fe_3O_4	72.4	45～70	P、S 升难还原
赤铁矿	Fe_2O_3	70	55～60	P、S 降易还原
褐铁矿	$nFe_2O_3 \cdot mH_2O$	55.2～66.1	37～55	P 升易还原
菱铁矿	$FeCO_3$	48.2	30～40	P、S 降熔烧后易还原

烧结所用的精矿粒度不能过细，通常小于 0.074 mm（-200 目）的含量要小

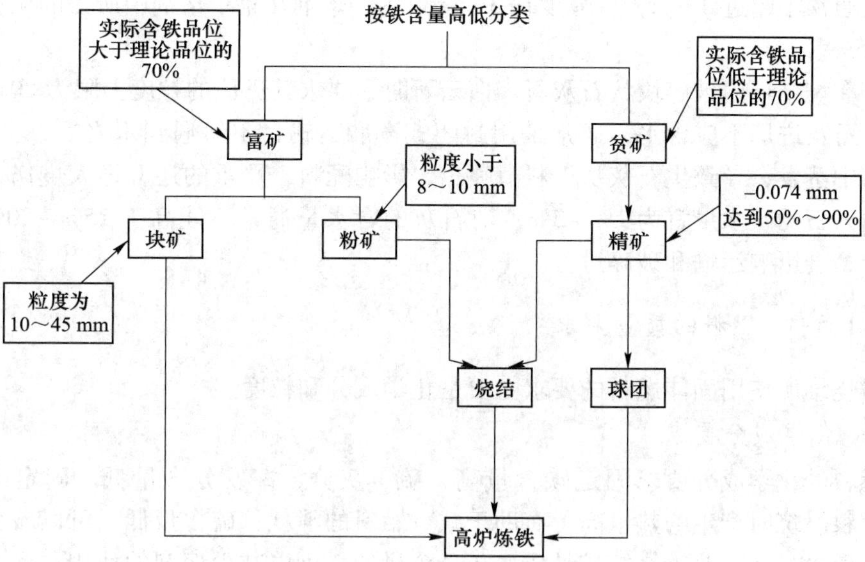

图 3-4　铁矿石按含铁量高低分类

于 80%。

褐铁矿、菱铁矿的精矿或粉矿要考虑结晶水、二氧化碳的烧损。我国褐铁矿的烧损率为 9%~15%，菱铁矿烧损率为 17%~36%。烧损较大，烧结过程时体积缩小。褐铁矿的收缩率约为 8%，菱铁矿的收缩率约为 10%。

当精矿含水量大于 12%时，会对配料的精度产生一定的影响，不易混匀。为了改善烧结矿的质量，粉矿的粒度要小于 8 mm。

3.1.5.2　熔剂的质量要求

对熔剂质量总体要求是：有效成分含量高，有害杂质硫、磷含量低，颗粒大小适宜，含水量适中，化学组成稳定。

A　有效熔剂性高

碱性氧化物（$CaO+MgO$）的含量要高，而酸性氧化物（$SiO_2+Al_2O_3$）的含量要低，因为熔剂中的酸性氧化物含量偏高，会使溶剂的效能降低。在质量较好的熔剂中，$SiO_2+Al_2O_3$ 的含量通常为 3%~3.5%。

B　有害杂质硫、磷的限度

熔剂中的有害杂质含量要低，通常含硫量（质量分数）为 0.01%~0.08%，而含磷含量（质量分数）为 0.01%~0.03%。

C　粒度和水分

从有助于烧结过程中各种成分之间的化学反应速度、反应程度的角度出发，熔剂粒度越细越好。熔剂粒度过粗时，反应速率较慢，所得到的化合物不均匀，甚至存在未反应的 CaO“白点”，从而降低了烧结矿的强度。如果熔剂破碎过细，不但增加了设备和电力消耗，还降低了烧结过程中的透气性，在现有的生产条件下，熔剂粒度通常不超过 3 mm，且粒度在 3 mm 以内的熔剂在整个熔剂中所占的比重应该超过 85%。

若在烧结厂内破碎块状石灰石、白云石时，要求其进厂的粒度上限为 80 mm。

生石灰进厂不应含水，通常采用封闭式车厢运输，不然遇到水之后，会分解，在矿槽中蒸发，导致生石灰从下料口喷出，影响配料，严重的还会把人烧伤。石灰石、白云石的含水量宜为 1%~3%；消石灰的含水量通常不能高于 15%~20%。水分太多，会影响运输和破碎过程。

3.1.5.3　燃料的质量要求

对烧结所使用固体燃料的要求主要是化学成分和粒度。

A　化学成分要求

燃料的化学成分要求固定碳含量高，硫、灰分、挥发分含量低。固定碳含量高，燃料燃烧时产生的热量高，有助于减少燃料的消耗；硫含量低，可以减少烧结矿中的硫含量，可改善烧结矿品质；灰分含量低，可以减少熔剂的使用；挥发分含量低，能有效地阻止挥发物挥发时在温度较低的地方凝结下来，降低料层的透气性，并黏结在空气收集管道中，黏附在抽风机翼片上，对烧结作业的正常进行有一定的影响，一般规定，挥发分的含量不得大于 8%。

B　粒度要求

燃料入厂粒度通常不超过 25 mm，在烧结厂进行破碎。破碎后的粒度不能超过 3 mm，而且在 3 mm 以下粒度的应该在 90%以上。结果显示，燃料最适宜的粒度尺寸为 0.5~3 mm。燃料的粒度过大或过小都会对烧结矿的产量和烧结矿的质量造成不利的影响。但是，在实际生产中，会尽可能保证粒度的上限，而粒度的下限很难保证，因为在生产过程中，筛分小于 0.5 mm 的焦粉会增加生产过程复杂性，而且经济上不合算，因此烧结厂通常只要求粒度上限，也就是最适宜的燃料的粒度为 0~3 mm。

3.1.6　烧结矿的质量指标及主要经济技术指标

随着高炉大型化、自动化以及要求最大限度地降低燃料比，对高炉炉料的质量和炉料质量的检测方法越来越重视，特别是各重点钢铁企业，对烧结矿的质量提出了更高的要求。

对烧结矿的质量要求和检验项目，不仅限于化学成分、粒度组成和常温机械强度，还必须包括冶金性能，如低温还原粉化率，中、高温还原性以及高温软化熔滴性。通过对这些性能的检测：一方面，为高炉操作提供较全面的原料性能参数，以便采取相应对策；另一方面，给烧结生产反馈信息，不断改进工艺和操作，促进技术水平的提高，生产更能满足高炉需要的优质原料。

3.1.6.1　烧结矿的质量指标

评价烧结矿的质量指标主要有化学成分及其稳定性、转鼓强度、粒度组成与筛分指数、落下强度、还原性、低温还原粉化性、软熔性等。我国高炉冶炼用铁烧结矿技术指标见表 3-2。

表 3-2　普通铁烧结矿的技术指标

项目名称		化学成分（质量分数）				物理性能			冶金性能	
碱度	品级	TFe/%	CaO/SiO_2	FeO/%	S/%	转鼓指数 (+6.3 mm) /%	筛分指数 (−5 mm) /%	抗磨指数 (−0.5 mm) /%	低温还原粉化指数 (*RDI*) (+3.15 mm)/%	还原度指数 (*RI*)/%
		允许波动范围		不大于						
1.50~2.50	一级	±0.50	±0.08	11.00	0.060	≥68.00	≤7.00	≤7.00	≥72.00	≥78.00
	二级	±1.00	±0.12	12.00	0.080	≥65.00	≤9.00	≤8.00	≥70.00	≥75.00
1.00~1.50	一级	±0.50	±0.05	12.00	0.040	≥64.00	≤9.00	≤8.00	≥74.00	≥74.00
	二级	±1.00	±0.10	13.00	0.060	≥61.00	≤11.00	≤9.00	≥72.00	≥72.00

3.1.6.2　烧结矿化学性能指标

A　烧结矿化学成分

成品烧结矿的化学成分主要包括 TFe、FeO、CaO、SiO_2、Al_2O_3、MnO、TiO_2、S、P 等。要求有用成分要高，脉石含量要低，有害杂质（如 S、P）要少。

烧结矿的化学成分组成稳定性要好，各成分的含量波动范围要小。化学成分波动会导致炉温、炉渣碱度、生铁质量波动，从而影响炉况的稳定，使焦炭负荷很难维持在最高值，不得不采用较低的焦炭负荷生产，使高炉焦比升高，产量下降。

S 和 P 是钢与铁的有害元素，例如，入炉后的矿石中含 S 量增加 0.1%，高炉焦比增加 5%，同时使钢材在热加工过程中出现热脆性。因此，烧结矿中 S、P 含量应尽量降低。

B　烧结矿含铁品位

烧结矿中的含铁品位高是高炉精料的一项基本要求。一般情况下，入炉烧结矿含铁品位每提高 1%，高炉焦比会下降 2%，而生铁产量会增加 3%。在对烧结矿品位进行评定时，应考虑烧结矿所含碱性氧化物的数量，因为这与高炉冶炼过程中的熔剂用量有关。为方便对比，通常扣除烧结矿中碱性氧化物的含量来计算烧结矿的含铁量。

$$w(\mathrm{TFe})_{\text{扣}} = w(\mathrm{TFe})/[1 - w(\mathrm{CaO}) + w(\mathrm{MgO})] \times 100\%$$

式中　$w(\mathrm{TFe})_{\text{扣}}$——扣除碱性氧化物后烧结矿的含铁量，%；

$w(\mathrm{TFe})$——化验得到的烧结矿全铁含量，%；

$w(\mathrm{CaO})+w(\mathrm{MgO})$——化验得到的烧结矿中 CaO 和 MgO 的总含量，%。

C　烧结矿碱度

烧结矿的碱度通常用烧结矿中的 $w(CaO/SiO_2)$ 比值来表示。一般认为，烧结过程中未加入熔剂的烧结矿称酸性烧结矿或普通烧结矿；烧结过程中加入少量熔剂，高炉冶炼时加较多熔剂的烧结矿称熔剂性烧结矿；烧结过程中加入足量熔剂，在高炉冶炼时不加入或极少地加熔剂（调碱度用）的称自熔性烧结矿；碱度大于

1.5 的烧结矿与酸性料组合，形成合理的炉料结构，这类烧结矿称为高碱度烧结矿。

本章主要介绍烧结矿性能检测与分析的相关内容，检测项目有粒度组成、冷态转鼓强度、还原性（900~1200 ℃）、气孔率、落下强度、低温还原粉化率、软化温度、熔化温度和收缩率等。

任务 3.2　烧结实验及烧结矿性能检测

微课　烧结实验及烧结矿性能检测 1

3.2.1　实验目标

（1）通过实验掌握铁矿粉烧结的原理和方法。

（2）掌握烧结矿落下强度、转鼓指数、抗磨指数和筛分指数的测定方法。

（3）掌握烧结矿落下强度、转鼓指数、抗磨指数和筛分指数的计算方法。

（4）分析影响烧结矿落下强度、转鼓指数、抗磨指数和筛分指数的因素。

（5）了解影响烧结矿的产量和质量的因素。

3.2.2　实验原理

烧结生产过程就是把各种粉状含铁原料，配入适量的燃料和熔剂，加入适量的水，在一定的温度下烧结成块的过程，得到的产物是具有形状不规则、多孔形的烧结矿。

烧结过程是一种物理化学合成的复合工艺。烧结过程中进行着燃料的燃烧和热交换、水分的蒸发和冷凝、碳酸盐和硫化物的分解和挥发、铁矿石的氧化还原、有害杂质的去除、物料的软化熔融及冷却结晶等反应，最后形成多孔的块状烧结矿。

烧结过程是从料层的表层开始逐步向下进行的，在料层的高度方向上存在着明显的分层现象，按照烧结料层中温度的变化和烧结过程中所发生物理化学变化的不同，可以将正在烧结的料层自上而下分为 5 层，即烧结矿层、燃烧层、预热层、干燥层、过湿层。点火后 5 层相继出现，不断向下移动，最后全部变为烧结矿层。烧结过程各料层如图 3-5 所示。

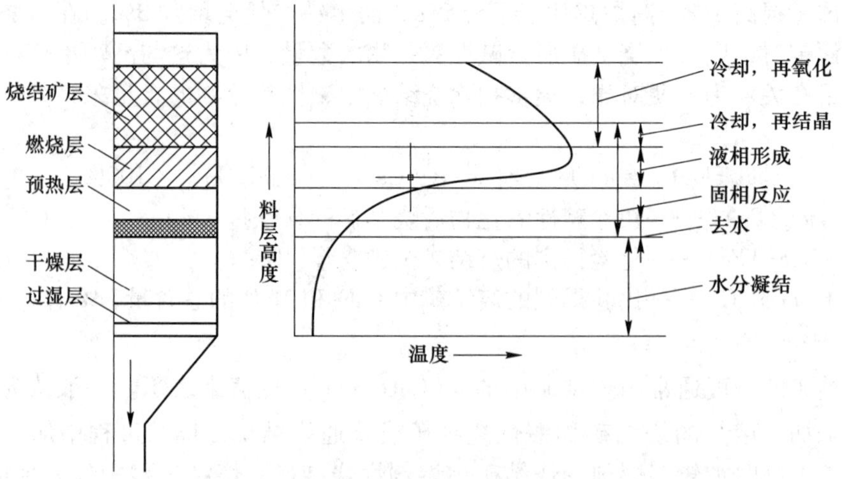

图 3-5　烧结过程各料层

3. 2. 3　实验装置

本实验采用的是抽风烧结的烧结方法，MTLQ-SHAOJ-6 烧结设备，主要装置及性能见表 3-3。

表 3-3　烧结杯试验系统主要装置及性能

序号	设备名称	主 要 性 能
1	一次混料机	为卧式搅拌机，尺寸为 $\phi1000$ mm×700 mm，采用自动雾化定量喷水，除一混进料由人工操作外，混料全过程全部自动化
2	二次混料机	圆筒混料机，可变频调速、自动计数，圆筒容积为 $\phi700$ mm×1400 mm，圆筒深度可调以改变填充率
3	烧结杯	直径为 300 mm、高 700 mm，原料量为 35~40 kg
4	单辊破碎机	功率为 3 kW，每杯破碎时间小于 1 min，破碎粒度不大于 50 mm
5	抽风系统	抽风风机采用叶氏风机，最大抽气负压大于 20 kPa，流量大于 14 m^3/min
6	点火装置	点火风机为罗茨风机，功率为 5. 5 kW，风压为 20 kPa

微课　烧结实验及烧结矿性能检测 2

烧结矿性能检测装置主要包括落下和筛分装置及转鼓、计算机控制系统。除尘器的作用是除去抽风烧结过程中废气中的颗粒粉尘，以防损坏风机。煤气、点火器、助燃风机的作用是保证实验顺利进行，能够成功点火烧结。废气温度记录仪和负压表用于记录废气温度变化和确定烧结完成时间、记录烧结过程中的负压变化情况。

3. 2. 4　操作步骤

烧结杯试验基本流程图如图 3-6 所示。

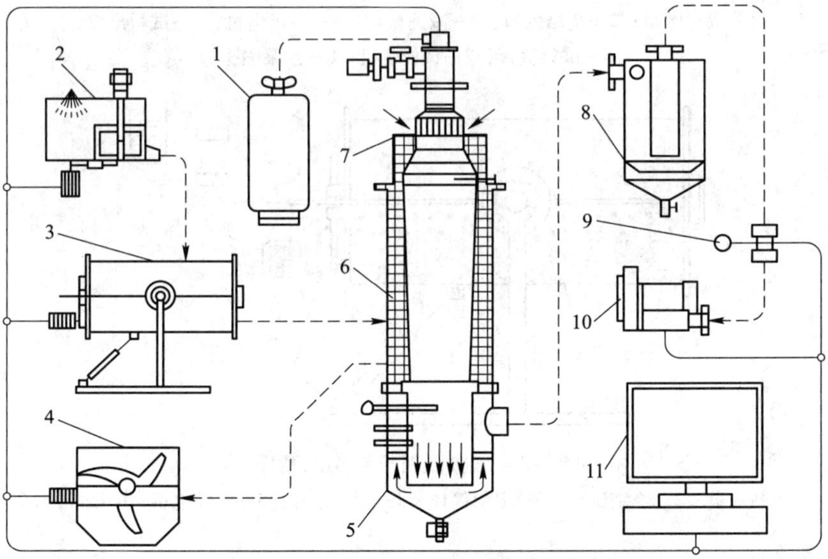

图 3-6　烧结杯试验基本流程图

1—液化气罐；2—圆盘混料机；3—圆筒混料机；4—单辊破损机；5—负压箱；6—烧结杯；7—点火装置；8—除尘器；9—流量计；10—抽风机；11—计算机系统

（1）配料。为获得化学成分和物理性质稳定的烧结矿，满足高炉冶炼的要求。根据已知原料的化学成分、烧结矿碱度、燃料配加量等数据进行计算并按计算结果精确称量出所需的原料进行配料。

（2）混料。为使烧结料的成分均匀，水分合适，易于造球，保证烧结矿的质量和提高产量，将各种物料称量完毕后进行混料。混料分为两个步骤。首先，一次混料，加入适量的水在搅拌机内进行搅拌混匀，一次混料的作用是搅拌混匀并加水润湿，当加热返矿时还可使物料预热。然后进行二次混料，将混合料倒入圆筒混料机内，盖上端盖进行搅拌混料，搅拌时间为 3 min。二次混料的作用是继续混匀造球，以改善烧结料层透气性。混料完毕后，在其中取 200 g 混合料进行水分、粒度组成和透气性检测。一次混料机结构如图 3-7 所示，二次混料机结构示意图如图 3-8 所示。

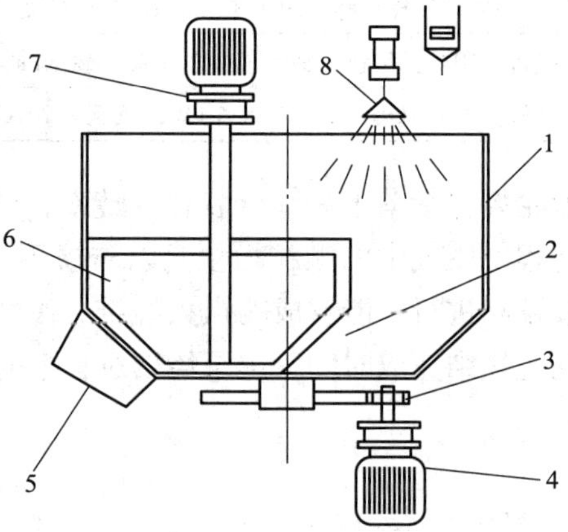

图 3-7　一次混料机结构示意图

1—混料圆盘；2—烧结配料；3—减速机构；4—料盘电机；5—试料出口；6—试料拨板；7—拨板电机；8—水泵喷头

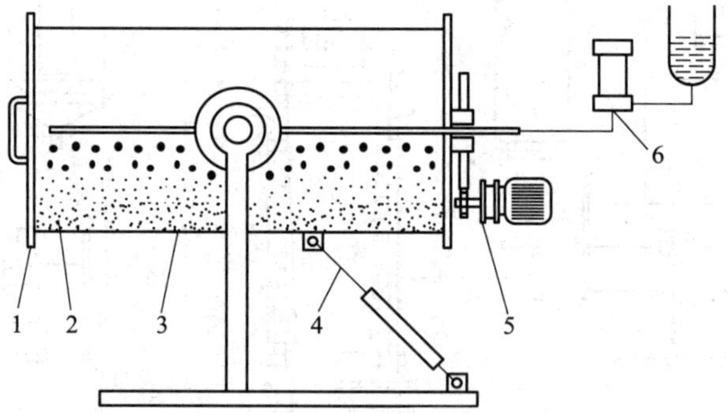

图 3-8　二次混料机结构示意图

1—混料筒盖；2—烧结试料；3—混料筒体；4—倾倒推杆；5—料筒电机；6—加湿水泵

（3）布料。在烧结杯底部首先加入 5 kg、粒度为 10~20 mm 的烧结矿作为铺底料铺平，其目的是保护炉箅，降低除尘负荷，延长风机转子寿命，减少或消除炉箅黏料。测量料面高度记为 H_1。将经过二次混料机制粒的烧结混合料进行称重，然后用溜槽布料器加入烧结杯中，无压实，记录装入的混合料质量 m_1。装好后测定料面到烧结杯口的高度记为 H_2，料层高度 $h=H$(烧结杯总高度)$-H_1-H_2$。

（4）点火烧结。开启液化气与助燃风机，准备计时。点火并将点火器（见图 3-9）推到烧结杯上面，同时启动主抽风机，计时烧结开始。调整点火抽风负压到 5 kPa，点火时间为 2 min。点火完毕后移开点火器。将抽风负压调整到 15 kPa，每隔 2 min 记录一次废气温度和抽风负压变化。废气温度达到最高值时，烧结结束，记录时间 t 即为烧结时间。测量料面到烧结杯口的高度 H_3，如图 3-10 所示。将烧结矿倒出并称重，记为 m_2。

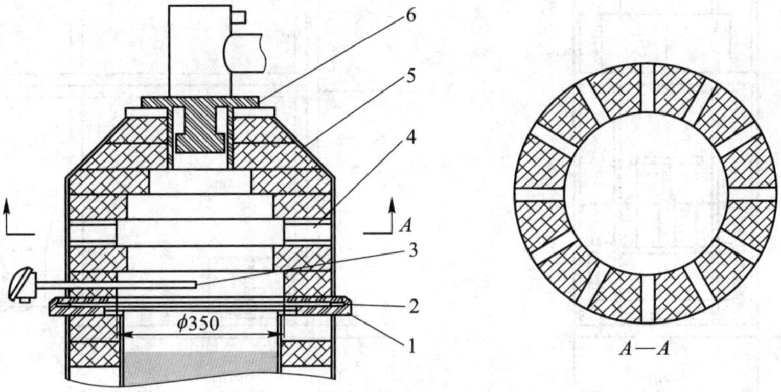

图 3-9　点火装置结构示意图

1—烧结杯上口；2—高温密封圈；3—点火热电偶；4—风刀环形窗；5—点火帽本体；6—液化气烧嘴

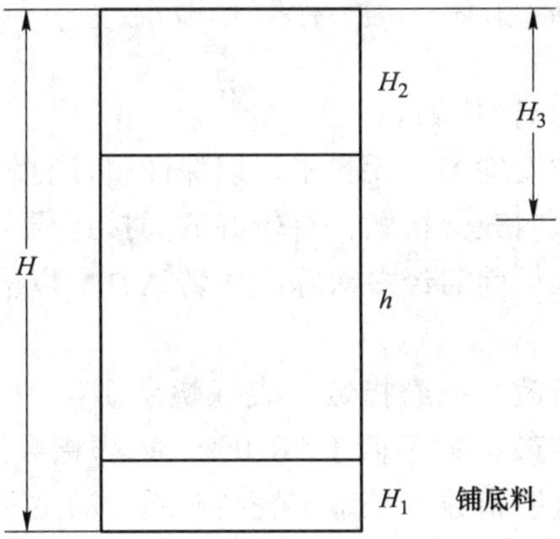

图 3-10　烧结杯内料层高度、铺底料高度示意图

（5）烧结矿性能检验。

1）落下强度检测。

落下强度检测是将一定量的粒度为 10~50 mm 的烧结矿从 2 m 高处自由落下到规定厚度的钢板上，反复落下 4 次后，然后进行筛分，以粒度大于 10 mm 的烧结矿占原烧结矿试量的质量分数表示落下强度。所用筛子的筛孔尺寸分别为 40 mm、25 mm、16 mm、10 mm、6.3 mm、5 mm，记录得到的大于 40 mm、25~40 mm、16~25 mm、10~16 mm、6.3~10 mm、5~6.3 mm 以及小于 5 mm 烧结矿的质量。

烧结矿落下强度试验装置示意图，如图 3-11 所示。

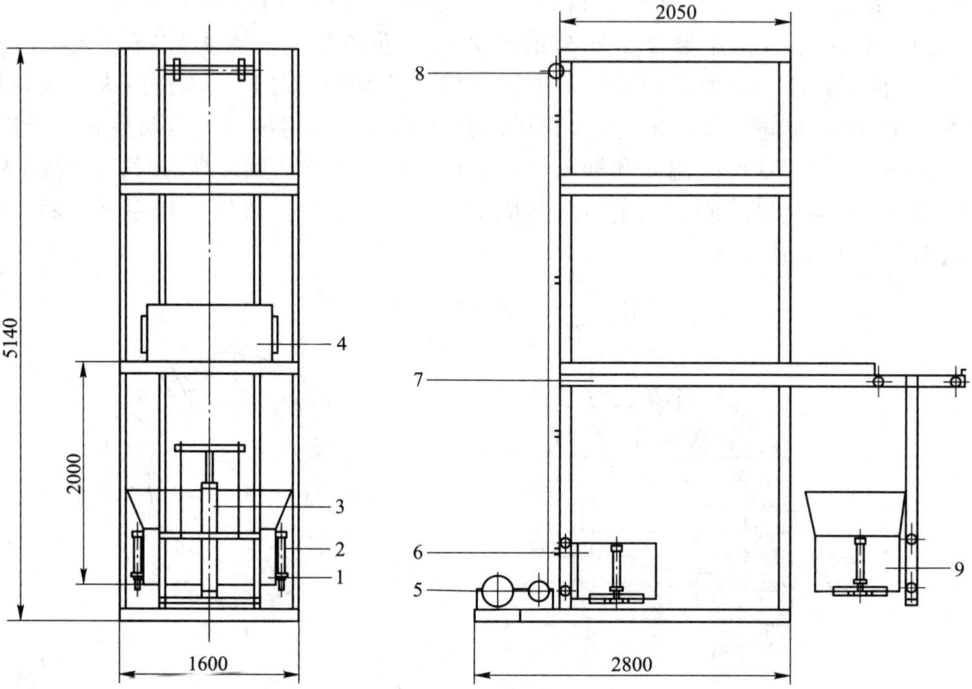

图 3-11　烧结矿落下强度试验装置示意图

1—钢板台；2—倒料气缸；3—升降气缸；4—提升后的试料箱；5—卷扬机；
6—提升前的试料箱；7—进料轨道；8—提升链轮；9—进料钢板框

2）转鼓指数和抗磨指数检测。

高炉冶炼要求原料粒度均匀、无粉末，以保证料柱有较好的透气性，使上升的煤气流能与下降的含铁原料充分接触，有较好的间接还原条件，从而降低焦比、保证操作顺利。由于原料入炉前需经多次除尘、转运，所以应进行冷态检验，检验其抗冲击性与耐磨性。

转鼓强度包括转鼓指数和抗磨指数，表征烧结矿抗冲击和抗摩擦的综合特性。高炉冶炼要求球团矿的转鼓指数不低于 90. 0%，抗磨指数不大于 6. 0%。转鼓实验可同时测出转鼓指数和抗磨指数，是鉴定烧结矿质量的主要手段之一。

本实验装置包括转鼓（见图 3-12）、驱动转鼓电动机、筛子（孔径为 6. 3 mm×6. 3 mm 的方孔筛和孔径为 0. 5 mm×0. 5 mm 的金属网筛）、称量设备（磅秤、电子天平）。

将 10～16 mm、16～25 mm、25～40 mm 的烧结矿按比例配成 15 kg 标准料，也可取标准料的 1/2(7. 5 kg) 或者 1/5(3 kg)，放入转鼓中。转鼓直径为 1000 mm，宽度为 500 mm，内置两个对称分布的提升板，转数为 25 r/min，时间为 8 min。

转鼓后将烧结矿用 6. 3 mm 和 0. 5 mm 的方孔筛进行筛分。6. 3 mm 方孔筛筛上物质量占入鼓烧结矿质量的百分比称为烧结矿的转鼓指数。0. 5 mm 的筛子筛下物质量占入鼓烧结矿质量的百分比称为抗磨指数。

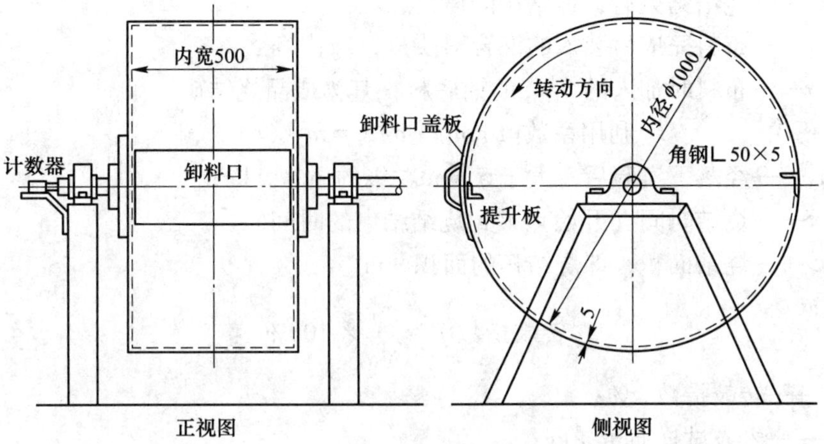

图 3-12 转鼓试验机

3）筛分指数检测。

筛分指数测定方法是按取样规定在高炉矿槽下烧结矿上料前取原始试样 100 kg，等分为 5 份，每份 20 kg，放入筛孔为 5 mm×5 mm 的摇筛，往复摇动 10 次，以小于 5 mm 的粒级质量分数计算筛分指数。

$$C = \frac{100 - A}{100} \times 100\% \tag{3-1}$$

式中 C——筛分指数，%；

A——大于 5 mm 粒级的量，kg。

筛分指数表明烧结矿的粉末含量多少，此值越小越好。我国要求优质烧结矿筛分指数 $C \leqslant 6.0\%$，球团矿筛分指数 $C \leqslant 5.0\%$。目前许多烧结厂尚未进行此项指标考核。

3.2.5 数据处理

烧结实验主要技术指标计算如下：

（1）
$$\text{垂直烧结速度(mm/min)} = h/t \tag{3-2}$$

式中 h——布料完成后的料层高度，mm；

t——烧结时间（开始点火到烧结结束的时间），min。

微课 烧结实验及烧结矿性能检测 3

（2）
$$\text{收缩率(\%)} = \frac{H_3 - H_2}{h} \times 100\% \tag{3-3}$$

式中 H_3——烧结结束后，料面到烧结杯口的高度；

H_2——布完料后，料面到烧结杯口的高度。

（3）
$$\text{成品率(\%)} = \frac{m_3}{m_2} \times 100\% \tag{3-4}$$

式中 m_3——经落下实验后，大于 5 mm 粒级的质量，kg；

m_2——烧结结束后，烧结矿的质量，kg。

（4）
$$\text{烧成率(\%)} = \frac{m_2 - 5}{m_1} \times 100\% \tag{3-5}$$

式中　m_2——烧结结束后，烧结矿的质量，kg；

m_1——布料完成后装入的混合料质量，kg；

5——布料时加入的 5 kg 的铺底料，其为成品烧结矿。

（5）
$$利用系数[t/(m^2 \cdot h)] = m_3/(t \cdot S) \tag{3-6}$$

式中　m_3——经落下实验后，大于 5 mm 粒级的质量，kg；

t——烧结时间（开始点火到烧结结束的时间）；

S——烧结面积，即烧结杯的面积，m^2。

（6）
$$转鼓指数\ T = \frac{m_1}{m_0} \times 100\% \tag{3-7}$$

式中　T——转鼓指数，%；

m_0——入鼓试样质量，kg；

m_1——转鼓后大于 6.3 mm 粒级的质量，kg。

（7）
$$抗磨指数\ A = \frac{m_0 - m_1 - m_2}{m_0} \times 100\% \tag{3-8}$$

式中　A——抗磨指数，%；

m_0——入鼓试样质量，kg；

m_1——转鼓后大于 6.3 mm 粒级的质量，kg；

m_2——转鼓后 6.3～0.5 mm 粒级的质量，kg。

（8）
$$误差\ \varepsilon = \frac{m_0 - (m_1 + m_2 + m_3)}{m_0} \times 100\% \tag{3-9}$$

式中　m_0——入鼓试样质量，kg；

m_1——转鼓后大于 6.3 mm 粒级的质量，kg；

m_2——转鼓后 6.3～0.5 mm 粒级的质量，kg；

m_3——转鼓后小于 0.5 mm 粒级的质量，kg；

ε——误差要求不大于 1.0%，若误差大于 1.0%，则该次试样作废。

（9）实验数据记录见表 3-4 和表 3-5。

表 3-4　实验数据记录

（一）配料

品种	混匀矿	熔剂	燃料	其他料	返矿
干料配比/%					
水分含量/%					
湿料用量/kg					

（二）布料

干料质量/kg		湿料质量/kg		加水质量/kg	
混合料装料前质量/kg		混合料剩余料质量/kg		装料量 m_1/kg	
铺底料质量/kg		铺底料厚度 H_1/mm		烧结前料面至烧结杯口高度 H_2/mm	
烧结杯总高度 H/mm		料层高度 h/mm		实际水分含量/%	

续表 3-4

（三）点火烧结

点火煤气流量/（$m^3 \cdot L^{-1}$）		点火负压/kPa		点火温度/℃	
点火时间/min		烧结负压/kPa		废气最高温度/℃	
烧结最高温度/℃		高温（高于 1000 ℃）时间/min		氧气浓度/%	
烧结风量/（$m^3 \cdot L^{-1}$）		烧结时间 t/min		垂直烧结速度/（$mm \cdot min^{-1}$）	
烧结后料面至烧结杯口高度 H_3/mm		烧结料层收缩高度/mm		收缩率/%	
烧结后称重/kg		装料斗质量/kg		烧结矿质量 m_2/kg	

（四）落下强度检验

粒　级	总质量/kg	筛子质量/kg	各粒级质量/kg	百分比/%	成品烧结矿质量 m_3/kg	成品率/%	烧结杯面积 S/m^2	利用系数/[$t \cdot (m^2 \cdot h)^{-1}$]	烧成率/%
>40 mm									
25~40 mm									
16~25 mm									
10~16 mm									
6.3~10 mm									
5~6.3 mm									
<5 mm									

（五）转鼓指数检验

粒　级	标准料质量（15 kg）	1/2 标准料质量（7.5 kg）	1/5 标准料质量（3 kg）	转鼓后大于 6.3 mm 烧结矿的质量/kg	转鼓后小于 0.5 mm 烧结矿的质量/kg	转鼓指数/%	抗磨指数/%
25~40 mm							
16~25 mm							
10~16 mm							

表 3-5　实验数据记录表

次数	转鼓指数 T	抗磨指数 A	误差 ε
1			
2			
3			
4			

任务 3.3　烧结矿、球团矿全铁的分析——重铬酸钾容量法（有汞）

3.3.1　方法要点

本法测定铁主要是经过还原和氧化两个过程。首先将矿样用盐酸和氟化（钾）分解：

$$Fe_2O_3 + 6HCl \xlongequal{} 2FeCl_3 + 3H_2O$$

$$FeO + 2HCl \xlongequal{} FeCl_2 + H_2O$$

$$FeCO_3 + 2HCl \xlongequal{} FeCl_2 + CO_2\uparrow + H_2O$$

$$FeSiO_3 + 4NaF + 6HCl \xlongequal{} FeCl_2 + 3H_2O + SiF_4 + 4NaCl$$

三价铁用氯化亚锡溶液作为还原剂，还原为二价：

$$2FeCl_3 + SnCl_2 + 2HCl \xlongequal{} 2FeCl_2 + H_2SnCl_6$$

$SnCl_2$ 在浓盐酸溶液中亚锡离子和氯离子结合成络合离子，（$SnCl_4^{2-}$）此离子具有高度还原能力，将铁还原成二价铁，故以上反应也可写成：

$$2FeCl_3 + H_2SnCl_4 \xlongequal{} 2FeCl_2 + H_2SnCl_6$$

为了保证三价铁离子被还原的完全，加入过量的 1~2 滴氯化亚锡，而过量的氯化亚锡再用氯化汞溶液氧化：

$$SnCl_2 + 2HgCl_2 \xlongequal{} Hg_2Cl_2\downarrow + SnCl_4$$

氯化汞不能将二价铁氧化，只能氧化亚锡离子，其本身成为不溶的银丝状 Hg_2Cl_2（氯化亚汞）沉淀，若氯化亚锡过量太多，则氯化亚锡能与氯化汞作用生成灰黑色的金属汞。

$$SnCl_2 + HgCl_2 \xlongequal{} SnCl_4 + Hg\downarrow$$

析出的金属汞在用重铬酸钾滴定时，能起还原作用，使测定结果增高，并能影响滴定终点的观察。遇此情况分析失败。

将还原后的二价铁用重铬酸钾标准溶液滴定，氧化至三价铁，用二苯胺磺酸钠为指示剂，根据消耗的重铬酸钾毫升数计算出铁的含量。

$$6FeCl_2 + K_2Cr_2O_7 + 14HCl \xlongequal{} 6FeCl_3 + 2KCl + 2CrCl_3 + 7H_2O$$

滴定时要求在较强的酸性中进行（1~2 mol/L）加入硫、磷酸，一方面增加酸度；另一方面磷酸能与反应物 Fe^{3+} 生成 $[Fe(PO_4)_2]^{3-}$ 无色铬离子，从而降低 Fe^{3+}/Fe^{2+} 氧化电位。否则随着滴定的进行，溶液中三价铁离子浓度的增高，在等当点以前就达到指示剂的氧化还原电位而使指示剂氧化变色，使结果偏低，而且无色络离子的生成能消除三价铁离子的黄色使终点观察清楚。

3.3.2　试剂

（1）盐酸（ρ=1.19 g/mL）。

（2）固体氟化钠。

（3）15%二氯化锡：称取二氯化锡 15 g 溶于 100 mL 的 1∶1 盐酸中。

（4）氯化汞饱和溶液。

（5）H_3BO_4 饱和液。

（6）1%二苯胺磺酸钠指示剂。

（7）硫磷混酸：1 L 中含硫酸 150 mL、硼酸 150 mL、水 700 mL。

（8）固体氯酸钾。

（9）0.0167 mol/L 重铬酸钾：称取烘干后重铬酸钾 4.9035 g，溶于 1 L 容量瓶中，用水稀至刻度。

3.3.3　分析步骤

称取试样 0.4 g 置于 500 mL 三角瓶中，加 5 mL 水湿润，加氟化钠 0.2 g，加浓盐酸 50 mL，于低温电炉上加热溶解，待试样溶解后（黑色颗粒消失），趁热以氯化亚锡还原，小心摇动至溶液由黄色变为浅黄色，再小心过加一滴为白色，使黄色的三价铁还原为无色的二价铁并过加两滴，球团矿全铁必须经过二次还原：当试样溶好后，用二氯化锡还原至无色，放在电炉上再溶，如果变黄说明没溶好需再溶；如果不变色，说明已溶好。以水稀至 200 mL 左右，冷却室温。加氯化汞 5 mL，静止 2 min，加硼酸 10mL，加硫磷混酸 30 mL，加二苯胺磺酸钠指示剂 5 滴，用 0.0167 mol/L 重铬酸钾标准溶液滴定至溶液由浅红色变为稳定的紫色的观察为终点。

3.3.4　分析结果计算

$$w(\mathrm{Fe}) = T \times V_1 \tag{3-10}$$

$$T = \frac{\text{标样含量}}{V_2} \times 100\% \tag{3-11}$$

式中　T——滴定度实际值，g/mL；

V_1——滴定生产样时消耗重铬酸钾毫升数，mL；

V_2——滴定标样时消耗重铬酸钾毫升数，mL。

3.3.5　注意事项

（1）溶解试样时温度不可过高，以免试样未溶完全，酸液被蒸干。

（2）滴加二氯化锡还原时要严格控制加入量，边加边摇动，不可过量太多，若不慎加入过量，可以加高锰酸钾或氯酸钾氧化至溶液呈黄色，煮沸后重新还原。实践指出：较浓的酸度，较小的体积和热的试液中还原，容易掌握还原终点。

（3）还原冷却后应立即滴定，否则空气会氧化二价铁为三价铁，使结果偏低，滴定时开始速度不要太慢。

（4）如果铁含量较高时，在滴定过程中会产生大量三价铬离子，使溶液呈较深的绿色，会影响终点的观察，因此溶液体积不宜过小。

（5）二氯化汞饱和溶液必须一次迅速加入并摇动，然后静止 1~2 min。因为氯化亚锡被氧化为高价时作用较慢，否则作用不完全，使结果偏高。

（6）二氯化锡溶液配制不宜过长（不超过一星期），时间过长易失效。

（7）滴定近终点时，速度应缓慢，并充分摇动。否则滴定终点易滴过。

（8）加二氯化锡还原反应在近沸的（800~900 ℃）溶液中才能迅速进行，温度太低还原反应缓慢，易滴加过量，温度太高会引起三氧化二铁的挥发损失。

（9）还原后应迅速冷却，可使被还原的低价铁受空气中氧的氧化作用减慢。

（10）溶样时加氟化钠起助溶作用，对一些不溶的硅酸盐用氟化钠处理。加氯酸钾也是起助溶作用（作球团矿全铁时，必须加氯酸钾助溶），加氯酸钾后一定要使其分解完全，氯气跑尽后再用氯化亚锡还原。氯气可使用有碘化钾的试纸检查，有蓝色证明还有氮气。

（11）在溶解试样时，可将氯化亚锡加入少许，这样可使试样溶解速度加快，盐酸易稍多，对铁分析无影响，因为盐不被重铬酸钾所氧化。

（12）加硼酸是掩蔽过量的氟化物：

$$H_3BO_3 + 4NaF + 4HCl = HBF_4 + 4NaCl + 3H_2O$$

（13）硫磷混酸：加入硫酸是提高酸度，控制空气对二价铁的氧化，加入磷酸与三价铁形成稳定无色的络离子 $[Fe(PO_4)_3]^{3-}$ 从而降低了 Fe^{3+}/Fe^{2+} 氧化还原电位，消除三价铁氧化指示剂的影响，使不致过早出现蓝色，实际上，加入硫磷混酸后要求立即滴定。

（14）二苯胺磺酸钠指示剂的还原态为无色，氧化态为紫红色，当滴定至等当点时，重铬酸钾就能使二苯胺磺酸钠由还原态转化为氧化态，溶液呈紫红色，因而可以判定终点。

（15）加氯化汞是氧化过量的二氯化锡，氯化汞只能氧化二氯化锡，不能氧化二价铁，因为 Fe^{3+}/Fe^{2+} 电位+0.77 V 高于 $2HgCl_2/HgCl$ 电位 0.63 V，所以加入弱氧化剂氧化。

任务 3.4　烧结矿、球团矿亚铁的分析——重铬酸钾容量法

3.4.1　方法要点

试样在隔绝空气的条件下，加入碳酸氢钠利用其与盐酸作用后产生二氧化碳，以消除空气对亚铁的氧化作用。加盐酸和氟化钠溶液得到二价铁离子，在磷酸存在下，以二苯胺黄酸钠为指示剂，用重铬酸钾标准溶液滴定，以标准溶液的用量计算铁的含量。

（1）试样在大量二氧化碳气体的条件下分解反应：

$$NaHCO_3 + HCl = NaCl + H_2O + CO_2\uparrow$$

$$FeO + 2HCl = FeCl_2 + H_2O$$

（2）二价铁离子用重铬酸钾标准溶液滴定的反应：

$$6FeCl_2 + K_2Cr_2O_7 + 14HCl = 6FeCl_3 + 2KCl + 2CrCl_3 + 7H_2O$$

3.4.2　试剂

（1）盐酸（ρ=1.19 g/mL）。

（2）固体氟化钠。

（3）1%二苯胺磺酸钠指示剂。

（4）硫磷混酸：1 L 中含硫酸 150 mL，硼酸 150 mL，水 700 mL。

（5）固体氯酸钾。

（6）0.0167 mol/L 重铬酸钾：称取烘干后重铬酸钾 4.9035 g，溶于 1 L 容量瓶中，用水稀至刻度。

（7）固体碳酸氢钠。

3.4.3　分析步骤

称取试样 0.72 g 于 300 mL 三角瓶中，加碳酸氢钠约 0.5 g，氟化钠约 0.5 g，加水少许稍加热溶解后，加盐酸 50 mL 速盖上磁坩埚盖，于低温电炉加热溶解至试样全溶（瓶底没有黑粒）如试样难溶须补加少量水和碳酸氢钠，待溶好后，立即用水稀至 200 mL，盖上盖冷却至室温，取下磁盖立即加硼酸 10 mL，硫磷混酸 30 mL，加二苯胺黄酸钠指示剂 5~6 滴，以重铬酸钾标准溶液滴定至溶液由黄色变为紫色，即为终点。

3.4.4　分析结果计算

$$w(\mathrm{FeO}) = T \times V_1 \tag{3-12}$$

$$T = \frac{\text{标样含量}}{V_2} \times 100\% \tag{3-13}$$

式中　T——滴定度实际值，g/mL；

V_1——滴定生产样时消耗重铬酸钾毫升数，mL；

V_2——滴定标样时消耗重铬酸钾毫升数，mL。

如果已知重铬酸钾的准确浓度，可按以下计算：

$$w(\mathrm{FeO}) = \frac{3C \times V \times 71.85}{G \times 1000} \tag{3-14}$$

式中　C——重铬酸钾标准溶液的摩尔浓度，mol/L；

V——消耗标准溶液的毫升数，mL；

71.85——FeO 的摩尔质量，g/mol；

G——试样重，g。

3.4.5　注意事项

（1）操作过程应迅速，称样后不可久置，因为三角瓶潮湿，使铁氧化。冷却后立即滴定，避免长时间接触空气，使结果偏低。

（2）溶解试样必须放在低温电炉加热溶解，温度不宜过高。

（3）操作应在通风良好的条件下进行，以免氟化物中毒。

（4）亚铁盐在热的酸性介质中，易被空气氧化，因此试样分解过程必须注意隔绝空气，并要求整个过程快速完成。

（5）加碳酸氢钠是排除空气的简便方法，在加盐酸前，预先加入适量的碳酸氢钠，盐酸加入后，反应生成的二氧化碳气体可驱除空气，防止亚铁氧化，但加热不可中断，以免空气再进入瓶内使氯化亚铁被氧化而结果偏低，可在瓶口盖瓷坩埚盖，隔绝空气，防止铁被氧化。

（6）大量氟的存在，促使亚铁被空气氧化，并腐蚀玻璃器皿，因此应避免过多的氟化钠，在滴定前加入 5%硼酸溶液 10 mL 络合氟离子。

（7）如果试样含硅高时，最好以氢氟酸及硫酸在铂坩埚内处理后进行测定。

（8）注意边溶试样边注水，保持一定的体积。

任务 3.5　烧结矿、球团矿中铁钙镁硅的系统测定

3.5.1　全铁的测定——EDTA 容量法

3.5.1.1　测定步骤（无汞）

吸取制备母液 50 mL（相当于样 0.1 g 试样）于 300 mL 三角瓶中，在电炉上加热至沸（约 10 min）取下，趁热用 4%的氯化亚锡还原三价铁为二价铁至浅黄色刚刚消失（如变白色，结果偏高，可用高锰酸钾还原至浅黄色）。流水冷却，加水至 100~120 mL，加 25%的钨酸钠 4 滴，继续用 1：9 二氯化钛还原至钨蓝出现。加 0.5%硫酸铜溶液 2 滴，放至无色，1 min 后，加硫磷混酸 15 mL，二苯胺黄酸钠指示剂（1%）2~3 滴。用重铬酸钾标准溶液滴定至稳定蓝紫色为终点。

3.5.1.2　数据处理

$$w(\mathrm{TFe}) = \frac{T \times V}{G} \tag{3-15}$$

式中　T——重铬酸钾标准溶液对铁的滴定度，g/mL；

V——消耗重铬酸钾标准溶液的体积，mL；

G——称样量，g。

3.5.2　二氧化硅的测定——硅钼蓝分光光度法

3.5.2.1　原理

试样用碳酸钠和过氧化钠熔融，融块以盐酸分解形成硅酸，在适当的酸度下，与钼酸铵生成黄色的硅钼杂多酸络合物，再以亚铁还原成硅钼蓝，此蓝色强度与二氧化硅含量成正比，测其吸光度可求出硅含量。

试样熔融反应（碳酸钠和过氧化钠）

$$2FeSiO_3 + 3Na_2CO_3 + [O] = 2NaFeO_2 + 2Na_2SiO_3 + 3CO_2\uparrow$$

$$Na_2CO_3 + SiO_2 = Na_2SiO_3 + CO_2\uparrow$$

$$2SiO_2 \cdot Al_2O_3 \cdot 2H_2O + 3Na_2CO_3 = 2Na_2SiO_3 + 2NaAlO_2 + 3CO_2\uparrow + 2H_2O$$

用盐酸浸取熔块的反应

$$Na_2SiO_3 + 2HCl = H_2SiO_4 + 2NaCl$$

硅酸和钼酸铵生成硅钼杂多酸（酸度一般在 0.15 mol/L 以下最为适宜）

$$H_4SiO_4 + 12H_2MoO_4 = H_8[Si(Mo_2O_7)_6] + 10H_2O$$

然后加入草酸破坏磷、砷等元素生成的杂多酸，随即加入硫酸亚铁铵溶液（否则草酸破坏硅），将硅钼黄还原为硅钼蓝

$$H_8[Si(Mo_2O_7)_6] + 4FeSO_4 + 2H_2SO_4 = H_8[Si(Mo_2O_5)(Mo_2O_7)_5] + 2Fe_2(SO_4)_3 + 2H_2O$$

3.5.2.2　试剂

（1）硫酸 5∶1000。

（2）草硫混酸：4%草酸与 16 mol/L 硫酸混合使用。

（3）5%硫酸亚铁铵。

（4）5%钼酸铵。

3.5.2.3　测定步骤

准确吸取上述母液 25 mL 于 200 mL 容量瓶中，以水稀释至刻度混匀，吸取稀释液 5 mL，置于 100 mL 容量瓶中，加 5∶1000 硫酸 15 mL，钼酸铵 5 mL 于沸水浴上加热 30 s，冷却室温，加入草硫混酸（4∶1）15 mL，立即加硫酸亚铁铵 5 mL，摇动以水稀释至刻度混匀，用 721 型比色计（670 nm，2 cm 比色器皿）比色。

3.5.3　氧化钙、氧化镁的测定——EDTA 容量法

3.5.3.1　原理

在系统分析中，由于矿样中常含有大量铁和其他铝、锰、钛等元素。对用 EDTA 络合滴定钙、镁有严重干扰，故溶液中用氢氧化铵使铁、铝、钛等生成氢氧化物沉淀滤掉。吸取滤下液用 KOH 调节 pH>12，加钙指示剂以 EDTA 滴定钙。

$$FeCl_3 + 3NH_4OH = Fe(OH)_3\downarrow + 3NH_4Cl$$

$$AlCl_3 + 3NH_4OH = Al(OH)_3\downarrow + 3NH_4Cl$$

3.5.3.2　试剂

（1）20%氢氧化钾。

（2）1∶1 氨水。

（3）钙试剂：称 1 g 钙指示剂，100 g 氯化钠混匀研细。

（4）1∶2 三乙醇胺。

（5）0.00446 mol/L EDTA 标准溶液：称 EDTA 8.375 g 溶于 5000 mL 水中用 NaOH 溶液调 pH=7。

3.5.3.3　测定步骤

吸取上述制备液 50 mL（相当于 0.1 g 试样）于 300 mL 烧杯中加水约 100 mL，加热近沸，以氢氧化铵控制 pH=6.5~7.5，煮沸 3 min，（如 pH 值不够，再加氨水使 pH=6.5~7.5），取下以流水冷却至室温，移入 200 mL 容量瓶中，稀释至刻度，混匀，用干滤纸过滤于烧杯中。吸取滤下液 50 mL（相当于 0.025 g 试样）放入 300 mL 三角瓶中，加三乙醇胺 3 mL，加氢氧化钾 20 mL，加钙指示剂 4~5 滴，用 EDTA 标准溶液滴定，由紫红色变为纯蓝色即为终点。

3.5.3.4　数据处理

$$\text{钙含量} = \frac{\text{标准样品含量}}{\text{标样消耗 EDTA 毫升数}} \times \text{生产样消耗 EDTA 毫升数} \qquad (3\text{-}16)$$

钙镁含量：吸取滤下液 50 mL（相当于 0.025 g 试样）放入 300 mL 三角瓶中，加氨水 20 mL，加铬黑 T 指示剂 1~2 滴，以 EDTA 标准溶液滴定，由紫红色变为纯蓝色即为终点。记录消耗毫升数 V_2。

$$\text{镁含量} = \frac{\text{标准样品含量}}{\text{钙镁含量消耗毫升数} - \text{钙消耗毫升数}} \times (V_2 - \text{生产样消耗毫升数}) \qquad (3\text{-}17)$$

课后习题

3-1　简答题：烧结矿转鼓指数的物理意义是什么，其影响因素有哪些？

3-2　填空题：烧结矿物理性能包括转鼓指数、________和筛分指数。

3-3　判断题：检验烧结矿的指标中，还原性和 *RDI* 属于检验烧结矿的化学性能。（　　）

3-4　填空题：在烧结矿落下强度检验中，试验试样量为________ kg，落下________次，用粒度大于________ mm 的表示烧结矿的落下强度。

思政展播

【党的二十大报告摘引】

必须坚持守正创新。我们从事的是前无古人的伟大事业，守正才能不迷失方向、不犯颠覆性错误，创新才能把握时代、引领时代。我们要以科学的态度对待科学、以真理的精神追求真理，坚持马克思主义基本原理不动摇，坚持党的全面领导不动摇，坚持中国特色社会主义不动摇，紧跟时代步伐，顺应实践发展，以满腔热忱对待一切新生事物，不断拓展认识的广度和深度，敢于说前人没有说过的新话，敢于干前人没有干过的事情，以新的理论指导新的实践。

【工匠故事】

“小何，这个样品的谱图有点异常，重新拿样品检测确认一遍。”在广西柳州钢铁集团有限公司质量管理部原料分析室的化学分析台前，一位身穿白大褂的化学检验员一手提着移液管，另一只手平稳地拿着烧杯，眼睛盯着管内液体，神情专注。

眼前的这位检验员有着一张略显稚嫩的娃娃脸，一头齐肩短发显得十分干练，她就是今年的全国五一巾帼标兵、柳钢最年轻的技能专家黄芝敏。34 岁的黄芝敏，在原料化学分析领域已是一位经验丰富的“老专家”。

“成为化学分析师一直是我的梦想。”2012 年 7 月，大学毕业的黄芝敏来到柳钢质量管理部原料分析室工作，自此一头扎进了进厂原料化验数据中。

她所在的实验室，承担了柳钢进厂大宗原燃料铁矿石、煤焦、铁合金等样品的化验分析任务。化验结果直接决定原料价格，也决定着原料采购和冶炼生产双成本的控制，分析数据的准确性、重要性不言而喻。

还是职场新人的黄芝敏面对重担没有畏难，她虚心向前辈请教，利用空闲时间读书钻研，并多次参与各类技能竞赛。她先后两次代表柳钢参加柳州市化学检验工技能竞赛，两次参加自治区级技能竞赛，并荣获广西壮族自治区技术能手称号。

凭借这份拼劲、韧劲，黄芝敏用不到 5 年时间就成为公司原料分析领域的技术骨干，并于 2019 年成立黄芝敏技能专家工作室。1 年后，工作室被评为自治区级技能大师工作室。

在枯燥的化学分析工作中，创新是黄芝敏最大的价值感来源。她通过不断实验找到突破口，完成了一次又一次的闯关。

工作中，黄芝敏发现，有些样品没有相关的国家或行业标准分析方法，传统分析方法步骤烦琐，分析时间长，试剂消耗大，成本高，无法满足钢铁行业绿色智能化发展的要求。于是，黄芝敏积极投身化验室技术革新。她结合生产分析实际，研发出“一步熔融技术”，该预氧化方案应用于锰系合金、铌铁、磷铁等样品上，使样品分析时间从 3~5 个工作日缩短至 4 h 以内。

从一条条数据中总结思路，从一个个分析方案中寻找创新方法，从一次次实验中研发新的技术标准……多年来，她先后组织完成“高磷铌铁合金一步熔融制样 X 射线荧光分析方法研发与建标”等 28 项技术攻关和创新。

（资料来源：工人日报）

项目 4　球团矿性能检测与分析

项目 4 课件

任务 4.1　球团矿概述

4.1.1　球团生产和球团焙烧设备概述

球团是铁矿粉造块的重要方法之一，先将粉矿加适量的水分和黏结剂制成黏度均匀、具有足够强度的生球，经干燥、预热后在氧化气氛中焙烧，使生球结团，制成球团矿。这种方法特别适于处理细精矿，随着选矿推广细筛再磨，铁精矿粒度越来越细，加上球团具有较好的冷态强度、还原性和粒度组成，使其发展迅速。中国有大量的细颗粒铁精矿，鉴于高碱度烧结矿具有良好的冶金特性，与部分碱度较低的球团矿搭配使用，可以形成比较理想的高炉炉料组成。

球团矿生产先将矿粉制成具有均匀粒径和足够强度的生球。造球通常在圆盘或圆筒造球机上进行。采用亲水性好、粒度细、比表面积大和接触条件好的矿粉，加适当的水分，添加一定数量的黏结剂（皂土、消石灰和生石灰等），即可得到具有足够强度的生球。造球时细磨物料在造球设备中被水润湿，矿粉借助水的毛细作用形成球核，然后球核借助机械力的作用而不断滚动，黏附物料，形成球体，球体逐渐变大，越来越致密。矿物粉末之间通过水分子形成的薄膜来保持矿粉间的牢固黏结。

将所述生球在 300~600 ℃的条件下进行干燥，在 600~1000 ℃的条件下进行预热，然后在氧化气氛中焙烧。焙烧温度一般是 1200~1300 ℃，以气体或液体燃料为主，偶尔也可使用固体燃料。在预热和焙烧阶段出现氧化铁的氧化、石灰石分解和去硫等反应。焙烧是球团固结的一个重要环节。

目前，球团矿的焙烧设备主要有竖炉、带式焙烧机和链箅机—回转窑三种。用竖炉焙烧，产品质量差，单机能力小，单炉规模很难大型化，炉内温度较难控制且受热不均匀，对原料的适应性较差，只能使用气体燃料；但设备简单，操作方便。中国在竖炉焙烧技术方面有所突破。带式焙烧机单机能力大、对原料的适应性比竖炉强，有余热利用系统、工艺过程简单可靠、布置紧凑，占地面积小、操作方便等优点；是目前世界上球团焙烧的主要设备，生产的球团占世界总产量一半以上。链箅机—回转窑单机能力大，对原料的适应性更强，产品的质量高且更为均匀，实现了球团生产的大型化，但设备布置不够紧凑，占地面积大，工艺设备较为复杂。

4.1.2　球团原料

按照其用途与化学组成，球团原料分为两种：一种是作为球团基体的含铁原料；另一种主要是含铁少或不含铁的原料，主要用于造球时提高球团矿的物理力学性能和冶金性能。

4.1.2.1 含铁原料

A 铁矿石精矿

化学成分不适宜冶炼的各种铁矿石，必须经过选矿处理，然后才能进行造球。经过选矿，除去了大多数的有害成分，得到的精矿石，无论采用哪种选矿方法，其含铁量（质量分数）应在64%以上。球团矿生产所用的原料主要是铁精矿粉，在造球混合料中所占比例高达90%，所以精矿的质量直接影响到生球、成品球团矿的质量。球团矿生产对铁精粉的要求是一定的粒度、适宜的水分和均匀的化学性质。

（1）粒度：适合造球的精矿小于0.044 mm(−325 目）部分应占60%～85%，或小于0.074 mm(−200 目）部分应占90%以上，比表面积大于1500 cm^2/g。而且精矿的粒度组成还必须保持相对稳定。细粒精矿粉易于成球，粒度越细，成球越好，球团强度越高。应该指出的是，对球团整个生产过程来说，精矿的粒度也并不是越细越好：第一，粒度过细，造成脱水困难，因为需要干燥，带来工艺复杂化；第二，粒度过细必然加大磨矿过程的能量消耗。因此，粒度过细反而会使生产的费用增大，经济效益减少。

（2）水分：水分的控制和调节对造球是极其重要的。水分的变化不但影响生球质量和产量，也影响下步干燥、焙烧工艺过程，严重时还影响造球设备的正常运转。一般磁铁矿和赤铁矿精粉适宜的水分为7.5%～10.5%，小于0.044 mm 占65%时，适宜水分为8.5%，而小于0.044 mm 占90%以上时，适宜水分为11%，水分的波动不应超过±0.2%，且越小越好。

（3）化学成分：其化学成分（质量分数）的稳定性和均匀性，将直接关系到生产工艺的复杂程度和球团矿质量的好坏，全铁含量波动≤0.5%，二氧化硅含量波动≤0.3%。

B 其他含铁原料

在某些情况下，除了铁精矿粉以外，还可充分利用二次含铁原料。在钢铁企业或化工企业中，常常会有大量的副产物，如高炉炉尘、轧钢皮、铸铁屑、炼钢炉渣以及硫酸渣等，这些副产物都含有较高的铁成分。但因粒度较细或含有其他有害元素，不能直接入炉冶炼。生产球团矿可以将二次含铁原料加入造块过程或对其处理后单独成型，从而得到二次利用，以节约造块过程的能耗，降低生产成本。一般各种炉尘粒度很细，比表面积大，而烧渣和轧钢皮必须细磨后方可造球。

原料进厂后如果不能满足造球工艺要求，需要进行再磨、干燥、中和等加工处理。再磨可分为干磨和湿磨两种，如图4-1所示。采用的磨矿设备为圆筒型磨机，多用钢球作为磨矿介质。有些情况下是采用钢棒或块矿(“砾石”）作为磨矿介质。

干燥也分为两种：一种是将精矿粉或混合料全部经干燥机干燥至造球适宜的水分；另一种是将部分精矿干燥，与其他未经干燥的精矿配合使用。国内的精矿粉普

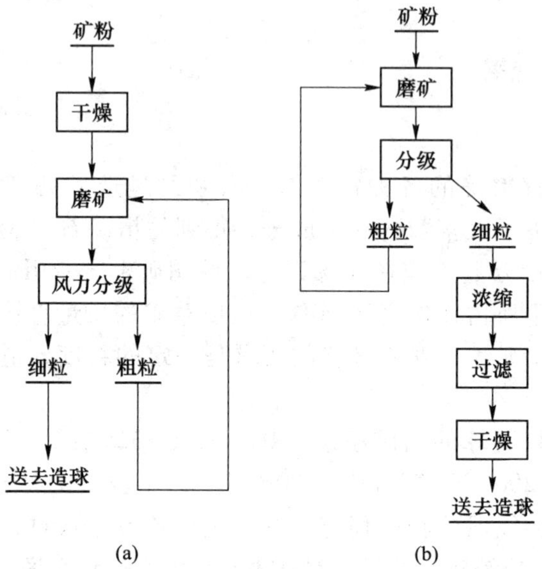

图 4-1 造球原料磨矿工艺要求

（a）湿磨；（b）干磨

遍存在着水分偏高的问题，对造球不利。因此在造球前必须进行干燥，使矿粉含水量降到低于最适宜的造球的湿度。中和是为了控制和减少原料化学成分的变化，保持原料化学成分的稳定。中和的方法与烧结原料的准备处理相似。

4.1.2.2　黏结剂与添加剂

A　黏结剂

球团黏结剂是能将细磨矿石颗粒黏结成球，并改善湿球、干球以及焙烧球团矿性质的添加物，其主要作用是改善物料的成球性，提高生球、干球和焙烧球团矿的强度，调整球团矿的化学组成、矿物组成和质量。球团工艺在发展过程中，曾试验过多种有机或无机黏结剂、单种或混合黏结剂，研究它们的适用性。最主要的一种黏结剂就是水，其他黏结剂包括膨润土、消石灰、石灰石、白云石和水泥等。氧化固结球团常用膨润土、消石灰两种。水泥通常是生产冷凝固结球团的黏结剂。

膨润土是以蒙脱石族矿物为主要组分的黏土岩，俗称皂土，仍是国内外球团生产普遍采用的一种优质黏结剂。蒙脱石又称微晶高岭石或脉岭石，是一种具有膨胀性能、呈层状结构的含水铝硅酸盐，具有阳离子吸附和交换性能，还具有极强的水化能力。其化学分子式为：$Si_8Al_4O_{20}(OH)_4 \cdot nH_2O$，化学成分（质量分数）为 SiO_2 66.7%，Al_2O_3 28.3%；膨润土实际含 SiO_2 60%～70%，Al_2O_3 为 15%左右，另外还含有其他杂质，如 Fe_2O_3、Na_2O、K_2O 等。

膨润土的主要作用是能提高矿粉的湿润性，改善成球过程，提高矿粉间的分子间作用力，增加矿粉间的黏结力，从而提高生球强度，还能调剂原料水分，稳定造球作业，提高物料的成核率和降低生球长大速度，使生球粒度小而且均匀。同时膨润土还能够降低生球干燥时的脱水速率，提高生球的热稳定性，既提高了生球的爆裂温度和生球干燥速度，缩短了干燥时间，又可提高干球强度和成品球团矿的强度。

块状膨润土需经破碎或碾压、干燥细磨才能使用。水分由平均自然水分 30%干燥到 7%~8%。为了保持膨润土的活性，干燥温度应不超过 150 ℃。干燥之后或干燥过程中，将膨润土磨细，磨到小于 0.074 mm 粒级的至少占 99%。膨润土要使用密封容器运输，如槽式卡车或装袋运输。

球团矿生产对膨润土的技术要求：蒙脱石含量大于 60%；吸水率（2 h）大于 120%；膨胀倍数大于 12 倍；粒度小于 0.074 mm 占 99%以上；水分小于 10%。国外膨润土的用量为混合料的 0.2%~0.5%，国内由于精矿粉粒度较大而膨润土用量较多，一般占混合料的 1.2%~1.5%。膨润土经焙烧后残存部分的主要成分为 SiO_2 和 Al_2O_3，每增加 1%的膨润土用量，含铁品位降低 0.4%~0.6%，应尽量少加。

B　添加剂

添加剂的使用是为了改善球团矿的化学成分，特别是其造渣成分，提高球团矿的冶金性能，降低还原粉化率和还原膨胀率等。常用的碱性添加剂有消石灰和石灰石，其性质、作用和要求与烧结用熔剂相同，但粒度要求比烧结更细，细磨后小于 0.074 mm 含量为 90%以上。

（1）消石灰：消石灰既是黏结剂，又是碱性添加剂。消石灰是生石灰用水或蒸汽消化后生成的氢氧化钙微粒。它是一种粒度小、比表面积大、亲水性好和具有胶结能力的黏结剂，在水中呈微细胶粒。此外，消石灰的密度小，配加量不能过多，否则按体积计，它在物料中占的比例过大，会使球团料中毛细水迁移速度降低，影响成球速度。消石灰黏性好，用量过多时，母球易于聚结，而母球本身又坚固，往往导致生球表面出现棱角。使用时不能有未经充分消化的生石灰，并要保持水分的稳定，否则对造球不利。

（2）石灰石：石灰石也是一种亲水性较强的物料。其颗粒表面粗糙，在造球物料中添加石灰石粉，能增加生球内颗粒间的摩擦力，提高生球强度。石灰石堆积密度大于消石灰，但黏结力不如消石灰，一般添加石灰石是为了提高球团矿碱度。球团矿中添加石灰石粉，粒度小于 0.074 mm 的应占 90%以上。

根据目前国内的实际情况，最合理的添加物应该认为是消石灰或消石灰和石灰石的混合物。它们不仅能提高生球和干球的强度，提高生球的热稳定性，而且起到了熔剂的作用。并且，在处理过湿原料时，采用生石灰还可以减少原料的含水量。

4.1.3　球团检验项目及标准

随着高炉大型化、自动化以及最大限度地降低焦比的要求，对高炉炉料的质量和炉料质量的检验方法越来越重视。在球团的质量要求方面，目前尚无统一的规定标准。国内外的球团厂均根据自身的工艺过程、焙烧设备、原料条件制定各自的标准要求及检验方法。

生球质量检测主要有粒度、落下强度、抗压强度、爆裂温度、生球水分等项目，成品球团质量检验主要有高温还原条件下的强度、热膨胀性能、软化温度及熔点、化学成分及其稳定性。几个具有代表性国家的球团矿质量标准见表 4-1～表 4-3。

表 4-1　日本球团矿质量标准

项　目	指　标	项　目	指　标
单球抗压强度/N	平均 2450	JIS 膨胀指数/%	最大 14
单球最小抗压强度（<784 N)/%	最大 5	还原后抗压强度/N	单球平均 441
JIS 转鼓指数（<1 mm)/%	最大 4.5	还原度/%	最小 60
粒度范围（9～15 mm)/%	最小 85		

注：JIS 指日本工业标准（Japanese Industriol Standards)。

表 4-2　德国球团矿质量标准

项　目	指　标	项　目	指　标
粒度（10～15 mm)/%	最小 85	还原度 40%(950 ℃)/min	最小 0.5
粒度（<5 mm)/%	最大 1	ISO 膨胀指数（1000 ℃)/%	最大 20
单球冷抗压强度/N	最小 1960	荷重还原压降（1000 ℃)/Pa	最大 196
ISO 转鼓指数（<0.5 mm)/%	最大 1		

表 4-3　加拿大球团矿质量标准

项　目	指　标	项　目	指　标
粒度（9.5～15.9 mm)/%	>95	转鼓指数 ASTM（>5 mm)/%	>95
粒度（<6.35 mm)/%	<1	碱金属（K_2O 和 Na_2O)/%	<0.13
单球冷抗压强度/N	>1999		

我们国家根据成品矿的质量不同，把高炉使用的酸性球团矿分为三个等级，技术指标要求见表 4-4 和表 4-5。

表 4-4　球团矿化学成分、冶金性能技术指标

项目名称	品级	化学成分（质量分数)/%				冶金性能（质量分数)/%		
		TFe	SiO_2	S	P	还原膨胀指数(RSI)	还原度指数(RI)	低温还原粉化指数(RDI)(+3.15 mm)
指标	一级	≥65.00	≤3.5	≤0.02	≤0.03	≤15.0	≥75.0	≥75.0
	二级	≥62.00	≤5.5	≤0.06	≤0.06	≤20.0	≥70.0	≥70.0
	三级	≥60.00	≤7.0	≤0.10	≤0.10	≤22.0	≥65.0	≥65.0

表 4-5 球团矿物理特性技术指标

项目名称	品级	物理特性				
		抗压强度 /(N·个球$^{-1}$)	转鼓强度 (+6.3 mm) /%	抗磨指数 (-0.5 mm) /%	粒级	
					8~16 mm/%	-5 mm/%
指标	一级	≥2500	≥92.0	≤5.0	≥95.0	≤3.0
	二级	≥2300	≥90.0	≤6.0	≥90.0	≤4.0
	三级	≥2000	≥86.0	≤8.0	≥85.0	≤5.0

4.1.4 球团矿与烧结矿的比较

4.1.4.1 原料条件比较

球团对原料粒度的要求比较严格，而烧结要求原料粒度相对较粗对原料的适用性比较强。一般认为：前者要求 44 μm(325 目) 粒级占 60%~85%，比表面积 1500~2000 cm^2/g，甚至更高；而后者希望原料中 100 μm(150 目) 粒级在 20%以下。近来出现的小球烧结法，可使烧结原料中 100 μm(150 目) 粒级提高到 40%~50%。

由于世界上富矿资源有限，贫矿的大量开采利用，选矿后的精矿粒度很细，精矿粉用于烧结时，料层透气性很差，影响烧结矿的产量和质量。根据我国的铁矿资源条件，需要细磨精选的贫矿占比很大，球团矿必将迅速发展。过去那种认为球团法只能处理磁铁矿的观点已不存在。球团原料范围现已扩大到赤铁矿、赤—磁铁矿混合矿、土质赤铁矿以及各种矿石的混合料。日本等国的一些球团厂还利用钢铁厂粉尘造球，生产预还原球团和氧化球团。

烧结法在处理原料上具有其突出优点，它对于粗粒原料的适应性强，可以处理各种富矿粉、焦粉、钢铁厂粉尘和粉粒状含铁废料。

4.1.4.2 冶金性能比较

目前国内外普遍认为球团矿比烧结矿在冶金性能上有以下优点。

(1) 粒度小而均匀，能保证高炉炉料的良好透气性的和均匀的气流分布。通常球团粒度在 8~16 (或 20) mm 的占 90%~95%。这一点即使整粒最好的烧结矿也难以相比。

(2) 冷态强度 (抗压和抗磨) 高。便于运输和贮存，不易破碎，与生产烧结矿相比可以减少向大气中逸散的灰尘，有利于改善环境，并且适合长期储存。

(3) 铁分高和堆积密度大，有利于增加高炉料柱的有效重量，提高产量和降低焦比。

(4) 还原性好，有利于改善煤气化学能的利用。测定表明，在用低 SiO_2 的优质原料时，球团矿与烧结矿的还原性相差不大，而在使用 SiO_2 较高的原料时，球团矿形成较多的渣相结，有利于提高球团矿的热还原强度，球团的还原性优于烧结矿。

从日本加古川厂自熔性球团矿与自熔性烧结矿的质量对比（见表 4-6）和森永孝三等用相同原料制备球团和烧结矿的质量对比（见表 4-7）中，可以看出两种造块方法的差异。

表 4-6　加古川厂球团矿和烧结矿的质量指标

项　目	球团矿	烧结矿
单球抗压强度/N	2726~3180	3~8
转鼓指数（<1 mm）/%	1~3	
气孔率/%	24 ~ 28	3~8
-5 mm 颗粒所占比例/%	<1	65 ~ 70
还原率（JIS）/%	85~90	
收缩率/%	30~35	
膨胀率/%	8~12	55~57
TFe/%	61.0	5.4~6.0
SiO_2/%	4.1	
CaO/%	5.3	1.5~ 2.0
$CaO : SiO_2$	1.3	30~40
低温粉化率/%	8~12	

表 4-7　球团矿与烧结矿的质量指标比较

项　目		气孔率/%	体积密度/(g · cm^{-3})	落下强度(>10mm)/%	抗磨性/%	单球抗压强度/N	备注
赤铁矿	普通球团矿	22.0	2.11	98.7	2.2	3873.6	1200 ℃焙烧
	普通烧结矿	42.7	1.49	84.1	1.9		6%焦粉
磁铁矿	普通球团矿	25.0	2.27	98.9	3.8	3344.1	1200 ℃焙烧
	普通烧结矿	41.0	1.52	87.6	4.8		4%焦粉
褐铁矿	普通球团矿	25.3	1.94	98.2	2.7	1304.3	1200 ℃焙烧
	普通烧结矿	26.7	1.60	84.2	2.1		9%焦粉

虽然球团矿的许多指标优于烧结矿，但其热膨胀问题影响了它的冶金性能，需要限定其使用条件，比如高炉球团矿入炉比问题。经高炉试验得出以下结论：

（1）球团膨胀率小于 20%时，高炉操作无困难；

（2）球团膨胀率为 20%~40%时，球团入炉比不得超过 65%；

（3）球团膨胀率大于 40%时，高炉操作失常。此时，即使球团矿入炉比小于 65%，风量也须减少。

不少国家的质量标准都将球团矿的膨胀率规定在 20%以内，甚至更低。以确保高炉顺行。

4.1.4.3　冶炼效果比较

高炉生产实践表明，用球团矿代替天然块矿冶炼时，能大幅度提高高炉产量、降低焦比、改善煤气利用率。用整粒后的烧结矿代替天然块矿，也能获得同样的冶炼效果。也就是说，在同样的情况下，如果用球团矿代替烧结矿，二者的冶炼效果将不会有太大的差别。

A. Glad 等人曾按 5 种情况进行高炉冶炼效果对比分析，将这 5 种条件的高炉平均实际焦比进行校正，获得平均标准焦比，并计算这 5 种条件下高炉的阻力系数，见表 4-8。

表 4-8　5 种条件下的高炉实际焦比和煤气阻力系数

条　　件	标准焦比①/(kg·t^{-1})	标准焦比②/(kg·t^{-1})	相对煤气阻力系数/%
使用 75%～95%自熔性烧结矿	437	430	91
使用 46%自熔性烧结矿和 45%自熔性球团矿	421	432	107
使用 75%～95%球团矿和石灰石	449	415	79
使用 75%～95%自熔性烧结矿	439	429	100
使用 45%酸性球团矿和 45%自熔性烧结矿	435	435	100

①未按煤气速度的差异校正。

②根据 NSC 公式按煤气速度的差异作了校正。

由表 4-8 中数字可见，按标准焦比，烧结矿与球团矿无明显差别。实际焦比的不同，主要是操作条件不同所致。用 100%球团矿，料柱透气性较好。但应指出，对冶炼条件相差较大的情况进行校正，所用的校正量本身就不可能固定。因此，有关烧结矿与球团矿两者冶炼效果优劣问题，国内外尚无一致的结论。

任务 4.2　球 团 实 验

球团是铁矿粉造块的方法之一，将准备好的原料（细磨精矿或其他细磨粉状物料，添加剂或黏结剂等），按一定比例经过配料混匀，在造球机上经滚动而造成一定尺寸的生球，然后采用干燥和焙烧或其他方法使其发生一系列的物理化学变化而固结成球状或块状的过程。

4.2.1　实验目标

（1）掌握影响球团矿产量和质量的因素。

（2）掌握球团矿成球原理。

（3）掌握生球落下强度、抗压强度及爆裂温度的测定方法。

4. 2. 2　实验原理

原料准备、生球制取、生球焙烧固结是球团生产过程中的三个主要工序。生球制取工序经过母球形成、母球长大和生球紧密三个阶段。生球焙烧固结工序经过干燥、预热和高温氧化焙烧三个阶段。铁矿氧化球团实验流程如图 4-2 所示。

微课
球团实验 1

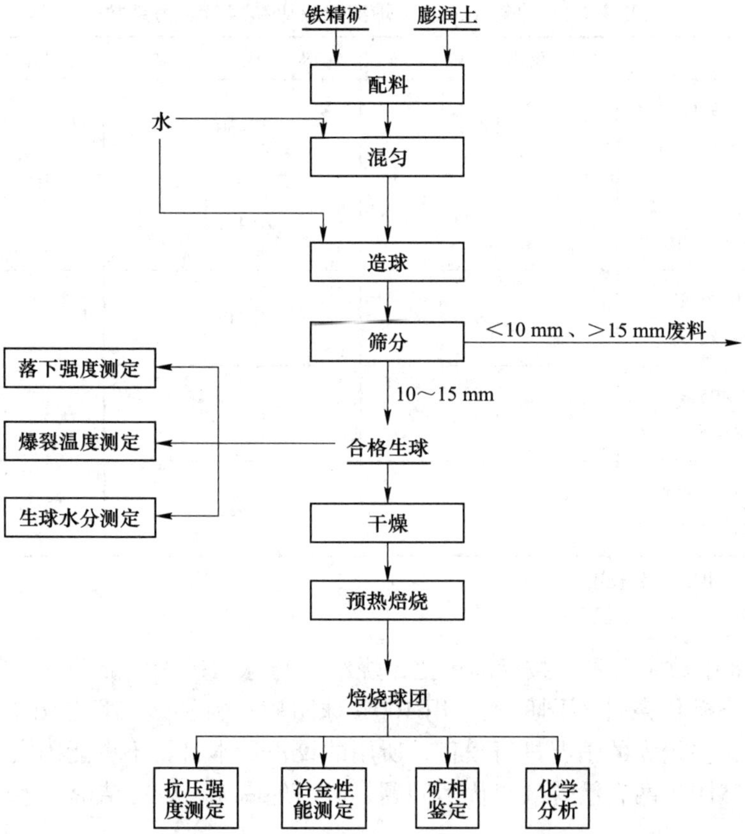

图 4-2　铁矿氧化球团实验流程

4. 2. 3　实验装置

本实验装置包括：ϕ1. 0 m 的圆盘造球机（见图 4-3），边高为 150～200 mm，圆盘转速和倾角可调，倾角范围为 40°～50°，转速范围为 10～18 r/min；电子秤；喷水瓶；筛子；生球爆裂温度测定实验管式炉（见图 4-4）；竖式球团焙烧装置（见图 4-5）及计算机控制系统。

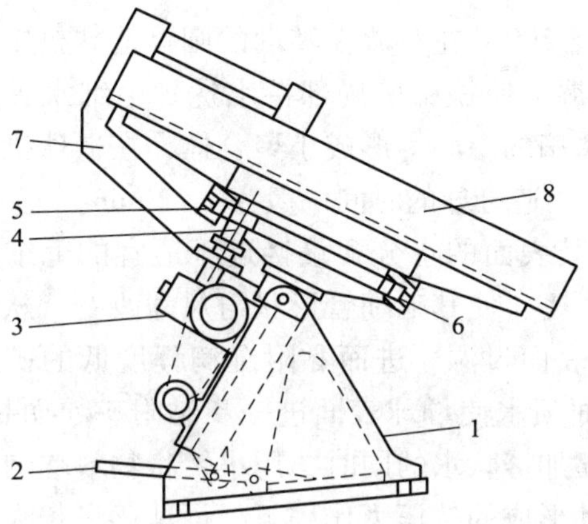

图 4-3　圆盘造球机

1—机座；2—调整倾角装置；3—传动装置；
4—轴；5—小齿轮；6—内齿轮；7—桁架；8—圆盘

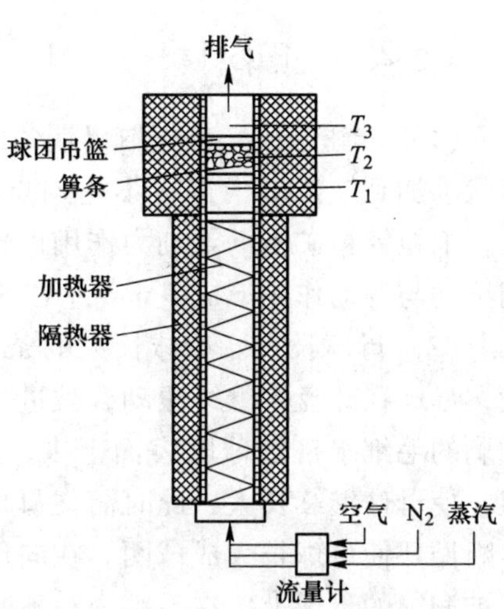

图 4-4　生球爆裂温度测定实验管式炉

T_1—干燥气流温度；T_2—球团料层温度；
T_3—排出温度

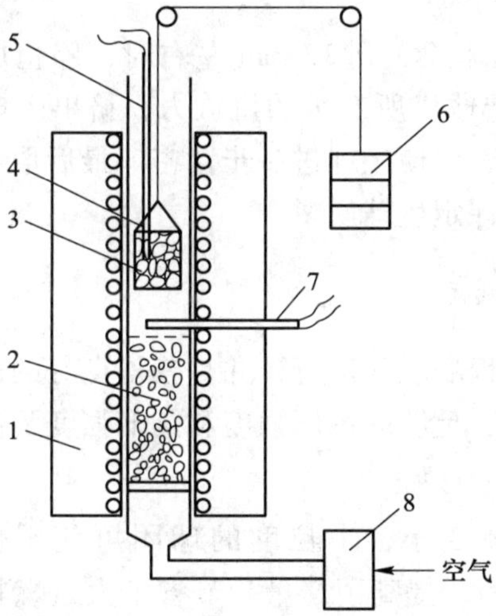

图 4-5　竖式球团焙烧装置

1—二段加热炉；2—氧化铝球层；3—球团试样；4—吊篮；
5，7—热电偶；6—平衡锤；8—流量计

4.2.4　操作步骤

4.2.4.1　原料准备

将测定好水分含量的原料用 74 μm（200 目）筛子筛分，筛下物作为造球原料。按干料计算，称取粒度小于 74 μm（200 目）的铁精矿 5 kg，则膨润土用量为 5×2%＝0.1 kg。把料进行人工混匀，加入一定量的预润湿水分，使混合料水分含量低于生球适宜水分含量。

4.2.4.2　生球制取。

（1）母球形成。首先取已混匀的试样 500 g 左右放在转动的圆盘造球机中，以滴状水加到铁精矿中进行不均匀点滴润湿，使铁精矿局部持水达到毛细水含量阶段，细粒铁精矿借助毛细力作用被拉向水滴的中心，形成小聚合体，在造球机中受到滚动与拦动作用形成 3 mm 左右的母球，造母球的时间一般为 1～2 min。

微课
球团实验 2

（2）母球长大。母球长大的条件是其表面的水分含量接近于适宜的毛细水含量，母球在球盘中继续滚动，被进一步压密，使其毛细管形状与尺寸改变，从而将过剩的毛细水挤到球团表面上来，母球表面过湿，进而黏附湿润程度低的矿石颗粒，使母球继续长大，此时需往母球表面喷水使母球表面进一步黏附矿粒而长大，不断循环使母球长大成球团。在向母球喷加雾状水的同时，用小铲将物料均匀供给已被润湿的母球上，在毛细力和不断滚动形成的挤压力作用下，母球逐渐长大。在母球长大过程中要特别注意加水、加料速度的控制，保证在规定时间内把物料和补加水加完。母球在长大的同时，由于滚动和机械力的作用，生球内的颗粒发生选择性的接触面积最大排列，使生球内的矿石颗粒彼此靠近，母球长大时间控制为 4～5 min。

（3）生球紧密。当母球长大到 12 mm 左右时，停止加水、加料后继续让生球在盘内滚动 2 min，利用造球机所产生的机械力，挤出生球内多余水分，并为润湿程度低的矿石颗粒所吸收，以使生球进一步紧密。最后取出全部生球，进行筛分分级，并按生球的检测标准评定生球质量。

4.2.4.3　生球性能测定

为了保证球团生产过程的顺利进行，并且获得良好的成品球团矿质量，生球必须具有适宜而均匀的粒度、足够的抗压强度和落下强度及良好的抗热冲击性。

A　生球粒度

近几年球团粒度逐渐变小，小粒度的球团可使干燥温度由 315 ℃ 降低到 204 ℃，延长了炉箅的寿命、提高了产量，节省了大量燃料。制出生球后用由上到下顺次为 15 mm、10 mm、5 mm 的三层圆孔筛子筛分生球，令 5～10 mm 生球的质量为 m_1、10～15 mm 生球的质量为 m_2、大于 15 mm 生球的质量为 m_3，计算成球率。

B　生球落下强度的测定

生球落下强度是指生球由造球系统运输到焙烧系统过程中所能经受的强度。生球必须有足够的落下强度以保证生球在运输过程中既不破裂又很少变形。

其检验方法是选取 10 个直径为 12.5 mm 的生球，自 457.2 mm 高处自由落在钢板上（有的则落在皮带上），重复数次，直至出现裂纹或破裂为止。记录每个生球的落下次数并求出其平均值，作为落下强度指标。生球落下强度指标的要求与球团生产过程中的转运次数有关。当转运次数少于 3 次时，落下强度最少应定为 3 次，超过 3 次者最少应定为 4 次。

C 生球抗压强度的测定

生球抗压强度是指其在焙烧设备上所能承受料层负荷作用的强度，以生球在受压条件下开始龟裂变形时所对应的压力大小表示。

抗压强度的检验装置大多数使用以杠杆原理制成的压力机。检测用生球通常直径为 12.5 mm 左右，生产或一般实验，每次不少于十个球。抗压强度就是垂直加负荷于生球，压下速度不大于 10 mm/min，当生球出现裂缝时所加负荷的力，取其算术平均值作为生球平均抗压强度，单位为 N/个。

D 生球爆裂温度的确定

生球的破裂温度就是反应生球热稳定性的重要指标，是指生球在焙烧设备上干燥受热时，抵抗因所含水分急剧蒸发排出而造成破裂或粉碎的能力，或称热冲击强度。要求生球的破裂温度越高越好。生球在干燥时便会受到水分强烈蒸发和快速加热所产生的应力，这两种应力使得生球内部的水蒸气压提高，当内部水蒸气压大于生球的机械强度而来不及排除就会导致生球产生爆裂，这对球团的质量产生了一定的影响。

检验生球破裂温度的方法依据干燥介质的状态可分为动态介质和静态介质。动态介质更符合于工业生产的实际，因而应用较普遍。具体的测定在定向干燥的管式电炉中进行，实验装置如图 4-4 所示，这套装置由鼓风机、流量计、热电偶、管式预热电炉、保温炉和吊篮组成。干燥介质（空气）经鼓风机送入管式预热电炉时被预热，然后热气流进入保温炉，其通过置于吊篮内的生球时将生球团干燥。以生球的爆裂温度作为生球干燥的最高临界温度，在这一临界条件下分别测定所需干燥时间和脱水率，可为球团生产提供依据。在生产中，为确保生球干燥的安全，选择的干燥温度应比临界温度低 50 ℃。具体测定方法是：取粒度为 10~15 mm 的生球 20 个装入吊篮内，控制气流速度为 1.8 m/s，待气流被预热到规定的温度值时，将装有生球的吊篮放入保温炉内，热风通过时间为 5 min。然后取出干燥球检查，以干燥球出现破裂或裂纹的个数达 10%时的温度作为爆裂温度。若大于 10%则降低风温，若小于 10%则升高风温。每次实验的温度间隔为 25 ℃或 50 ℃，要求同一条件下重复试验两三次，其绝对误差不超过 1%。一般认为，具有良好焙烧性能的球团的破裂温度不应低于 375 ℃。

此外，另一种方法是把生球装入一个完全仪表化的烧结锅内（移动式烧结锅），其球层高度随焙烧设备不同而异，带式焙烧机为 300~500 mm，链箅机—回转窑为 150~200 mm。接着模拟实际工艺条件进行试验。最后观察确定在何种温度和风速下球团开始出现碎裂或剥落。生球的破裂温度除了与干燥介质状态有关外，还与原料的组成及理化性质有关。为了提高生球的临界破裂温度，通常是增加膨润土用量。

E 生球干燥脱水率及脱水速度的测定

为了确定在一定干燥制度下所需的干燥时间，以选择合适的干燥机长度和机速，所以需要测定生球干燥过程中的脱水率及脱水速度。测定方法是分别在不同干燥条件下按干燥时间间隔取样，测定残留水量，计算生球干燥脱水率和脱水速度。

实验中要注意，由于球团在取样时，温度较高，水分会不断蒸发，因此，为了降低水分挥发所造成的误差，必须将取出的试样迅速放入称量瓶中密封，每次至少取 5 个样品。

F　生球水分含量的测定

取 200 g 造好的生球，在（120±10）℃的烘箱中烘 2 h，计算水分含量。

4.2.4.4　生球焙烧固结

所谓球团焙烧固结即生球在高温作用下，通过固体质点扩散，形成连接桥及少量液相把固体颗粒黏接起来，使之具有足够的机械强度的过程。生球经干燥、预热处理后，其强度仍然很低，无法满足冶炼的要求，高温焙烧固结是提高球团强度的一种重要方法。

因焙烧气氛不同球团分为氧化球团和预还原球团，两种球团所用的焙烧设备基本相同。实验室常用的竖式电热管状炉（见图 4-5）是将干燥预热炉和高温焙烧炉连用，并配有鼓风设备、流量计和测温热电偶。

竖式电热管状炉焙烧球团实验，将 10~20 个生球装在用耐热金属编制的吊篮内，吊篮可以上下运动，生球被逐步送入不同温度区域，控制焙烧温度、时间和气氛，即可获得焙烧的有关参数。与水平式电热管状炉相比，竖式炉加热均匀、气流分布均匀、焙烧球质量稳定，而且每次装球量较多，是一种较为理想的小型实验室用球团焙烧装置。与干燥装置相比，因焙烧需要更高温度，故竖式炉用作焙烧时，焙烧段应采用 SiC 电加热体，加热温度不低于 1300 ℃。然后将焙烧后的成品球团逐个在压力机上测定破碎压力，用实验平均值表示抗压强度，单位为 N/个。

4.2.5　数据处理

（1）生球成球率的计算公式：

$$成球率 = \frac{m_1 + m_2 + m_3}{m_{干} + m_{膨润土} + m_{水}} \times 100\% \tag{4-1}$$

微课
球团实验 3

式中　m_1——5~10 mm 生球的质量，kg；
m_2——10~15 mm 生球的质量，kg；
m_3——>15 mm 生球的质量，kg；
$m_{干}$——干的铁精矿质量，kg；
$m_{膨润土}$——加入的膨润土的质量，kg；
$m_{水}$——加入的水的质量，kg。

（2）生球水分含量的计算公式：

$$\delta = \frac{m - m_0}{m} \times 100\% \tag{4-2}$$

式中　δ——生球水分含量，%；
m_0——干燥后生球的质量，kg；
m——干燥前生球的质量，kg。

本实验数据记录见表 4-9~表 4-12。

表 4-9　原料配比

名　称	配比/%	质量/kg	水分含量/%
铁精矿			
黏结剂			

表 4-10　生球成球率及水分含量的测定

$m_{干}$/kg	$m_{膨润土}$/kg	$m_{水}$/kg	m_1/kg	m_2/kg	m_3/kg	成球率/%	水分含量/%

表 4-11　生球爆裂温度的测定

温度/℃	300	350	400	450	500	550
爆裂个数所占比例/%						
爆裂温度/℃						

表 4-12　强度的测定

编　　号	1	2	3	4	5	6	7	8	9	10	平均值
生球落下强度/(次·个$^{-1}$)											
生球抗压强度/(N·个$^{-1}$)											
成品球抗压强度/(N·个$^{-1}$)											

任务 4.3　球团矿还原膨胀指数的测定

4.3.1　实验目标

（1）掌握测定球团矿还原膨胀指数的升温制度及测试方法。

（2）掌握还原管、还原炉、CO 还原气体的制备系统的使用方法。

4.3.2　实验原理

球团矿还原膨胀指数是指在等温还原过程中自由膨胀，还原前后体积增长的相对体积分数，也称相对自由膨胀率，用 *RSI* 表示。本实验测定一定粒度范围的球团矿，在 900 ℃的温度下等温还原，自由膨胀。还原气体由 CO 和 N_2 组成。测定还原前后球团矿体积的变化。

铁矿球团在还原过程中，由于 Fe_2O_3 还原成 Fe_3O_4 时发生晶格转变，以及浮氏体还原成金属铁时出现铁晶须，使其体积膨胀，膨胀率超过 20%，易引起球团破裂，将导致高炉料柱透气性降低，煤气流分布不均匀，影响高炉顺行，严重影响了高炉的冶炼过程。

测定球团矿还原膨胀指数方法有多种，都需满足以下要求：试样在还原过程中应处于自由膨胀状态；在 900~1000 ℃下将浮氏体还原成金属；密封条件下还原气体与球团矿试样充分反应；能充分反映还原前后球团矿总体积的变化。

微课　球团矿还原膨胀指数的测定

4.3.3　实验装置

本实验装置示意图如图 4-6 所示，其包括 CO 还原气体的制备系统，包括 CO 还原气体的发生、配置、净化、分析和调节装置；还原管；还原炉；装试样容器（见图 4-7）；体积测定装置；实验筛（10 mm、12.5 mm）。

动画　球团矿还原膨胀指数的测定

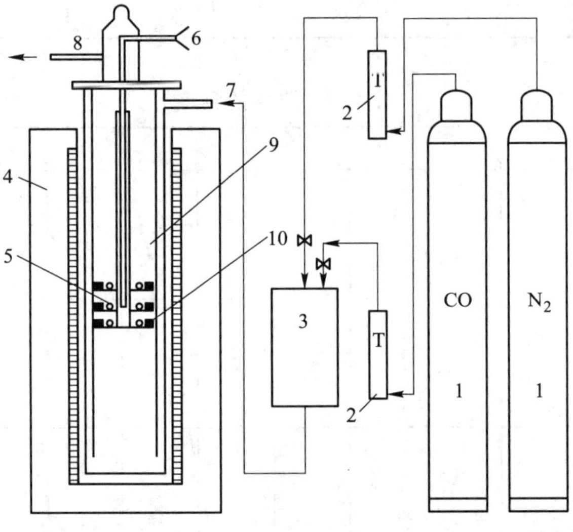

图 4-6　还原膨胀指数实验装置示意图

1—气体钢瓶；2—流量计；3—混合器；4—还原炉；5—试样；6—热电偶；7—煤气进口；8—煤气口；9—还原管；10—试样容器

4.3.4　操作步骤

（1）取样。按照 GB/T 10122—1988 的规定进行取样和制样。通过筛分得到粒度为 10.0~12.5 mm 的试验试样，质量约 1 kg。从中随机取出 18 个的球团矿（要求圆、光滑、无裂纹、无明显孔洞）作为本实验的试样。

（2）测定体积。测定试样的总体积 V_0。

（3）烘干。实验前试样在（105±5）℃的温度下烘干，烘干时间不小于 2 h，然

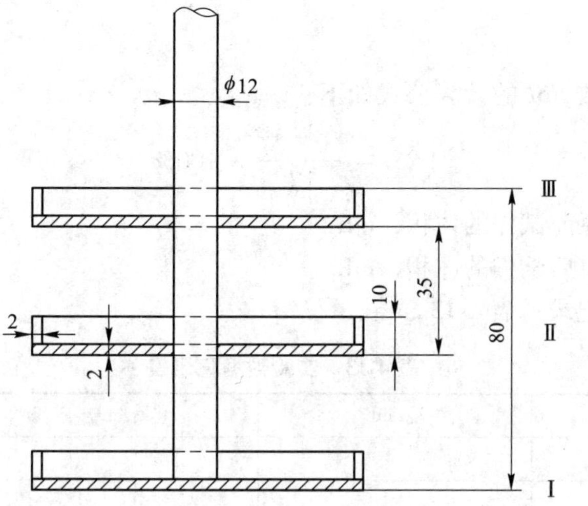

图 4-7　试样容器示意图

后冷却至室温，并保存在干燥器皿中。

（4）还原过程。在装球团矿的容器中的每一层放 6 个球团矿，将容器放入还原管内，关闭还原管的顶部。升温制度如图 4-8 所示。将 N_2 通入还原管，流量（标态）为 5 L/min，接着将还原管放入电炉中，此时的炉内温度不得高于 200 ℃。然后开始加热，升温速度不得大于 10 ℃/min。当试样温度接近 900 ℃时，增大 N_2 流量（标态）至 15 L/min。在 900 ℃下恒温 30 min，使温度恒定为（900±10)℃，然后以等流量的还原气体[CO(30±0.5)%、N_2(70±0.5)%]代替惰性气体，还原 1 h 后切断还原气体，并向还原管内通入流量（标态）为 5 L/min 的 N_2，然后将还原管连同试样一起提出炉外进行冷却，冷却终点温度低于 100 ℃。

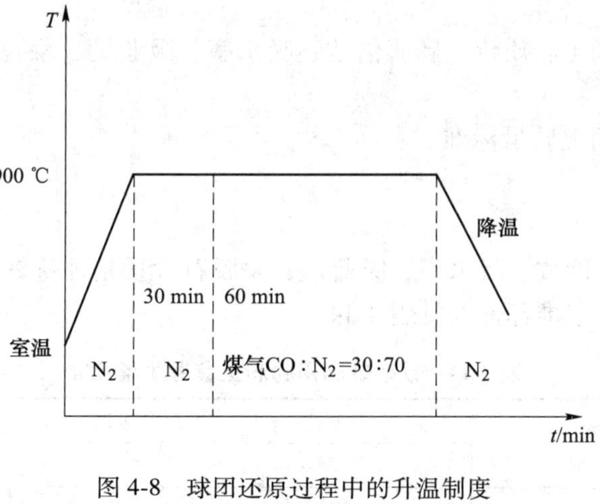

图 4-8　球团还原过程中的升温制度

（5）从还原管中取出冷却后的试样，并测定其总体积 V_1。

4.3.5 数据处理

还原膨胀指数 *RSI* 的计算公式如下：

$$RSI = \frac{V_1 - V_0}{V_0} \times 100\% \tag{4-3}$$

式中 V_0——还原前试样的体积，mL；

V_1——还原后试样的体积，mL。

本实验数据记录见表 4-13。

表 4-13 实验数据记录表

次数	V_0/mL	V_1/mL	*RSI*（精确到 0.1）/%
1			
2			
3			
4			

还原膨胀指数 *RSI* 应按实验结果的平均值报出，用体积分数表示，精确到小数点后一位数。

任务 4.4 膨润土性质的测定

膨润土是目前球团生产中最常用的黏结剂。球团生产和实验研究需要测定膨润土的物化性能，但目前尚无统一的检测方法和标准，还需制定简单合理的测定方法。

4.4.1 实验目标

（1）掌握膨润土胶质价、膨胀倍数、吸水率、吸蓝量、蒙脱石含量等主要性能的测定方法。

（2）了解膨润土质量标准。

微课 膨润土性质的测定

4.4.2 实验原理

胶质价、膨胀倍数、吸水率、吸蓝量、蒙脱石含量是评价铁矿球团用膨润土性能的主要指标，国家推荐标准见表 4-14。

表 4-14 铁矿球团用膨润土参考质量标准

指　　标	级别	
	一级	二级
蒙脱石含量/%	>60	60~45
2 h 吸水率/%	>120	120~100
膨胀倍数/(mL · g^{-1})	>12	12~8

续表 4-14

指　标	级别	
	一级	二级
粒度	−0.074 mm 占 99%以上	
水分/%	<10%	

胶质价又称胶体含量或胶质度，胶质价是将膨润土与水按比例混合后，加适量氧化镁，使其凝聚形成的凝胶体的体积。它是按试样和一定比例的水混合所形成的凝胶层静置 24 h 后，由沉降物体积占整个体积的百分数来衡量的。胶质价显示试样颗粒分散与水化程度，是分散性、亲水性和膨胀性的综合表现，它的大小与膨润土矿的属型和蒙脱石含量密切相关，钠基比钙基、酸性膨润土的胶质价高，同一属型的膨润土，含蒙脱石越多，胶质价越高。所以，胶质价是鉴定膨润土矿石属型和估价膨润土质量的技术指标之一。

膨胀倍数又称膨胀容，膨润土在稀盐酸溶液中膨胀后的容积称为膨胀容，以毫升/克样表示，它与膨润土在水中的分散能力有关。它与胶质价一样，与膨润土的属型和蒙脱石的含量密切相关，同一属型的膨润土，含蒙脱石越多，膨胀容越高，所以，膨胀倍数也是鉴定膨润土矿石属型和估价膨润土质量的技术指标之一。

吸水率是指单位质量的膨润土吸附水的质量，以百分数表示。不同属型和不同蒙脱石含量的膨润土，其吸水率有一定差异，所以吸水率可以作为评价膨润土质量和属型的技术指标。

吸蓝量是膨润土分散于水溶液中，具有吸附次甲基蓝的能力，其吸附的量被称为吸蓝量，以 100 g 膨润土吸附亚甲基蓝的克数来表示，膨润土中蒙脱石含量越高吸附的量越多。

膨润土的主要成分为蒙脱石，测定蒙脱石含量常用的方法是利用其对亚甲基蓝的吸附作用进行间接的测定。根据 X 衍射物相分析，在蒙脱石含量为 100%的人工提纯的钙基蒙脱石中，100 g 钙膨润土吸附亚甲基蓝量为 44.2 g。

4.4.3　实验装置

本实验装置包括量筒（100 mL，直径约为 25 mm）、天平、铁盘、多孔砖、中速定量滤纸、锥形瓶、电炉等。

4.4.4　操作步骤

4.4.4.1　胶质价的测定

（1）取试样 15 g，准确到 0.1 g，置于先注入 20~30 mL 蒸馏水的带塞量筒中（ϕ25 mm 的 100 mL）；

（2）加入蒸馏水到 90 mL 处，盖紧盖子，并仔细摇荡 5 min，使试样充分散开与水混匀，在光亮处肉眼观察，无明显颗粒团块即可。如未分散好，继续摇至全部散开为止。然后加入 1 g 氧化镁分散剂，再加水到 100 mL 处，再盖上塞子，继续振摇 3 min，然后静置 24 h。读出沉降物柱体高度对整个高度的百分比，即为该试样的胶质价。

4.4.4.2　膨胀倍数的测定

（1）称取 1 g，准确至 0.1 g，干燥后的膨润土试样，向装有 75 mL 蒸馏水的直径为 25 mm 的 100 mL 带塞量筒内以缓慢速度均匀间断撒下。

（2）牢固塞子摇动 3 min，使样品完全分散与水混合。在明亮的地方观察，没有明显的颗粒团块。经摇匀后加 25 mL 浓度为 1 mol/L 的盐酸，振摇 3 min，静置 24 h 使之沉降，读出沉降物界面处刻度值，即膨润土膨胀后在量筒内所占的体积，即可得膨胀倍数。

4.4.4.3　吸水率的测定

（1）检查吸水率测定仪中的水位，水面距多孔砖上表面的距离应为（3±1）mm，若不符合，应添加或减少水量。

（2）在感量为 0.001 g 天平上称出称样瓶质量 m_1。

（3）将滤纸放在吸水饱和的多孔砖上，让它也吸水饱和，放在称样瓶内并盖好盖子，防止在称重过程中水分挥发，称出湿滤纸和称样瓶的总质量 m_2。

（4）将滤纸放回多孔砖上，称 2 g 已烘干的膨润土，均匀地撒在滤纸上，在室温下静放 2 h，取出滤纸和试样后，放在称样瓶内称出总质量 m_3，则膨润土吸水质量为 $m_4=m_3-m_2-2$。

4.4.4.4　吸蓝量的测定

（1）称取试样 0.2 g（准确至 0.001 g），置于已加入 50 mL 蒸馏水的锥形瓶中。摇动，使试样在水中充分散开，再加 20 mL 1%的焦磷酸钠水溶液，摇匀后在电炉上加热 5 min，再自然冷却至室温。

（2）用滴定管加入 0.2%亚甲基蓝水溶液，加入量约为预计量的 2/3，快到终点时，以后每加 0.5 mL 要摇动 30 s。用玻璃棒沾一滴溶液在中性滤纸上，观察在深蓝色斑四周有无出现淡蓝色晕环。若未出现，继续滴加亚甲基蓝水溶液，直到出现明显的淡蓝色晕环为止。

4.4.5　数据处理

（1）吸水率的计算公式：

$$\eta = \frac{m_4}{m} \times 100\% \tag{4-4}$$

式中　η——吸水率，%；

m_4——吸水质量，g；

m——已烘干的膨润土质量，g。

（2）吸蓝量的计算公式：

$$M = \frac{C \cdot V}{m'} \times 100 \quad (4\text{-}5)$$

式中 M——100 g 膨润土吸蓝量，g；

C——亚甲基蓝溶液浓度，g/mL；

m'——试样质量，g；

V——滴定时用去亚甲基蓝溶液体积，mL。

（3）蒙脱石含量的计算公式：

$$\text{蒙脱石含量} = \frac{M}{44.2} \times 100\% \quad (4\text{-}6)$$

式中 M——100 g 膨润土吸蓝量，g；

44. 2——100 g 100%人工提纯的钙基蒙脱石吸附亚甲基蓝的量。

本实验数据记录见表 4-15。

表 4-15 实验数据记录表

胶质价/%	膨胀容/(mL · g^{-1})	吸水率/%	吸蓝量/g	蒙脱石含量/%

课 后 习 题

4-1 简答题：评价球团矿质量的指标有哪些？

4-2 简答题：影响生球成球率的因素有哪些？

4-3 判断题：球团矿还原膨胀指数的测定实验中，所用还原气体的成分（体积分数）是100% CO。（　　）

4-4 判断题：膨润土的主要成分为蒙脱石，测定蒙脱石含量常用的方法是利用其对亚甲基蓝的吸附作用进行间接的测定。（　　）

4-5 填空题：膨胀倍数又称________，它与膨润土在水中的分散能力有关。

思 政 展 播

【党的二十大报告摘引】

坚持发扬斗争精神。增强全党全国各族人民的志气、骨气、底气，不信邪、不怕鬼、不怕压，知难而进、迎难而上，统筹发展和安全，全力战胜前进道路上各种困难和挑战，依靠顽强斗争打开事业发展新天地。

【工匠故事】

康伟，在新余钢铁集团有限公司检测中心从事原料检验和废钢管理工作，他始终以企业利益为重，以“规矩做事、踏实做人”的信条，做好每天的检验工作，严把公司进厂原燃料质量关。

1996 年入党的康伟，平时注重政治品德修养，在原料检验岗位谨言慎行，一以贯之。在工作岗位上他刻苦钻研业务，虚心向师傅和同行学习和请教，敢于实践，不断提高自身业务素质，他善于动脑筋，想办法，从复杂多变的现象中寻找规律，并成为该单位业务能力较强，分析问题和解决问题能力较突出的原料检验方面的行家里手。针对外购废钢的进厂检验的难点，他制定并不断完善《废钢压块检验技术操作规程》和《废钢监装检验规定》，改进了废钢的检验方法和监装方案，使废钢检验检测的方法更加科学合理。他还协助公司技术中心制定了废钢精料、切割渣和铁饼的等级标准，并制定了《切割渣取制样办法》和《铁饼取制样办法》，为这两个废钢品种的检验和检测提供了有效的依据。他还结合多年来废钢检验工作经验，撰写出了《构建外购废钢检测体系化解废钢进厂检测难点》和《外购废钢的量化检测法》等高质量的论文，得到该中心的认可并形成制度执行，使公司在外购废钢检验方面的工作更加公正、规范。

康伟主导的多项废钢压块检验检测方面的课题攻关，有效推动了废钢压块检测由目测向量化检测转变方面。他通过试验总结出《刨花铁压块中的水分、润滑液和油污（重减%）的检测方案》，该方法针对以往刨花铁目测扣杂时，刨花铁压块中附有不明液体和粉末难以目测而制定的，解决了刨花铁压块目测不准，没有相应的量化，没有数据的检测历史难题。

由他主导开展的废钢量化检验课题《钢筋压块中的垃圾量化检测法》得到业内专家的认可。原先检测法针对钢筋压块中的垃圾重量是目测估算，方法主观性较强，质量异议多，目测估算值波动较大情况，他经过半年时间的摸索并结合公司的实际情况，制定的用量化检测方法，彻底解决了钢筋压块中垃圾含量较多时目测不准的问题。

康伟在原料检验岗位上一干就是 21 个年头，工作期间业绩突出，因此被干部职工誉为原料检验“智多星”。

（资料来源：中国冶金报-中国钢铁新闻网）

项目 5　焦炭性能检测与分析

项目 5 课件

任务 5.1　焦 炭 概 述

5.1.1　焦炭的定义和制成

焦炭是固体燃料中的一种，它的本质就是煤。烟煤在隔绝空气的条件下，加热到 950～1050 ℃，经过干燥、热解、熔融、黏结、固化、收缩等阶段最终制成焦炭，这一过程称为高温炼焦（高温干馏）。由高温炼焦得到的焦炭。

冶金焦是高炉焦、铸造焦、铁合金焦和有色金属冶炼用焦的统称。90%以上的冶金焦均用于高炉炼铁，因此往往把高炉焦称为冶金焦。按我国的分类标准，可用于炼焦的煤依煤的变质程度、挥发分的多少和黏结性大小（胶质层的厚度）分为四大类，见表 5-1。

表 5-1　炼焦煤的分类

煤类别	胶质层厚度/mm	可燃基挥发分类
瘦煤	0～12	20 以下
焦煤	8～25	14～30
肥煤	25～30	26～37
气煤	5～25	37 以上

5.1.2　焦炭的用途

焦炭在高炉炼铁中起还原剂、发热剂、渗碳剂和料柱骨架的作用。为使高炉操作达到较好的技术经济指标，冶炼用冶金焦必须具有适当的化学性质和物理性质，包括冶炼过程中的热态性质。

5.1.3　焦炭的质量指标

焦炭是高温干馏的固体产物，主要成分是碳，具有裂纹和不规则的孔孢结构体（或孔孢多孔体）。

裂纹的多少直接影响到焦炭的力度和抗碎强度，分为纵裂纹和横裂纹。纵裂纹是裂纹面与焦炉炭化室炉场面垂直的裂纹。横裂纹是裂纹面与焦炉炭化室炉场面平行的裂纹。焦炭裂纹一般以裂纹度（指单位体积焦炭内的裂纹长度的多少）来衡量，测量方法是将方格（1 cm×1 cm）框架平放在焦块上，量出纵裂纹的投影长度即得，一次试验用 25 块焦样，取其统计平均值，焦炭的裂纹如图 5-1 所示。

衡量孔孢结构的指标主要用气孔率（指焦炭气孔体积占总体积的百分数）来表示，它影响到焦炭的反应性和强度。焦炭的气孔按照大小可以分为大孔、中孔和微孔，大孔是直径大于 100 μm 的气孔；中孔是直径为 20～100 μm 的气孔；微孔是直径小于 20 μm 的气孔。焦炭的气孔如图 5-2 所示。

图 5-1　焦炭裂纹

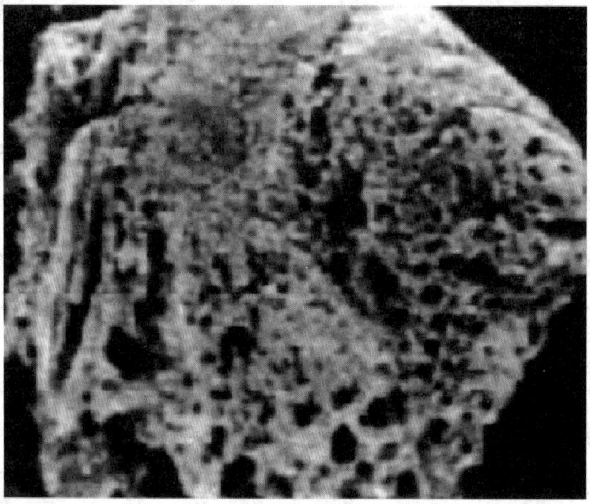

图 5-2　焦炭气孔

不同用途的焦炭，对气孔率指标的要求不同，一般冶金焦气孔率要求在 40%～45%。焦炭裂纹度与气孔率的高低，与炼焦所用煤种有直接关系，如以气煤为主炼得的焦炭，裂纹多，气孔率高，强度低；而以焦煤作为基础煤炼得的焦炭裂纹少、气孔率低、强度高。

焦炭强度通常用抗碎强度和耐磨强度两个指标来表示。焦炭的抗碎强度是指焦炭能抵抗受外来冲击力而不沿结构的裂纹或缺陷处破碎的能力，用 M_{40}值表示；焦炭的耐磨强度是指焦炭能抵抗外来摩擦力而不产生表面玻璃形成碎屑或粉末的能力，用 M_{10}值表示。焦炭的裂纹度影响其抗碎强度 M_{40}值，焦炭的孔孢结构影响耐

磨强度 M_{10} 值。M_{40} 值和 M_{10} 值的测定方法很多，我国多采用德国米贡转鼓试验的方法。

5.1.4 高炉冶炼对焦炭的质量要求

焦炭的质量直接影响高炉炼铁工艺过程，并对高炉炼铁的技术经济指标有决定性影响。按照国家标准 GB/T 1996—2017 的技术要求，冶金焦炭的技术指标见表 5-2。

表 5-2 冶金焦炭的技术指标

指标			等级	粒度/mm		
				>40	>25	25~40
灰分（A_d）/%			一级	≤12.0		
			二级	≤13.5		
			三级	≤15.0		
硫分 $S_{t,d}$（质量分数）/%			一级	≤0.70		
			二级	≤0.90		
			三级	≤1.10		
机械强度	抗碎强度	（M_{25}）/%	一级	≥92.0		按供需双方协议
			二级	≥89.0		
			三级	≥85.0		
		（M_{40}）/%	一级	≥82.0		
			二级	≥78.0		
			三级	≥74.0		
	耐磨强度	（M_{10}）/%	一级	≤7.0		
			二级	≤8.5		
			三级	≤10.5		
反应性（CRI）/%			一级	≤30		
			二级	≤35		
			三级	—		
反应后强度（CSR）/%			一级	≥60		
			二级	≥55		
			三级	—		
挥发分（V_{daf}）/%				≤1.8		
水分含量（M_t）/%			干熄焦	≤2.0		
			湿熄焦	≤7.0		
焦末含量/%				≤5.0		

注：百分号为质量分数。

为了保证高炉冶炼过程顺利进行和获得好的技术经济指标，焦炭必须满足如下几方面的要求。

（1）含碳量高，灰分低。

焦炭中的固定碳和灰分是互为消长的。固定碳按下式计算：

$$C_{固} = 100-(灰分+挥发分+硫)$$

因为焦炭中固定碳含量越高，焦炭的发热量越大，还原剂越多，有利于降低焦比。由于焦炭中挥发分和硫的含量不高，而且比较稳定，因此要增加固定碳，必须降低灰分。实践证明，焦炭中的固定碳含量提高 1%，可降低焦比 2%。目前我国焦炭中的固定碳含量一般为 84%～85%。

此外，焦炭中的灰分对焦炭的质量影响很大。

1）灰分高使焦炭中固定碳数量减少。

2）灰分中的主要成分是酸性的 SiO_2 和 Al_2O_3，它们约占灰分总量的 80%以上，灰分增加势必导致增加熔剂用量，渣量增加，使焦比升高。生产经验表明，灰分增加 1%，焦比升高 2%，产量降低 3%。

3）焦炭中的灰分使焦炭的耐磨强度降低，因为碳素质点同灰分质点具有不同的热膨胀系数，使焦炭产生裂纹，强度降低，粉末增加。特别是当灰分分布不均匀时，其影响更为突出。

我国焦炭中的灰分一般为 11%～14%（远高于工业发达国家）。降低灰分的途径主要是减少炼焦用煤的灰分，也就是增强炼焦的洗煤工作和重视配煤以及加强对煤的贮运的技术管理，尽量减少混入杂质（因为在炼焦过程中不能降低灰分）。

国内某厂焦炭的灰分分析见表 5-3。

表 5-3　某厂焦炭的灰分分析

成分(质量分数)	SiO_2	Al_2O_3	CaO	MgO	Fe_2O_3	K_2O，NaO
含量/%	40.12	39.24	5.32	1.04	7.04	≤1.0

（2）含硫、磷杂质要少。

在一般冶炼条件下，高炉冶炼过程的硫有 80%是由焦炭带入的，因此降低焦炭含硫量对降低生铁含硫有很大作用。例如，1 t 生铁消耗 1.84 t 含硫 0.04%的烧结矿和 550 kg 含硫 0.65%的焦炭，则硫负荷（1 t 生铁原料带入的硫量）为：

$$1840 \times \frac{0.04}{100} + 550 \times \frac{0.65}{100} = 0.736 + 3.575 = 4.311\ \text{kg}$$

焦炭带入硫量为：3.575/4.311×100%＝82.9%。

当焦炭含硫升高时，则必须适当提高炉渣碱度以改善脱硫效果，所以石灰石消耗量增加，导致渣量增大，焦比升高。在焦炭含硫量高时，焦比高，所以焦炭含硫增加 0.1%时焦炭多带入的硫量也是较多的。因此，多消耗的石灰石量以及渣量的增加和焦比的增长都是比较大的。

焦炭中硫多以硫化物、硫酸盐及有机硫三种形态存在。一般硫化物占 18%～25%，硫酸盐占 3%～8%，有机硫占 67%～75%。在洗煤过程中可以去除一部分硫化物和硫酸盐，而有机硫则无法去除。在炼焦过程中，能够排除一部分无机硫和有机硫，但还有 70%～90%的硫留在焦炭中。因此要降低焦炭的含硫量必须从降低炼焦煤的含硫量着手，控制煤的含硫量和合适的配煤比是控制焦炭含硫的基本途径。

我国焦炭中含硫量通常为0.5%~1.0%，华中及西南地区有相当数量的高硫煤，所以焦炭中含硫高，硫负荷很大。已开展有关缚硫焦的研究工作：加8%CaO（以石灰石粉状态）于高硫焦煤中做缚硫剂，使焦炭中的一部分有机硫与CaO结合生成CaS，而在燃烧后有90%以上的硫进入灰分中。高炉冶炼时焦炭中的硫可以直接进入炉渣中，从而可以提高炉渣的脱硫能力。这是利用高硫煤炼铁的一个有意义的途径。

焦炭中一般含磷较少，比如我国本溪的焦炭是著名的低磷焦，我国其他地区焦炭含磷也较低。

（3）挥发分含量要合适。

焦炭中的挥发分是炼焦过程中未分解挥发完的有机物，主要是碳、氢、氧及少量硫和氮。当再次加热到850~900 ℃时，能以气体成分（如 H_2、CH_4、N_2 等）挥发出来。其挥发分本身对高炉冶炼基本上没有影响，但是焦炭中挥发分的含量能够表明焦炭的成熟程度。在一般情况下挥发分多为0.7%~1.20%，含量高说明焦炭成熟程度不够，夹生焦（或称黑头焦）多，这种焦炭强度差，在高炉内易产生粉末，影响料柱透气性。

当焦炭中的挥发分过低时说明焦炭可能过烧，容易产生大块焦，这种焦炭表面裂纹多，质地极脆，不利于高炉的冶炼。焦炭挥发分过高或过低，都将影响焦炭的产量和质量，从而影响高炉的产量和焦比。目前我国钢铁厂使用的焦炭，挥发分有升高到1.5%~2.0%的趋势，这主要是由于配煤时气煤的比率增大，而未相应延长结焦时间所致。

某厂焦炭挥发分分析结果见表5-4。

表5-4 某厂焦炭挥发分分析

成分（体积分数）	CO_2	CO	CH_4	H_2	N_2
含量/%	35	35	4	6	18

（4）化学成分要稳定。

化学成分的稳定是指硫、碳、灰分、挥发分、水分含量要稳定。高炉装料系统中焦炭大都是采用质量称量装置进行装料操作。焦炭中的水分稳定程度越好，就越有利于高炉焦比的稳定和降低。首钢、梅钢和鞍钢高炉等使用中子测定焦炭水分变化，并用微型电子计算机处理。根据水分的变化及时调整焦炭的质量。通常焦炭含水4%~5%。

（5）机械强度高。

机械强度差的焦炭，在运输过程和在高炉内下降过程中由于机械碰撞导致破裂而产生大量粉末，进入初渣时大大降低其流动性，增加煤气阻力，造成炉况不顺，甚至造成炉缸冻结。此外，焦炭强度差还将影响风口寿命。

（6）粒度均匀、粉末少。

要求焦炭粒度均匀且大小合适。过去，大型高炉一般使用40~60 mm的焦炭，中型高炉可以使用25~40 mm的焦炭。随着高炉大量使用熔剂性烧结矿，矿石的粒度普遍降低，由此导致焦炭和烧结矿之间的粒度差别增加，不利于料柱透气性的改善。有人主张高炉所用焦炭粒度可以适当降低到与烧结矿相适应的粒度。适当降低焦炭粒度，对合理利用焦炭也是一项很有意义的措施。现在，国外也趋向于降低入炉焦炭粒度，不少高炉的粒度下限已降到 15~20 mm。

我国部分炼铁厂的焦炭粒度组成情况见表 5-5。

表 5-5　我国部分炼铁厂焦炭粒度组成

厂名	焦炭粒度（mm）/%							k（均匀性指数）
	<10	10~25	25~40	40~60	60~80	80~100	>100	
鞍钢	2.70		10.70	59.40	20.02	6.70		4.56
鞍钢	2.30		7.25	50.45	29.63	10.44		4.53
本钢			12.50	37.30	28.80	21.60		1.94
上钢一厂	0.50	0.84	5.53	20.45	41.07	21.71	9.90	1.65
济钢	0.72	19.53	38.01	41.76				

以上为高炉冶炼对焦炭质量的总体要求，不同钢铁企业及不同容积的高炉对各项指标的要求有一定的差异，我国 2000 m^3以上高炉冶炼用焦炭质量指标见表 5-6。我国 10 家钢铁企业冶金焦炭的质量状况见表 5-7。

表 5-6　我国 2000 m^3以上高炉冶炼用焦炭质量指标

高炉容积/m^3		2000	2000~3000	>4000
焦炭强度	M_{40}/%	>78	>80	DI_{15}^{150}>82
	M_{10}/%	<8	<8	
灰分/%		<13	<13	<12
硫分/%		<0.70	<0.70	<0.60
焦炭粒度/mm		20~75	20~75	20~75
>75 mm 含量/%		<10	<10	<10

注：DI_{15}^{150}为日本方法测定的焦炭强度指数，指转鼓转 150 转，留在 15 mm 筛子上的焦炭质量分数。

表 5-7　我国 10 家钢铁企业冶金焦炭质量状况

指标		首钢	太钢	邯钢	武钢	攀钢	宝钢	鞍钢	唐钢	包钢	马钢
焦炭质量	M_{40}/%	89（M_{25}），76	79.50	78.90	78.80	81.40	89.90	78.40	78.40	78.37	92.50（M_{25}）
	M_{10}/%	7.40	7.30	7.45	7.70	7.50	4.90	7.48	8.00	7.77	5.95
	灰分/%	12.40	12.77	12.39	12.57	12.43	11.38	12.73	13.23	13.25	12.52
	硫分/%	0.60	0.52	0.50	0.51	0.49	0.46	0.55	0.70	0.70	0.61
配煤质量	灰分/%	9.60~9.70	8.50~9.00	<9.50	9~10	10.00	8.50	9.25	10.84	10.21	9.64
	挥发分/%	24	25.50	25	25	21.0	27.28	27.28	26.56	25.93	26.93
	硫分/%	0.66	0.59	0.45	<0.50	<0.50	0.51	0.61	0.81	0.77	0.72
	G	55	85	70	70	65	79	70	70.7		
	Y/mm	19	22	16	17	16	15	13~16	17.11	20.29	19.70

注：各企业焦炭 M_{40}、M_{10}指标由于取样地点、取样方式的不同，可比性差，最好取高炉入炉焦炭检验其 M_{40}、M_{10}指标。

任务 5.2　焦炭筛分组成及机械强度的测定

微课　焦炭筛分组成及机械强度的测定

焦炭筛分组成是指表述焦炭粒度分布状况的物理性质。它是评价焦炭块度大小和均匀性的一个指标。焦炭机械强度是指焦炭在机械力和热应力作用下抵抗碎裂和磨损的能力。因为焦炭是结构不均一且含有裂纹和局部缺陷的块状多孔体，所以它的破坏过程受裂纹和内部缺陷的大小、抗断裂能力以及气孔壁的抗粉碎能力等影响，焦炭的破坏过程伴随着其粒度的减小和新表面的产生。

5.2.1　实验目标

（1）了解测定焦炭机械强度的转鼓结构、原理及操作方法。

（2）掌握抗碎强度和耐磨强度的计算方法。

（3）能根据所测定焦炭的抗碎强度和耐磨强度的数值，评价其质量。

5.2.2　实验原理

焦炭粒度用筛分试验获得的筛分组成及计算的平均粒度进行表征；我国现行冶金焦质量标准规定：粒度<15 mm 焦炭占总量的百分数为粉焦含量，块度>25 mm 称为冶金焦，10~15 mm 为粒焦。

焦炭的机械强度通常用常温下的抗碎强度和耐磨强度来表示，两者是焦炭机械强度的重要指标。抗碎强度是当焦炭承受冲击力时，焦炭沿结构的裂纹或缺陷处碎成小块，焦炭抵抗此种破坏的能力称为抗碎强度，用 M_{25} 值表示。焦炭的耐磨强度是指当焦炭表面承受的摩擦力超过气孔壁的强度时，会产生表面薄层分离现象形成碎屑或粉末，焦炭抵抗此种破坏的能力称为耐磨强度，用 M_{10} 值表示。将焦炭置于特定的转鼓内转动，借助提升板反复地提起、落下，使焦炭受到撞击、摩擦以及表面被磨损，用以测定焦炭的抗碎强度和耐磨强度。焦炭转鼓实验后，用大、小两个粒级的焦炭量各占入鼓焦炭量的百分比，分别表示焦炭的抗碎强度（M_{25}）和耐磨强度（M_{10}）。

5.2.3　实验装置

本实验装置包括转鼓（见图 5-3）、电动机、圆孔筛（见图 5-4）、磅秤、电子天平。

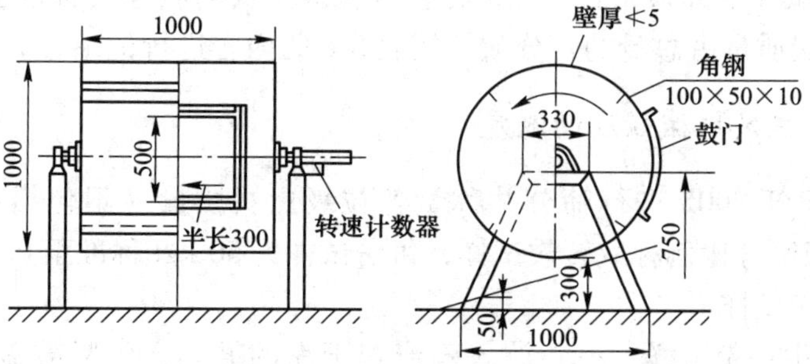

图 5-3　转鼓

（1）转鼓。鼓体是钢板制成的密闭圆筒，无穿心轴。鼓内直径（1000±5）mm，鼓内长（1000±5）mm，鼓壁厚度不小于 5 mm。转鼓圆柱面上有一个开口，开口的长度为 600 mm，宽为 500 mm，由此将焦炭装入，卸出和清扫，开口处加盖。

转鼓由电动机（1.5~2.2 kW）带动，经减速机以每分钟 25 转的恒定转速运转 100 转。并采用计数器控制规定转数。转鼓应安装手动装置可以向正反两个方向旋转，便于卸空。

（2）圆孔筛。筛片的有效尺寸为 1000 mm×700 mm，孔径分别为 10 mm、25 mm、40 mm、60 mm，如图 5-4 所示。

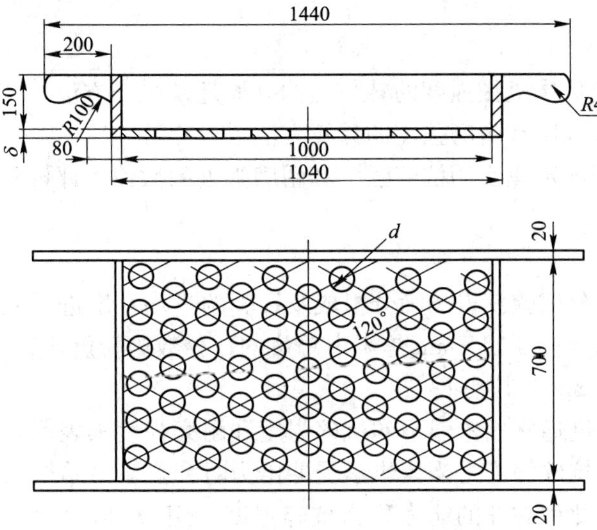

图 5-4　圆孔筛

5.2.4　操作步骤及注意事项

5.2.4.1　焦炭筛分组成的测定

（1）将 70 kg 焦炭的试样连续缓慢均匀地加入机械筛进行筛分，并保持试样在筛面上不出现重叠现象，将试样分成大于 80 mm、80~60 mm、60~40 mm、40~25 mm 及小于 25 mm 的五个粒级焦炭。

（2）筛分试样全部筛完后，分别称量各粒级焦炭的质量（称准至 0.1 kg），并计算各粒级焦炭质量占总量的百分数。按表 5-8 的内容进行记录。

5.2.4.2　焦炭机械强度的测定

（1）按 GB/T 2005 进行筛分并称量各粒级焦炭质量（不包括小于 25 mm 部分），按各粒级筛分比例称取转鼓试样，每份试样为 50 kg（称准至 0.1 kg）。每次试验最少应取两份试样。

（2）将其中一份试样，小心放入已清扫干净的鼓内，关紧鼓盖，取下转鼓摇把，开动转鼓，100 转后停鼓，静置 1~2 min，使粉尘降落后，打开鼓盖，把鼓内焦炭倒出，并仔细清扫，收集鼓内鼓盖上的焦粉。

（3）将出鼓的焦炭依次用 ϕ25 mm 和 ϕ10 mm 的圆孔筛进行筛分，大于 25 mm 部分必须进行手穿孔。

（4）筛分时，每次入筛量不超过 15 kg，既要力求筛净，又要防止用力过猛使焦炭受撞而破碎。

（5）允许采用机械筛，但须与手筛进行对比试验，无显著性差异，方可使用。当有争议时，以手筛为准。

（6）分别称量大于 25 mm，25~10 mm 及小于 10 mm 各粒级焦炭的质量（称准至 0.1 kg），其总和与入鼓焦炭质量之差为损失量，当损失量不小于 300 g 时，该试验无效，小于 300 g 时，则计入小于 10 mm 一级中。

5.2.4.3　注意事项

（1）转鼓前应将转鼓系统的螺钉拧紧，防止滑落，避免对实验人员造成伤害。

（2）严禁大载荷物体冲击电子秤，称量时应轻拿轻放。

（3）本实验条件恶劣，操作时应注意防尘。

5.2.5　数据处理

（1）焦炭的筛分组成，实验数据记录见表 5-8。

表 5-8　焦炭筛分组成实验数据记录表

筛分粒级/mm	各粒级质量/kg	所占比例/%
>80		
60~80		
40~60		
25~40		
<25		
总量		

（2）焦炭的抗碎强度，按式（5-1）计算（实验数据记录于表 5-9 中）：

$$m_{+25} = \frac{m_1}{m} \times 100\% \tag{5-1}$$

式中　m_1——出鼓后大于 25 mm 粒级焦炭的质量，kg；

m——入鼓焦炭的总质量，kg。

（3）焦炭的耐磨强度，按式（5-2）计算（实验数据记录见表 5-9）：

$$m_{-10} = \frac{m_2}{m} \times 100\% \tag{5-2}$$

式中　m_2——出鼓后小于 10 mm 粒级焦炭的质量，kg；

m——入鼓焦炭的总质量，kg。

表 5-9　焦炭机械强度实验数据记录表

抗碎强度（m_{+25}）	耐磨强度（m_{-10}）

任务 5.3　焦炭反应性及反应后强度的测定

5.3.1　实验目标

（1）了解电炉、反应器、Ⅰ型转鼓等实验设备的使用方法。

（2）掌握焦炭反应性及反应后强度的测定方法和计算方法。

（3）根据实验结果，能够分析所测焦炭的反应性及反应后强度。

5.3.2　实验原理

称取一定质量粒度约为 20 mm 的焦炭试样，置于反应器中，焦炭在（1100±5）℃下与二氧化碳反应 2 h 后，损失的焦炭质量占反应前焦炭总质量的百分数称为焦炭的反应性，用 *CRI* 表示。反应后的焦炭经Ⅰ型转鼓实验后，大于 10 mm 粒级焦炭质量占反应后残余焦炭质量的百分数称为焦炭反应后强度，用 *CSR* 表示。

5.3.3　实验装置

微课　焦炭反应性及反应后强度的测定

本实验装置包括电炉（见图 5-5），温度控制和检测装置（见图 5-6），双铂铑热电偶，反应器（见图 5-7），Ⅰ型转鼓（见图 5-8），CO、N_2 钢瓶，圆孔筛（ϕ25 mm、ϕ23 mm、ϕ10 mm），电子天平，干燥箱。

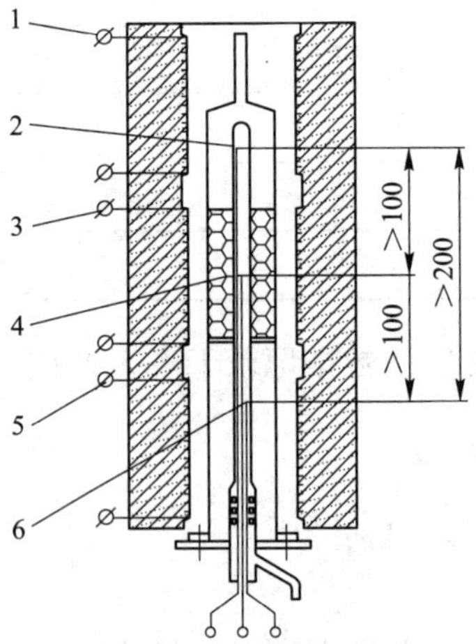

图 5-5　电炉

1—上段电炉；2—上段测温电偶；3—中段电炉；4—中段测温电偶；5—下段电炉；6—下段测温电偶

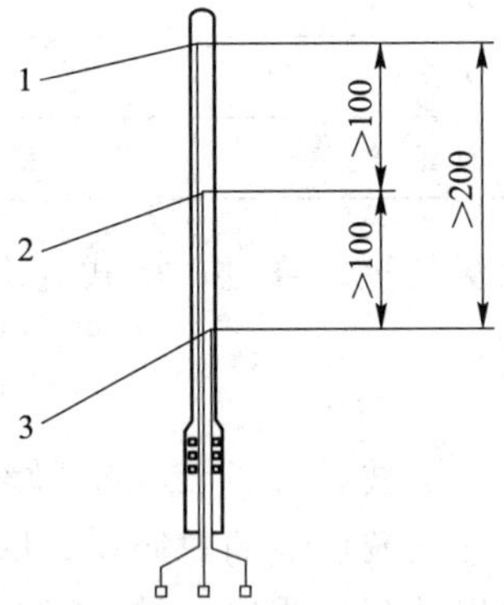

图 5-6　三点式热电偶示意图

1—上段测温电偶；2—中段测温电偶；3—下段测温电偶

（1）三段式加热电炉。电炉炉膛内（1100±3）℃恒温区长度不小于 150 mm，保证二氧化碳与焦炭试样反应时，进入试样层的气体温度、整个试样层温度稳定在（1100±3）℃。

（2）温度控制和检测装置。温度控制装置采用控温仪，控温精度能达到（1100±3）℃。温度检测装置采用三点式热电偶，如图 5-6 所示。

（3）反应器。反应器如图 5-7 所示。

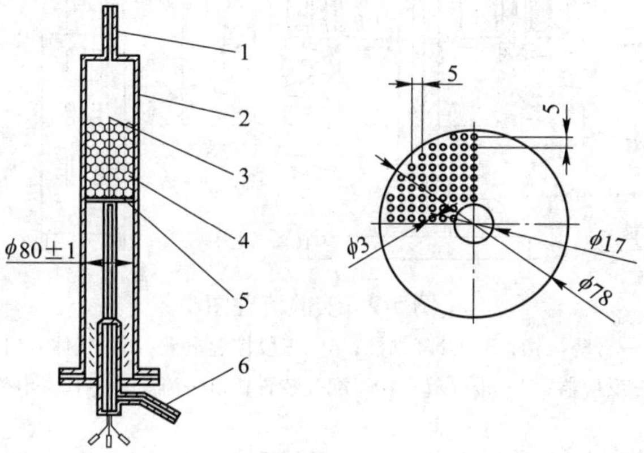

图 5-7　反应器

1—反应器出气管；2—反应器管壁；3—热电偶护管；4—焦炭试样；
5—拖料筛片；6—反应器进气管

（4）Ⅰ型转鼓。Ⅰ型转鼓如图 5-8 所示。

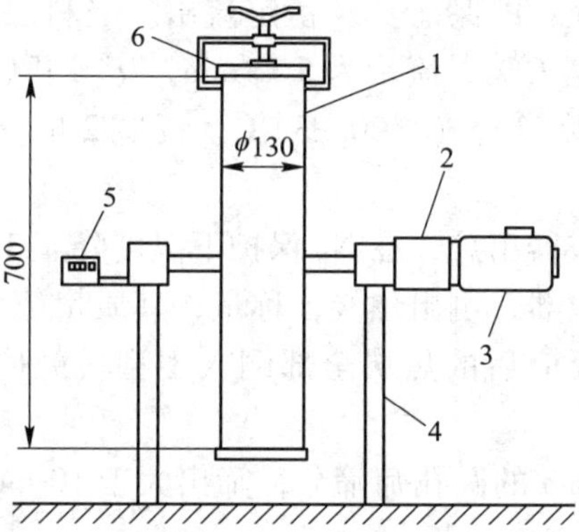

图 5-8　Ⅰ型转鼓

1—转鼓；2—联轴器；3—减速机；4—支架；5—计数器；6—转鼓盖

（5）本实验流程。本实验流程图如图 5-9 所示。

5.3.4　实验步骤

（1）试样的制备。按比例取不小于 25 mm 焦炭 60 kg。将焦炭制成 23～25 mm 的近似球形颗粒。将制好的试样用缩分器缩分出 900 g，在 170～180 ℃温度下干燥 2 h，放入干燥器皿中冷却至室温，再用 23 mm 和 25 mm 的筛子进行筛分，去除黏着在焦块上的焦粉，用四分法将试样分成四份，每份不少于 220 g，装入密封的容器中备用。

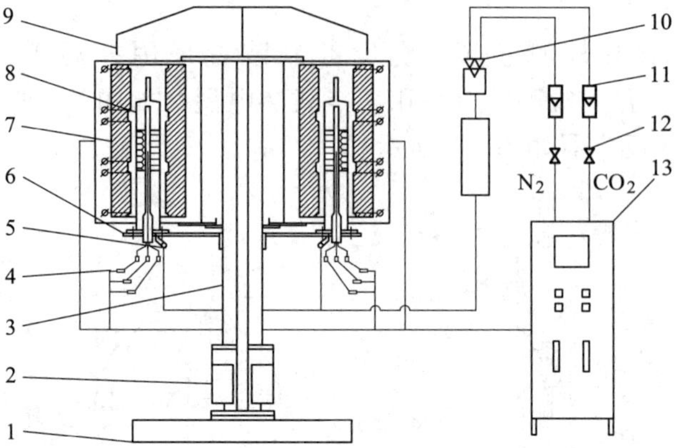

图 5-9　实验流程图

1—双炉基座；2—升降机构；3—升降立柱；4—三段控温电偶；5—气体入口；6—升降托板；7—三段炉膛；8—反应器；9—排气罩；10—配气装置；11—流量计；12—电磁阀；13—电控柜

（2）装样。将焦炭试样装入反应器中铺平，质量记为 m，确保反应器内的焦炭层处于电炉恒温区中部，将热电偶插入套管内并处于料层中心位置，固定好反应器。将反应器进气口与供气系统连接，检查气路，保证系统的气密性。

（3）电炉升温。按给定曲线升温，升温速率为 8～16 ℃/min。当料层温度达到 400 ℃时，以 0.8 L/min 的流量通入 N_2，防止焦炭烧损。当料层温度达到 1050 ℃时，预热 CO_2 气瓶出口处，以保证 CO_2 稳定流出。当料层温度达到 1100 ℃时，稳定 10 min，切断 N_2，改通 CO_2，流量为 5 L/min，记录开始反应时间。通 CO_2 后料层温度应在 5～10 min 内恢复到（1100 ±3）℃。反应 2 h，停止加热，切断 CO_2，改通 N_2，流量为 2 L/min。

（4）试样冷却。反应器出炉，在 N_2 保护下温度降至 100 ℃下时停通 N_2。

（5）称量。打开反应器，倒出焦炭，称量，其质量记为 m_1。

（6）转鼓实验。将反应后的焦炭全部倒入 I 型转鼓内，以 20 r/min 的转速转 30 min。

（7）筛分。用 ϕ10 mm 的圆孔筛筛分，筛出大于 10 mm 粒级的焦炭，其质量记为 m_2。

（8）注意事项。试验过程中有少量的 CO 排出，为保证安全，应将尾气燃烧或直接排出室外。试验过程中，要保持室内空气流通。使用转鼓前应将转鼓系统的螺钉拧紧，防止滑落，避免对实验人员造成伤害。

5.3.5　实验数据记录与计算

（1）焦炭的反应性，按式（5-3）计算：

$$CRI = \frac{m - m_1}{m} \times 100\% \tag{5-3}$$

式中　m——焦炭试样的质量，g；

m_1——反应后残余焦炭的质量，g。

（2）焦炭反应后强度，按式（5-4）计算：

$$CSR = \frac{m_2}{m_1} \times 100\% \tag{5-4}$$

式中　m_2——转鼓后大于 10 mm 粒级焦炭的质量，g；

m_1——反应后残余焦炭的质量，g。

本实验数据记录见表 5-10。

表 5-10　实验数据记录表　（%）

次数	焦炭反应性 *CRI*	焦炭反应后强度 *CSR*
1		
2		
3		

注：焦炭反应性的误差要求为 *CRI*≤2.4%，焦炭反应后强度的误差要求为 *CSR*≤3.2%。

任务 5.4　焦炭水分的测定

焦炭熄焦分为干法熄焦和湿法熄焦两种方式。干法生产出来的焦炭水分低且稳定，水分波动仅仅为 0.1%～0.2%（化验数据）。湿法生产出来的焦炭水分大且不稳定，水分波动范围为 7.7%～15.1%（化验数据）。对于冶炼来说，焦炭水分含量的大小直接影响焦炭进仓前带入粉末量及高炉工长对入炉燃料的核料量，直接造成高炉炉温波动及炉况异常。轻者造成高炉上下部悬料挂料，重则造成炉缸堆积，渣铁出不尽，影响炉缸蓄热性及降低风口理论燃烧温度等一系列恶果。本章节根据 GB/T 2001—2013 介绍了焦炭全水分和空气干燥基水分的测定方法。

5.4.1　实验目标

（1）掌握全水分测定方法和计算。

（2）掌握空气干燥基水分测定方法和计算。

5.4.2　实验原理

称取一定质量的焦炭试样，置于预先鼓风的干燥箱中，在一定的温度下干燥至质量恒定，以焦炭试样的质量损失计算出水分的质量分数（%）。

5.4.3　实验试剂与装置

（1）变色硅胶：工业用品。

（2）无水氯化钙：化学纯，粒状。

（3）干燥箱：带有自动控温和鼓风装置，并能保持温度在 170～180 ℃和 105～110 ℃范围内。

（4）浅盘：由镀锌铁板或铝板等耐热、耐腐蚀材料制成，其规格应能容纳 500 g 样品，且单位面积负荷不超过 1 g/cm^2，浅盘深约 20 mm。

（5）玻璃称量瓶；带有严密的磨口盖，形状和尺寸如图 5-10 所示。

（6）干燥器皿：内装变色硅胶或粒状无水氯化钙。

（7）分析天平：感量 0.0001 g。

（8）工业天平：感量 0.1 g。

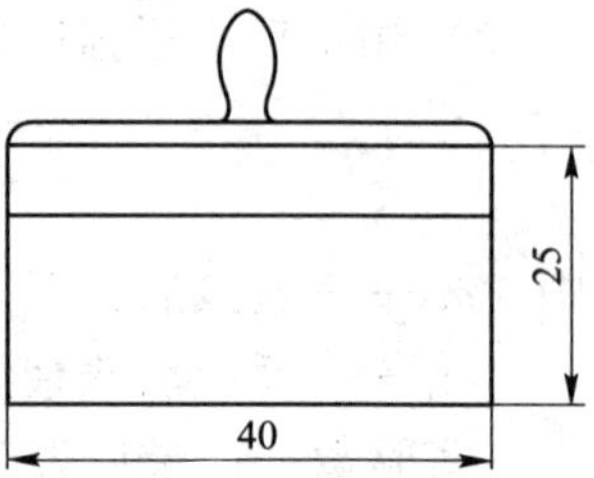

图 5-10　玻璃称量瓶

5.4.4　实验步骤

试样的采取和制备按 GB/T 1997 中规定进行。

5.4.4.1　全水分的测定

（1）用已知质量的干燥、清洁的浅盘称取粒度小于 13 mm 的焦炭试样（500±10）g，精确到 0.1 g，平摊在浅盘中。

（2）将装有试样的浅盘放入预先鼓风并已加热到 170～180 ℃ 的干燥箱中。在鼓风条件下，干燥 1 h。

（3）将浅盘取出，冷却 5 min，称量，精确到 0.1 g。

（4）进行检查性干燥，每次 10 min，直到连续两次试样的质量差不超过 1 g 或质量增加时为止。计算时取最后一次的质量，若有增重则取增重前一次的质量为计算依据。

5.4.4.2　空气干燥基水分的测定

（1）在预先干燥已称量过的称量瓶内称取粒度小于 0.2 mm 的分析试样（1±0.05）g，精确到 0.0001 g，平摊在称量瓶中。

（2）将盛有试样的称量瓶开盖放入预先鼓风并已加热到 105～110 ℃ 干燥箱中。在一直鼓风的条件下，干燥 1 h。预先鼓风是为了使干燥箱内温度均匀，可将装有试样的称量瓶放入干燥箱前 3～5 min 就开始鼓风。

（3）从干燥箱中取出称量瓶，立即盖上盖，放入干燥器皿中冷却至室温（约 20 min）后称量。

（4）进行检查性干燥，每次 15 min，直到连续两次干燥试样的质量差不超过 0.001 g 或质量增加时为止，计算时取最后一次的质量，若有增重则取增重前一次的质量为计算依据。

5.4.5　实验数据记录与计算

实验数据记录见表 5-11 和表 5-12。

表 5-11　全水分的数据

次数	浅盘的质量/g	浅盘+试样的质量/g	干燥后质量/g	恒重后的质量/g
1				
2				

表 5-12　空气干燥基水分的数据

次数	称量瓶的质量/g	称量瓶+试样的质量/g	干燥后的质量/g	恒重后的质量/g
1				
2				

（1）全水分按式（5-5）计算：

$$M_t = \frac{m - m_1}{m} \times 100\% \tag{5-5}$$

式中　M_t——焦炭试样全水分的质量分数，%；
m——干燥前焦炭试样的质量，g；
m_1——干燥后焦炭试样的质量，g。

（2）空气干燥基水分按式（5-6）计算：

$$M_{ad} = \frac{m_2 - m_3}{m_2} \times 100\% \tag{5-6}$$

式中　M_{ad}——空气干燥基水分的质量分数，%；
m_2——干燥前焦炭试样的质量，g；
m_3——干燥后焦炭试样的质量，g。

任务 5.5　焦炭灰分的测定

焦炭灰分的主要成分是 SiO_2、Al_2O_3，焦炭中灰分的高低取决于炼焦配煤，配煤的灰分全部转入焦炭。灰分是评价焦炭质量的重要指标。本章根据 GB/T 2001—2013 介绍了测定焦炭灰分的两种方法，方法一为仲裁法。

5.5.1　实验目标

（1）掌握焦炭灰分的测定方法及计算。
（2）提高学生动手能力及分析解决问题能力。

5.5.2　实验原理

称取一定质量的焦炭试样，逐渐送入预先升至（815±10）℃的马弗炉中灰化并灼烧到质量恒定，以残留物的质量占焦炭试样质量的质量分数作为焦炭的灰分含量。

5.5.3　实验试剂与设备

（1）变色硅胶：工业用品。
（2）无水氯化钙：化学纯，粒状。
（3）马弗炉：带有测温和控温装置，能保持温度在（815±10）℃。炉膛具有足够的恒温区，炉后壁的上部带有直径 25～30 mm、高 400 mm 的烟囱，下部带有插入热电偶的小孔，孔的位置距炉膛底部 20～30 mm，使插入热电偶的热接点位于恒温区的中间，炉门上有一直径为 20 mm 的通气小孔，如图 5-11 所示。

马弗炉的恒温区应在关闭炉门下测定，并至少每半年测定一次。热电偶至少每年校准一次。

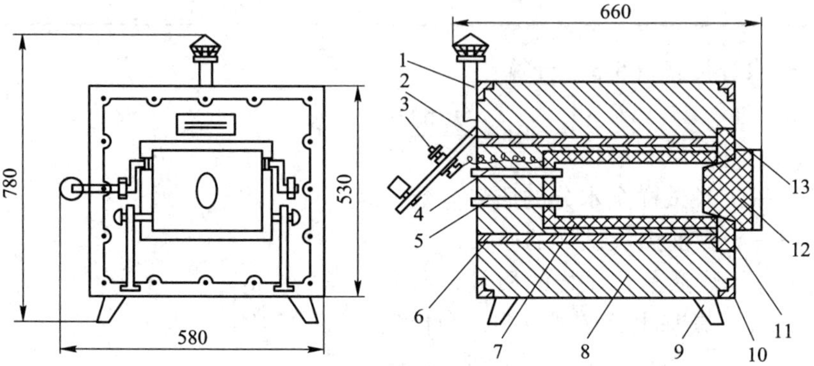

图 5-11　马弗炉

1—烟囱；2—炉后小门；3—接线柱；4—烟道瓷管；5—热电偶瓷管；6—隔层套；7—炉芯；8—保温层；9—炉支脚；10—角钢骨架；11—铁炉壳；12—炉门；13—炉口

（4）灰器皿：瓷质，形状和内径尺寸（单位：mm）如图 5-12 所示。

（5）灰器皿夹：由耐热金属丝制成，形状如图 5-13 所示，也可使用坩埚钳。

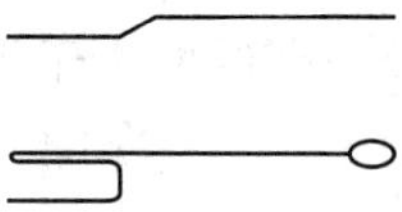

图 5-12　灰器皿

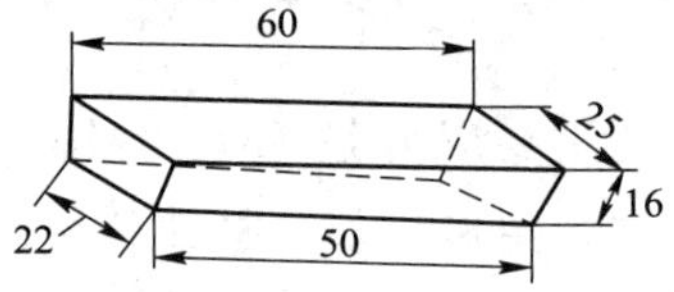

图 5-13　灰器皿夹

（6）干燥器皿：内装变色硅胶或粒状无水氯化钙干燥剂。

（7）分析天平：感量 0.0001 g。

（8）耐热瓷板或石棉板。

5.5.4　实验步骤

试样的采取和制备按 GB/T 1997 中规定进行。

5.5.4.1　方法一（仲裁法）

（1）在预先灼烧至质量恒定的灰器皿中，称取粒度小于 0.2 mm 并搅拌均匀的焦炭试样（1±0.05）g，精确到 0.0001 g，均匀地铺平在灰器皿中，使其每平方厘米的质量不超过 0.10 g。

（2）将装有试样的灰器皿放在温度为（815±10）℃的马弗炉炉门口，在 10 min 内逐渐将其推入炉膛恒温区，关上炉门并使炉门留有约 15 mm 的缝隙，同时打开炉门上的通气小孔和炉后烟囱。在（815±10）℃温度下灼烧 1 h。

（3）用灰器皿夹或坩埚钳从炉中取出灰器皿，置于耐热瓷板或石棉板上，放在空气中冷却约 5 min，将灰器皿移入干燥器皿中冷却至室温（约 20 min）后，称量。

（4）进行检查性灼烧，温度为（815±10）℃，每次 15 min，直到连续两次灼烧后的质量变化不超过 0.001 g 或质量增加时为止，计算时取最后一次的质量，若有增重则取增重前一次的质量为计算依据。

5.5.4.2　方法二

（1）在预先灼烧至质量恒定的灰器皿中，称取粒度小于 0.2 mm 并搅拌均匀的焦炭试样（0.5±0.05）g，精确到 0.0001 g，均匀地铺平在灰器皿中，使其每平方厘米的质量不超过 0.10 g。

（2）将装有试样的灰器皿放在温度为（815±10）℃的马弗炉炉门口，在 10 min 内逐渐将其推入炉膛恒温区，关上炉门并使炉门留有约 15 mm 的缝隙，同时打开炉门上的通气小孔和炉后烟囱。在（815±10）℃温度下灼烧 30 min。

（3）用灰器皿夹或坩埚钳从炉中取出灰器皿，置于耐热瓷板或石棉板上，放在空气中冷却约 5 min，将灰器皿移入干燥器皿中冷却至室温（约 20 min）后，称量。

（4）进行检查性灼烧，温度为（815±10）℃，每次 15 min，直到连续两次灼烧后的质量变化不超过 0.001 g 或质量增加时为止，计算时取最后一次的质量，若有增重则取增重前一次的质量为计算依据。

5.5.5　实验数据记录与计算

实验数据记录见表 5-13。

表 5-13　灰分的数据

次数	灰器皿质量/g	灰器皿+试样的质量/g	灼烧后的质量/g	恒重的质量/g
1				
2				

焦炭的空气干燥基灰分按式（5-7）计算：

$$A_{ad} = \frac{m_1}{m} \times 100\% \tag{5-7}$$

式中　A_{ad}——空气干燥基灰分的质量分数，%；

m——试样的质量，g；

m_1——灼烧后灰器皿中残留的质量，g。

焦炭的干基灰分按式（5-8）计算：

$$A_d = \frac{A_{ad}}{100 - M_{ad}} \times 100\% \tag{5-8}$$

式中　A_d——干基焦炭试样灰分的质量分数，%；

A_{ad}——空气干燥基灰分的质量分数，%；

M_{ad}——空气干燥基水分的质量分数，%。

任务 5.6　焦炭挥发分的测定

干燥无灰基挥发分（V_{daf}）是焦炭成熟程度的标志。成熟焦炭的 V_{daf} 为 0.7%～1.2%。焦炭挥发分过高，说明焦炭没有完全成熟，出现“生焦”；焦炭挥发分过低，则说明焦炭过火，焦炭裂纹增多，易碎。因此，测定焦炭的挥发分在焦化工业上具有重要的意义。本章根据 GB/T 2001—2013 介绍了测定焦炭挥发分的方法。

5.6.1　实验目标

（1）掌握焦炭挥发分的测定方法及计算。

（2）掌握焦炭固定碳含量的计算。

5.6.2　实验原理

称取一定质量的焦炭试样，放在带盖的瓷坩埚中，在（900±10）℃下，隔绝空气加热 7 min，以减少的质量占焦炭试样质量的质量分数，减去该焦炭试样的空气干燥基水分含量作为焦炭的挥发分含量。

5.6.3　实验试剂与设备

（1）变色硅胶：工业用品。

（2）无水氯化钙：化学纯，粒状。

（3）挥发分坩埚：带有配合严密盖的瓷坩埚，形状和尺寸（单位：mm）如图 5-14 所示。坩埚总质量为 18～22 g，其中盖的质量为 5～6 g。挥发分坩埚和坩埚盖配合要严密，坩埚盖的选择要使盖与坩埚的垂直向间隙不超过 0.5 mm，坩埚和坩埚盖应该同一编号配套使用，不允许混用。

（4）马弗炉：带有测温和控温装置，能保持温度在（900±10）℃。炉膛具有足够的恒温区，炉后壁的上部带有直径 25～30 mm、高 400 mm 的烟囱，下部带有插入热电偶的小孔，孔的位置距马弗炉炉底 20～30 mm，使插入热电偶的热接点位于恒温区的中间，如图 5-11 所示。

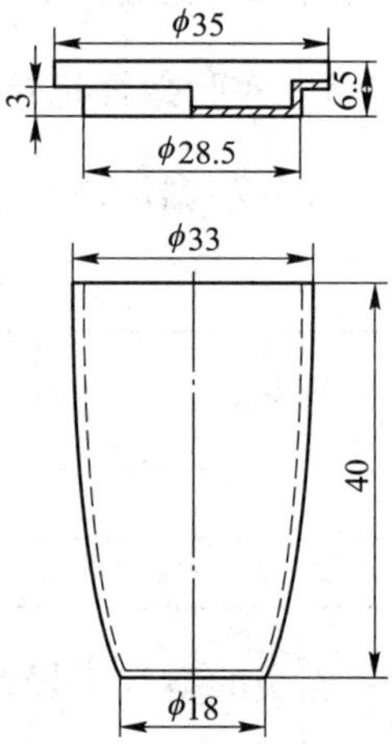

图 5-14　挥发分坩埚

马弗炉的热容量应该是：当起始温度为 900 ℃时，放入室温下的坩埚架和若干坩埚，关闭炉门后，在 3 min 内炉温恢复到（900±10）℃。

马弗炉的恒温区应在关闭炉门下测定，并至少每半年测定一次。热电偶至少每年校准一次。

（5）坩埚架：用镍铬丝或其他耐热金属丝制成，形状和尺寸（单位：mm）如图 5-15 所示。其规格尺寸以能使所有的坩埚都在恒温区内，放在坩埚架上的坩埚底部距炉底间的距离应为 30～40 mm。

（6）坩埚架夹：由镍铬丝或耐热金属丝制成，形状如图 5-16 所示，也可用坩埚钳。

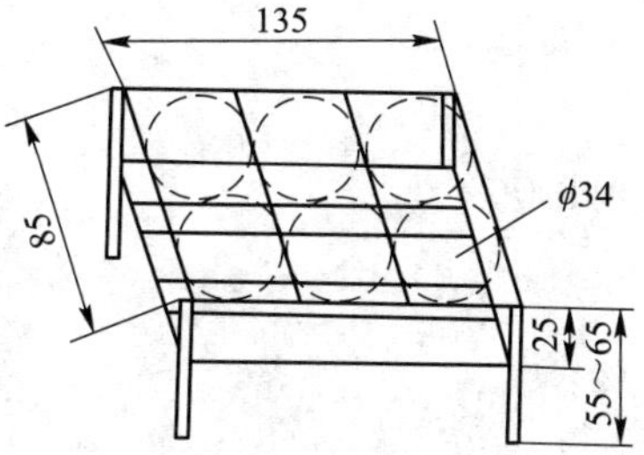

图 5-15　坩埚架

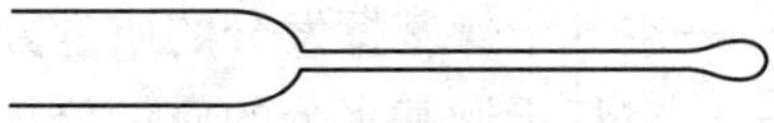

图 5-16　坩埚架夹

（7）分析天平：感量 0.0001 g。

（8）秒表。

（9）干燥器皿：内装变色硅胶或粒状无水氯化钙。

5.6.4　实验步骤

试样的采取和制备按 GB/T 1997 中规定进行。

（1）在预先于（900±10）℃温度下灼烧至质量恒定的带盖瓷坩埚中，称取粒度小于 0.2 mm 搅拌均匀的焦炭试样（1±0.01）g，精确到 0.0001 g，然后轻轻振动坩埚，使试样摊平，盖上盖子，放在坩埚架上。如果测定试样不足 6 个，则在坩埚架的空位上放上空坩埚补位。

（2）将马弗炉预先升温至（900±10）℃，打开炉门，迅速将放有坩埚的坩埚架送入马弗炉的恒温区内，立即关上炉门并开始计时，准确加热 7 min。坩埚和坩埚架放入后，炉温会有所下降，要求炉温必须在 3 min 内恢复到（900±10）℃，并继续保持此温度到试验结束，否则此次实验作废。加热时间包括温度恢复时间在内，加热过程中炉门小孔一直处于关闭状态。

（3）加热到 7 min 立即从炉中取出坩埚，放在空气中冷却约 5 min，移入干燥器皿中冷却至室温（约 20 min）后称量。

5.6.5　实验数据记录与计算

实验数据记录见表 5-14。

表 5-14　挥发分的数据

次数	坩埚的质量/g	坩埚+试样的质量/g	加热后的质量/g
1			
2			

焦炭的空气干燥基挥发分按式（5-9）计算：

$$V_{ad} = \frac{m - m_1}{m} \times 100\% - M_{ad} \tag{5-9}$$

式中　V_{ad}——空气干燥基挥发分的质量分数，%；

m——焦炭的质量，g；

m_1——焦炭加热后残渣的质量，g。

焦炭的干基挥发分按式（5-10）计算：

$$V_d = \frac{V_{ad}}{100 - M_{ad}} \times 100\% \tag{5-10}$$

式中　V_d——干基挥发分的质量分数，%；

V_{ad}——空气干燥基挥发分的质量分数，%；

M_{ad}——空气干燥基水分的质量分数，%。

焦炭的干燥无灰基挥发分按式（5-11）计算：

$$V_{daf} = \frac{V_{ad}}{100 - M_{ad} - A_{ad}} \times 100\% \tag{5-11}$$

式中　V_{daf}——干燥无灰基挥发分的质量分数，%；

V_{ad}——空气干燥基挥发分的质量分数，%；

M_{ad}——空气干燥基水分的质量分数，%；

A_{ad}——空气干燥基灰分的质量分数，%。

固定碳是煤燃烧和炼焦中的一项重要指标，炼焦工业中根据固定碳含量可预测焦炭的产率。

焦炭的空气干燥基固定碳按式（5-12）计算：

$$FC_{ad} = 100 - M_{ad} - A_{ad} - V_{ad} \tag{5-12}$$

式中　FC_{ad}——空气干燥基固定碳的质量分数，%；

M_{ad}——空气干燥基水分的质量分数，%；

A_{ad}——空气干燥基灰分的质量分数，%；

V_{ad}——空气干燥基挥发分的质量分数，%。

焦炭的干基固定碳按式（5-13）计算：

$$FC_d = 100 - A_d - V_d \tag{5-13}$$

式中　FC_d——干基固定碳的质量分数，%；

V_d——干基挥发分的质量分数，%；

A_d——干基焦炭试样灰分的质量分数，%。

任务 5.7　高温燃烧法测定焦炭全硫含量

焦炭中全硫的测定方法有艾士卡法（仲裁法）、高温燃烧法、库仑滴定法和红外光谱法。艾士卡法是将试样与艾氏卡试剂充分混合，在一定的温度下灼烧，使试样中硫转化成硫酸盐，然后使硫酸根离子生成硫酸钡沉淀，根据硫酸钡的质量计算试样中的全硫含量。库仑滴定法是把试样在催化剂作用下，于空气流中燃烧分解。试样中硫生成硫氧化物，其中二氧化硫被碘化钾溶液吸收，以电解碘化钾溶液所产生的碘进行滴定，根据电解所消耗的电量计算试样中全硫的含量。根据 GB/T 2001—2013 规定的高温燃烧法和红外光谱法测定焦炭全硫含量，这两种方法将在本节内容和下节内容中介绍。

5.7.1　实验目标

（1）了解实验的方法，培养学生的动手能力。

（2）掌握使用高温燃烧法测定焦炭全硫含量。

5.7.2　实验原理

在 1250 ℃管式炉内，试样于氧气流中燃烧，试样中硫生成硫的氧化物，被过氧化氢溶液吸收，生成硫酸溶液，用氢氧化钠标准溶液滴定，根据消耗的氢氧化钠标准溶液量，计算试样中全硫含量。

5.7.3　实验试剂与设备

除非另有说明，在分析中仅使用确认为分析纯的试剂和蒸馏水或去离子水或相当纯度的水。

（1）氢氧化钠：优级纯。

（2）氧气：纯度不低于 99.5%。

（3）过氧化氢：浓度 30%。

（4）硫酸：1.84 g/cm^3。

（5）过氧化氢溶液（质量分数 3%）：取 100 mL 过氧化氢，用水稀释至 1000 mL。

（6）氢氧化钠标准滴定溶液[$c(NaOH)=0.01$ mol/L]，按照 GB/T 601 规定进行配制；也可使用四硼酸钠（优级纯）标准滴定溶液[$c(1/2Na_2B_4O_7 \cdot 10H_2O)=0.01$ mol/L]。

（7）硫酸标准溶液[$c(1/2H_2SO_4)=0.01$ mol/L]按照 GB/T 601 规定进行配制。

（8）甲基红-亚甲基蓝混合指示剂的配制。

（9）将亚甲基蓝乙醇溶液（1 g/L）与甲基红乙醇溶液（1 g/L）按 1+2 体积比混合。

（10）称取 0.125 g 甲基红溶于 50 mL 乙醇中，用水稀释至 100 mL，称取 0.083 g 亚甲基蓝溶于 50 mL 乙醇中，用水稀释至 100 mL，分别贮存于棕色瓶中。使用前按 1+1 体积比混合，贮存于棕色滴瓶中。上述两种指示液，可任选一种，混合后的指示液有效期为 7 天。

（11）高温管式炉：用硅碳棒或硅碳管加热，带有控温装置，使炉温能保持在（1250±10）℃的范围内。

（12）燃烧管：用高温瓷、刚玉或石英制成，管总长约 750 mm，一端外径 22 mm，内径 19 mm，长约 690 mm，另一端外径 10 mm，内径约 7 mm，长约 60 mm。

（13）燃烧舟：用高温瓷或刚玉制成，长 77 mm，上宽 12 mm，下宽 9 mm，高 8 mm。

（14）吸收瓶：锥形烧瓶，容积 250 mL。

（15）镍铬丝钩：直径约 2 mm，长 650 mm，一端弯成小钩。

（16）硅橡胶管：外径 11 mm，内径 8 mm，长约 80 mm。
（17）酸滴定管：25 mL 和 10 mL 两种。
（18）碱滴定管：25 mL 和 10 mL 两种。
（19）洗耳球。
（20）量筒。
（21）分析天平：感量 0.0001 g。

5.7.4 实验步骤

试样的采取和制备按 GB/T 1997 中规定进行。

（1）连接仪器。将仪器按顺序连接备用，如图 5-17 所示。

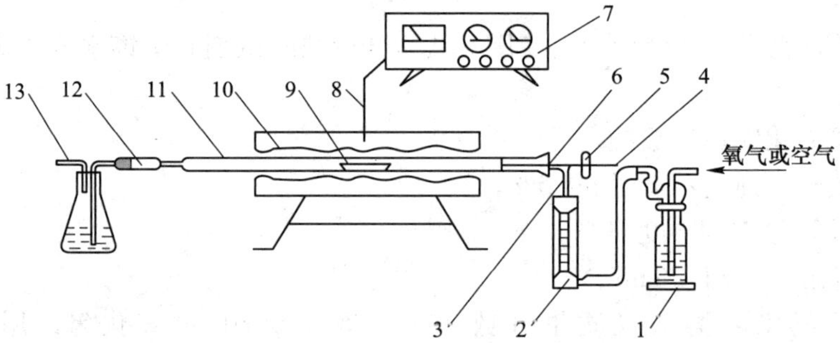

图 5-17 高温燃烧法定硫装置

1—缓冲瓶；2—流量计；3—T 形管；4—镍铬丝钩；5—翻胶帽；6—橡皮塞；7—温度控制器；8—热电偶；9—燃烧舟；10—高温管式炉；11—燃烧管；12—硅胶管；13—吸收瓶

（2）实验准备。用量筒量取 100 mL 过氧化氢溶液，倒入吸收瓶中，加 2~3 滴混合指示液，根据溶液的酸碱度，用硫酸标准溶液或氢氧化钠标准溶液调至溶液呈灰色，装好橡胶塞和气体导管。在工作的条件下，检查装置的各个连接部分的气密性，并通氧气，保持吸收液呈灰色。

（3）称取试样。称取 0.2 g 粒度小于 0.2 mm 的试样（精确到 0.0001 g），于预先在 1250 ℃灼烧过的燃烧舟中。

（4）加热。将高温管式炉升温至（1250±10）℃，将盛有试样的燃烧舟放在燃烧管入口处后，用带有橡皮塞的 T 形管塞紧，然后通入氧气，并保持流量 700 mL/min 左右。用镍铬丝钩将燃烧舟缓缓地推入燃烧管的恒温区，燃烧 10 min 后停止供氧。取下吸收瓶的橡胶塞，并用镍铬丝钩取出燃烧舟。也可以用水抽或真空泵抽吸空气进行试验，其流量为 1000 mL/min 左右。当所用气体对试验结果有影响时，加高锰酸钾溶液、氢氧化钾溶液和浓硫酸等净化装置。

（5）滴定。将吸收瓶取下，用水冲洗气体导管的附着物于吸收瓶中，补加混合指示剂溶液 2~3 滴，用 0.01 mol/L 的氢氧化钠标准滴定溶液滴定至溶液由紫红色变成灰色，即为终点，记下氢氧化钠标准滴定溶液的消耗量。

每批试样应进行空白试验。除不加试样外，其他试验步骤同步骤（2）~步骤（5）。

5.7.5　实验数据记录与计算

空气干燥基全硫（$S_{t,ad}$）测定结果按式（5-14）计算：

$$S_{t,ad} = \frac{(V - V_0) \times c \times 0.016}{m} \times 100 \tag{5-14}$$

式中　$S_{t,ad}$——空气干燥基试样中全硫质量分数，%；

V——试样测定中，氢氧化钠标准滴定溶液的用量，mL；

V_0——空白试验时，氢氧化钠标准滴定溶液的用量，mL；

c——氢氧化钠标准滴定溶液的浓度，mol/L；

m——试样的质量，g；

0.016——硫的摩尔质量，g/mol。

干基全硫（$S_{t,d}$）的结果按式（5-15）计算：

$$S_{t,d} = \frac{S_{t,ad}}{100 - M_{ad}} \times 100 \tag{5-15}$$

式中　$S_{t,d}$——干基试样中全硫质量分数，%；

$S_{t,ad}$——空气干燥基试样中全硫质量分数，%；

M_{ad}——空气干燥基试样的水分质量分数，%。

任务 5.8　红外光谱法测定焦炭硫含量

5.8.1　实验目标

（1）了解实验的方法，培养学生的动手能力。

（2）掌握使用红外光谱法测定焦炭全硫含量。

5.8.2　实验原理

试样在 1250 ℃高温下，在氧气氛围中燃烧分解。样品中硫和硫化物全部分解，气流中的颗粒和水蒸气被过滤器滤除后通过红外检测池。气流通过气体池，红外检测器检测其中的二氧化硫含量。红外光谱中，二氧化硫在特定波长范围内吸收红外光能量。当气体透过气体池时，二氧化硫吸收红外光，使得红外光能量降低，由检测器检测到。根据降低的能量与二氧化硫含量之间的关系，可以测量硫的含量。

5.8.3　实验试剂与设备

（1）无水高氯酸镁[$Mg(ClO_4)_2$]：化学纯。

（2）氧气，纯度≥99.5%。

（3）玻璃棉。

（4）燃烧舟，耐温 1250 ℃以上。

（5）标准样品，带有全硫含量的有证标准样品。

（6）分析天平，感量 0.0001 g。

（7）红外光谱仪，如图 5-18 所示，主要部件如下：

1）管式高温炉，燃烧管的加热区域温度能保持在（1250±10）℃，燃烧管在工作温度下应气密，附有热电偶测温和控温装置；

2）燃烧管，采用钼、陶瓷或者锆石制造；

3）气体净化系统，由玻璃棉滤柱和高氯酸镁柱构成；

4）红外检测系统，非色散红外检测系统；

5）微机控制处理系统，主要功能是分析条件选择设置、分析过程的监控和报警中断、分析数据的采集、计算校正处理等。

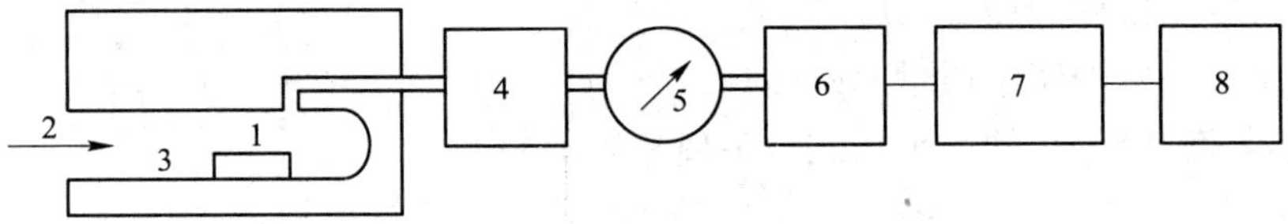

图 5-18　红外光谱仪仪器组成示意图

1—燃烧舟；2—氧气流；3—管式高温炉燃烧管；4—净化系统；5—流量调节系统；6—红外检测系统；7—微机控制处理系统；8—打印机

5.8.4　实验步骤

（1）实验准备。

1）按照仪器使用说明书开启和调试设备，使其处于正常待测状态。

2）正式测定前至少用已知样品测定两次，确定设备处于稳定状态。

（2）标定方法。

使用有证标准样品，按以下方法之一进行测硫仪标定。多点标定法是用硫含量能覆盖被测样品硫含量范围的至少 3 个有证标准样品进行标定。单点标定法是用与被测样品硫含量相近的标准样品进行标定。

（3）标定程序。

1）按 GB/T 2001 测定标准样品的空气干燥基水分，计算其空气干燥基全硫 $S_{t,ad}$ 标准值。

2）按步骤（5），用被标定仪器测定标准样品的硫含量。每一标准样品至少重复测定 3 次，以 3 次测定值的平均值为标准样品的硫测定值。

3）将有证标准样品的硫测定值和空气干燥基标准值输入测硫仪（或仪器自动读取），生成工作曲线或校正系数。有些仪器可能需要人工计算校正系数，然后再输入仪器。

（4）标定有效性核验。

另外选取 1～2 个标准样品或者其他控制样品，用已完成标定的测硫仪测定其全硫含量，若测定值与标准值（或控制值）之差在标准值（或控制值）的不确定度范围（或控制限）内，说明标定有效，否则应查明原因，重新标定。

（5）测定步骤。

1）将高温炉升温至 1250 ℃后，通入氧气，并调节流量调节系统，氧气流量控制在 3.0 L/min。

2）在燃烧舟中称取（0.3±0.01）g 粒度小于 0.2 mm 的空气干燥试样（精确到 0.0001 g），将燃烧舟置于放样装置上，按照仪器使用说明书操作，开启程序，进行检测。系统将自动分析样品中硫元素的含量，待试样燃烧完全后，仪器显示并打印出试样中硫的质量分数。

（6）标定检查。

仪器每天测定前应使用标准样品或者其他控制样品对测硫仪的稳定性和标定的有效性进行核查，如果标准样品或者其他控制样品的测定值超出标准值的不确定度范围（控制限），应按步骤（2）~步骤（4）所述重新标定仪器。

（7）空白试验。每批试样应进行空白试验。除不加试样外，其他试验步骤同步骤（5）~步骤（6）。

课 后 习 题

5-1 选择题：焦炭的（　　）是表示常温下焦炭的抗碎能力和耐磨能力的焦炭机械强度的重要指标。

A. 比热容　　B. 热强度　　C. 转鼓强度　　D. 抗压强度

5-2 选择题：在焦炭反应性和反应后强度实验中，将反应后的焦炭装入 I 型转鼓内，转速为（　　）r/min。

A. 10　　B. 15　　C. 20　　D. 30

5-3 填空题：焦炭的工业分析，是指________、________、________和________的测定。

5-4 判断题：焦炭的水分与炼焦煤料的水分无关，主要来源于湿法熄焦。（　　）

5-5 简答题：对焦炭工业分析中灰分、挥发分两个项目做简单概述。

思 政 展 播

【党的二十大报告摘引】

广大青年要坚定不移听党话、跟党走，怀抱梦想又脚踏实地，敢想敢为又善作善成，立志做有理想、敢担当、能吃苦、肯奋斗的新时代好青年，让青春在全面建设社会主义现代化国家的火热实践中绽放绚丽之花。

【工匠故事】

罗斌是方大特钢检测中心原料化验员。曾经的他是一名武警，退伍后于 2021 年加入方大特钢，在化验岗位上勤奋学习、扎实工作，用行动彰显军人的崇高品质。

虽然入职前没有经过化验培训、更没有化验工作经验，但罗斌勤奋好学、工作严谨，入职仅两年多就得到快速成长。为提高检化验工作能力，他白天主动请教师傅和同事，晚上通读大量相关书籍和资料，积极努力提升自己的理论知识和实践技能。通过不懈努力，他不仅熟练掌握检化验操作技能，还善于数据分析，为生产单位提供了准确可靠的数据指导。

罗斌的勤奋与努力得到领导与同事们的一致认可，他积极学习设备维护及维修技能，及时处理设备故障，他提出并参与的“X 荧光射线光谱法测定生石灰方法优化”“自动量热仪数据实现自动采集开发及应用”等多项合理化建议并获得公司奖励。

罗斌的身上有着敢于担当、善于担当的军人本色，即使退伍但不褪色。在疫情防控期间其他班组人员紧缺的情况下，罗斌主动到铁化班顶中、晚班的岗位，对铁水成分进行化验；在上级抽调人员前往兄弟企业支援工作时，他主动请缨前往，并较好地完成上级布置的各项工作。

“作为一名退伍军人，我将不忘初心、牢记使命，在平凡的工作岗位上有所建树。”罗斌说。

（资料来源：中国冶金报-中国钢铁新闻网）

项目 6　煤粉性能检测与分析

项目 6 课件

任务 6.1　煤 粉 概 述

6.1.1　高炉喷煤的意义及工艺流程

高炉喷吹煤粉是炼铁系统结构优化的中心环节，是国内外高炉炼铁技术发展的大趋势，高炉喷煤的意义在于：以低价煤代替价格昂贵的冶金焦，降低焦比，使高炉炼铁成本大幅下降；高炉喷煤可以作为一种调剂炉况的手段；改善炉缸工作状态，使高炉顺行；为高炉接受高风温和富氧鼓风创造条件；喷吹煤粉中含氢量比焦炭高，喷吹后使炉内氢浓度增加，从而提高煤气的还原能力和扩散能力，有利于矿石的还原和高炉操作指标的改善；喷吹煤粉代替部分焦炭，不仅可缓解焦煤供需紧张的状况，还可减少对炼焦设施的投资和建设，也有利于降低炼焦生产的环境负荷。

完整的高炉喷煤系统一般包括原煤贮运、煤粉制备、煤粉输送、煤粉喷吹、供气、干燥气体制备、煤粉计量设施，最新设计的高炉喷煤系统还包括整个喷煤系统的计算机控制中心。高炉喷煤系统工艺流程如图 6-1 所示。

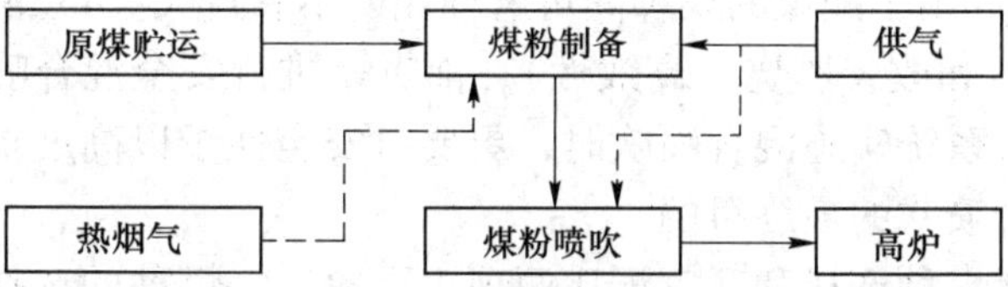

图 6-1　高炉喷煤系统工艺流程

6.1.2　高炉喷吹用煤的评价因素

高炉喷吹用煤的煤质对高炉冶炼过程及技术经济指标有重要影响。在喷吹高挥发分、强爆炸性烟煤技术飞速发展的今天，选择煤源广阔、价格合理、喷吹性能优良的喷吹煤进行高炉混合喷吹，保证高炉生产技术指标，提高经济效益，是钢铁企业必须面临并予以解决的问题。通常，根据以下因素选定高炉喷吹用煤，具体包括如下。

（1）煤的元素分析及工业分析。煤的元素分析及工业分析是反映煤性能的重要指标。煤的发热值、燃烧性、理论置换比等，都与元素分析及工业分析有关。

（2）煤的可磨性。可磨性是反映煤耐磨性的一项煤质指标，可磨指数越大，越易粉碎。可磨性影响粉煤的加工成本和高炉的生产效益。无烟煤的可磨性越高越好，而对于可磨性指数在 90 以上的烟煤，在磨机内会有黏结现象。

（3）煤的燃烧性能。煤的燃烧性越好，着火点越低。现阶段主要用着火点及一定时间内的燃烧率来评价煤种的燃烧性能。喷吹用煤燃烧性能的优劣，对高炉的顺行及经济效益产生直接影响。

（4）未燃煤粉的反应性。未燃煤粉的反应性也是评价高炉喷吹用煤的指标。未燃煤粉反应性的高低不仅影响到炉内还原区间的分区，而且在很大程度上决定了高炉喷煤量的上限。

（5）煤的灰熔点。煤的灰熔点指在规定条件下，随着加热温度的变化，煤灰的变形、软化和流动特征的物理状态。煤灰熔点的高低不仅影响着煤的燃烧，而且对高炉下部尤其是对风口也有较大影响。高炉喷吹灰熔点低的煤，容易导致风口结渣；而且，在残焦燃烧阶段，熔融的灰壳会阻碍氧与煤的接触，导致煤粉的燃烧条件进一步恶化，不利于煤粉的燃烧。

（6）配煤混合方案的评价标准。配煤混合喷吹并不是一种简单的机械混合喷吹。若要实现配煤混合喷吹并获得较理想的喷吹效果，其前提是要寻求合理的配煤，确定合理的配比。为此，首先要在经济性的前提下，针对特定高炉，对所能获取的喷吹煤种的基本性能进行全面的测试分析，以确定合适的配煤方案；其次，应着重对配煤混合煤粉的着火、爆炸特性及烧结行为进行试验研究。

配煤方案的合理与否，一般应符合以下基本要求。1）配煤要促进煤质的改善。在现阶段，国内多数高炉喷吹无烟煤，煤质较差，灰分含量高达 20%～25%。若适当选择煤种，采用烟煤、无烟煤混合喷吹，则可明显改善混合煤粉的综合理化性能。2）配煤方案应适应煤炭市场的变化，有利于生产组织，故应对高炉喷吹用煤进行优化选择。3）用于配煤的煤种间可磨性相差不宜过大。4）配煤方案应同时兼顾抑爆（安全性）和改善燃烧（高效性），前者是进行安全混合喷吹的保证，特别是运用无烟煤喷吹系统实施混合喷吹时，更要对安全性予以高度重视；而燃烧的高效性则是配煤混合喷吹的最终目的。

配煤方案包括煤种选择和适宜配比两项主要内容。煤种的选择需依据资源及市场而定，对特定的高炉，可选煤种通常应是相对稳定的。适宜的配比则随所选煤种的不同以及喷吹系统防爆水平的高低而有所变化。因此，需依据具体的煤种和喷吹工艺条件来确定和调整配比。

（7）喷吹用煤的经济性。工业生产中，常以煤价、煤的工业分析及元素分析结果作为选煤的要求依据。但是煤价一般随灰分含量和 S 含量的降低而升高，同时，仅用工业分析及元素分析结果很难预测煤的制备成本、适宜的喷煤量。因此，仅以煤的工业分析和元素分析结果以及价格来评价喷吹用煤的经济性，有可能得出错误结论而误导生产。

直接使用煤的工业分析和元素分析结果，并结合煤的燃烧性、反应性、可磨性及灰熔点等指标，可对高炉喷吹用煤进行定性比较，但进行定量分析时仍存在困难。因此，可将上述指标分别纳入煤的喷吹成本、置换比、适宜最大喷煤量，最终转化为 1 个指标 B［由式（6-1）计算］，以此指标来比较煤粉的经济性。可见，高炉喷吹用煤的经济性不仅与理论置换比有关，还与煤粉的喷吹成本、适宜的最大喷煤量有关。

$$B=(\eta \cdot P_{焦炭}-P_{煤}) \cdot R \tag{6-1}$$

式中　B——吨铁以煤代焦的效益，元/t；

$P_{焦炭}$——焦炭价格，元/t；

η——煤的理论置换比；

$P_{煤}$——煤的喷吹成本，元/t；

R——喷煤量，kg/t。

6.1.3　高炉冶炼对喷吹用煤的要求

高炉喷吹用煤应满足高炉冶炼的要求并有利于提高喷吹量和置换比，以替代更多的焦炭。对喷吹用煤性能的具体要求如下。

（1）煤的灰分含量越低越好，煤的灰分应与使用的焦炭灰分相近，一般要求灰分低于15%。

（2）硫含量越低越好，应与使用的焦炭硫含量相近，一般要求硫含量（质量分数）低于0.8%。若煤的含硫量高于使用的焦炭含硫量，为保证生铁质量，必须增加溶剂和燃料消耗，相应增加排渣量。

（3）表征煤结焦性能的胶质层越薄越好（$Y<10$ mm），以免煤粉在喷吹过程中结焦，堵塞煤枪和风口，影响喷吹和高炉正常生产。利用Y值可以指导配煤炼焦，一般Y值大的烟煤均用于炼焦，Y值极低或为0的烟煤可作为高炉喷吹用煤，如果用Y值大的煤来喷吹不仅浪费了炼焦煤，还容易造成风口烧坏或堵塞喷枪。

（4）可磨性好。高炉喷吹的煤需磨细到一定粒度，如有些企业要求无烟煤小于0.074 mm的比例高于80%，烟煤小于0.074 mm的比例要高于50%。可磨性好，则磨煤消耗的电能就少，可降低喷吹费用。

（5）燃耗性能好，反应性好，这样可使喷入的煤粉在有限的空间和时间内尽可能多地气化，少量未气化的煤粉也因反应性好而与高炉煤气中的CO_2和H_2O反应而消耗，不会给高炉冶炼带来麻烦。另外，燃烧性能好的煤可相对磨粗，减少小于0.074 mm煤粒的所占比例以降低磨煤能耗和费用。

（6）煤的发热值高。喷入高炉的煤粉是以其放出的热量和形成的还原剂（CO和H_2），来代替焦炭在高炉内提供的热源和还原剂。因此，煤的发热值越高，在高炉内放出热量越多，置换的焦炭量也越多。

（7）煤的灰熔点要求高一些。煤的灰熔点主要取决于Al_2O_3含量，当其含量（质量分数）大于40%时，煤灰的软化温度都会超过1500 ℃。

（8）为了获得最佳经济效果，高炉应喷吹混合煤。国内外通常采取含碳量较高、发热值高的无烟煤配合挥发分高、燃烧性能好的烟煤配置成混合煤。

对磨好的喷吹用煤粉主要有粒度、温度和水分含量三方面的要求。无烟煤粒度小于0.074 mm（200目）粒级的比例应达到80%~85%。烟煤的粒度小于0.074 mm（200目）的比例一般应为50%~65%。含结晶水的烟煤、褐煤在高富氧的条件下，粒度还可以更粗些。温度应控制为 70~80 ℃，以避免输送煤粉载体中的饱和水蒸气结露而影响收粉。煤粉的水分含量应控制在 1.0%左右，最高不超过 2.0%。因为水分一方面影响煤粉的输送；另一方面，水分喷入炉内后，在风口前分解吸热，加剧理论燃烧温度的下降。为了保证必要的理论燃烧温度，需增加热补偿；无补偿手段时，必须降低喷吹量。

6.1.4　提高喷煤量的措施

提高喷煤比是高炉节能降耗和改善操作指标最直接有效的措施之一，大多数大中型高炉都在追求高煤比操作。为了实现大喷煤量操作，必须采用相应的技术和措施。

（1）装料制度和下部调剂。相关高炉操作表明，加大喷煤量后，为了不使软熔带焦炭层的透气性变差，可采用维持焦炭层厚度不变，相应加大矿层厚度的装料制度。另外，随着喷煤量的加大，可以采用中心加焦的装料制度，增大中心的装焦量，适当发展中心气流。

当实行大喷煤量操作时，由于煤粉气化增加了风速，可相应调整风口直径，从而保持风速在最佳范围内。

（2）维持合理的风口理论燃烧温度，维持炉缸活跃。高炉要操作顺利，必须维持合理的风口理论燃烧温度。加大喷煤量时，必须维持风口理论燃烧温度的最低值为 2050~2100 ℃。低于此值，则必须用提高风温或增加富氧率的手段来维持。

（3）提高原燃料质量。

1）焦炭。喷煤后，风口焦炭消耗量减少，焦炭在软熔带以下的高温区间停留时间延长，焦炭将承受较长时间的化学侵蚀和热侵蚀。另外，煤与鼓风中的氧燃烧而生成 CO 和 CO_2，结果使焦炭在高炉风口前燃烧的数量比例减少，而参与碳素溶损反应的量增加。加大喷煤量时，由于较高的煤气温度和速度以及煤粉在风口前的碰撞，增加了焦炭的热机械应力。这些均说明，采取高喷煤比操作时，必须要求焦炭具有较高的质量，以确保高炉下部有良好的透气、透液性。

2）喷吹用煤。对喷吹用煤，不仅要求灰分含量和硫含量低，而且对其理化性能、粒度和经济性应有一个综合要求，这需要针对特定高炉原燃料和操作条件，经过细致的实验室和工业化试验后才可选定。研究表明，为了缩短煤粉的燃烧时间，需要煤粉具有较高的挥发分含量。另外，为维持煤粉有较高的发热值以得到高置换比，又要求煤种应具有较高的固定碳含量。一般认为，最佳的混合煤粉为：挥发分含量（质量分数）为 18%~22%，灰分含量（质量分数）低于 8%，S 含量（质量分数）低于 0.5%。

3）含铁原料。大喷煤量操作要求烧结矿有足够的冷、热强度和尽量减少粉末数量；同时，为确保高炉内焦炭层减少时软熔带的透气性良好，需提高块矿和烧结矿的还原性能使其在较高温度下开始软化，从而使软熔带温度区间变窄。

（4）提高煤粉燃烧率。

煤粉燃烧是一个极其复杂的过程，煤分子和氧气之间发生激烈的氧化反应。近些年来，通过对煤粉燃烧机理和规律方面的深入研究和探讨，一般认为，从物理过程上可把煤粉燃烧过程分为以下几个阶段（见图 6-2）：在加热过程中，首先析出水分和挥发分（脱气过程）；当煤粉被加热到着火温度（也就是着火点）时，挥发分着火和燃烧；最后阶段是固定碳或残焦着火和燃烧，燃烧后残留下来的是煤灰。

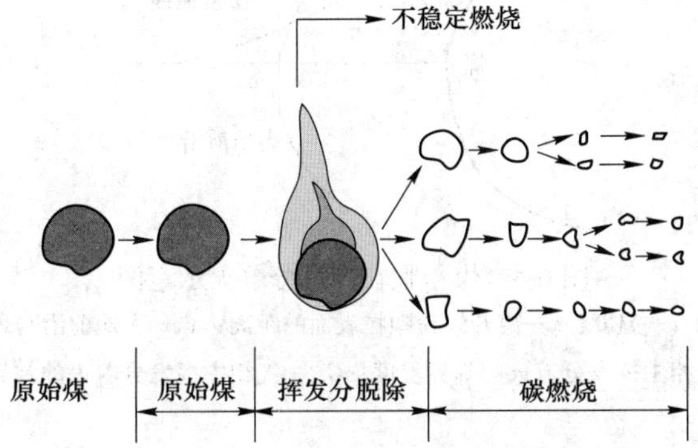

图 6-2 煤粉燃烧过程示意图

1）煤粉热分解析出水分和挥发分如图 6-3 所示。煤是一种组织很不均匀的物质，煤的物理和化学结构都很复杂。而煤粉的热分解也是一个极其复杂的过程，它包括最初一些化学键的破裂、中间产物的形成以及最终稳定的热分解产物的生成。煤粉的热分解过程与煤的种类、粒度、加热速率、最终温度、加热时间以及环境气氛等因素有关。在煤粉的热分解过程中，煤粉会出现失重现象，并挥发出一些气体物质以及伴随有一些极其复杂的化学反应。煤粉挥发出的气体物质随煤种的不同而不同，通常主要有 H_2O、CO_2、CO、CH_4、H_2、C_2H_4、C_mH_n 以及极少量的 H_2S、N_2 等。

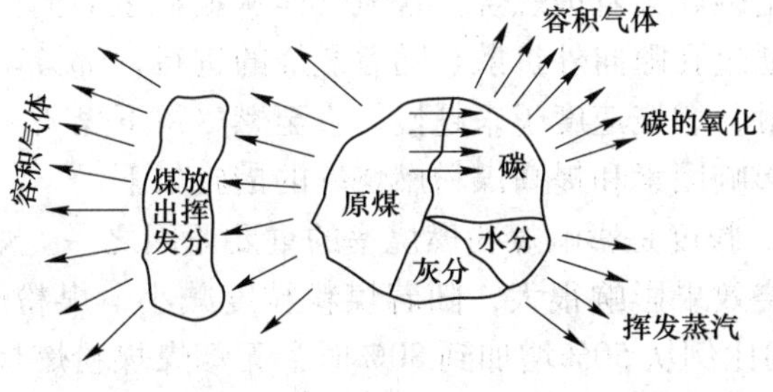

图 6-3 煤粉热分解析出水分和挥发分示意图

2）挥发分的着火（见图 6-4）和燃烧。一般情况下，挥发分的着火是在离开表面一段距离后才发生的。挥发分从悬浮的颗粒表面向外扩散，颗粒表面的浓度最高，随着距离的增加，其浓度不断降低。而煤的颗粒则由于气流的传热而被加热，因此气相温度高于煤的温度，也就是说，温度梯度和挥发分浓度梯度的方向是相反的。当温度和浓度都超过某最低极限后，才能发生燃烧。由于温度太低，着火地点不会在颗粒的表面；而在远离颗粒表面的地点由于浓度太低，也不会燃烧。

在特定条件下，挥发分也可能不是在气相中被点燃，而是在离表面极近的界膜处着火并立即传递到颗粒表面；或者在颗粒表面直接着火，这种情况要求颗粒的升

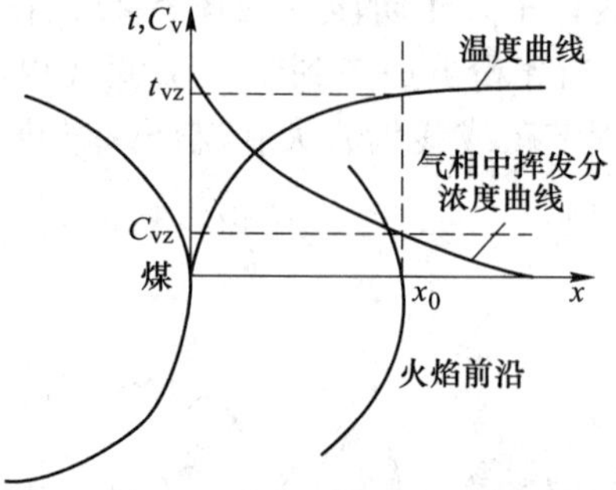

图 6-4　煤粉颗粒挥发分着火示意图

C_v—气相中挥发分浓度；t—温度；x—离开煤粉颗粒表面的距离；x_0—火焰前沿与煤粉颗粒表面间的距离；t_{vz}—气相中挥发分着火的临界温度；C_{vz}—气相中挥发分着火的临界浓度

温速度极快，在挥发分还没来得及离开表面时，表面温度已达到着火温度，挥发分和固定碳同时燃烧。这种条件下，颗粒着火的空间位置主要取决于煤种、反应活性、颗粒大小。尤其是颗粒大小的影响更为重要，颗粒越小，比表面积越大，因而颗粒的升温速度也就越快，更容易形成表面着火。

挥发分着火后，火焰向颗粒和环境两个方向蔓延，直至氧气或挥发分浓度低到不足以维持燃烧为止。以后，火焰就稳定在挥发分析出量和氧气扩散量符合一定化学关系的范围内。挥发分析出速度越高或氧气的扩散速度越低，火焰稳定区离煤粉也就越远。随着燃烧的进行，挥发分的析出速度不断降低，火焰离颗粒表面越来越近，直到只在颗粒表面进行燃烧为止。

3）固定碳的燃烧。如果脱去挥发分后的固定碳表面温度足够高，而氧气又达到一定的浓度，固定碳就会着火燃烧。含氧气体从颗粒表面向内部扩散，而颗粒内部生成的燃烧产物通过孔隙向外扩散。随着燃烧的进行，部分未燃烧的碳被灰分包裹，与氧气很难接触，燃烧速度越来越慢，直至燃尽留下煤灰。

煤粉燃烧率的影响因素和提高煤粉燃烧率的措施如下。

（1）煤粉粒度。粒度是影响煤粉燃烧率的重要原因之一。如图 6-5 所示，粒度对无烟煤煤粉的燃烧效果影响很大，随着煤粉粒度减小，煤粉燃烧效果明显提高，当小于 0.074 mm 的比例从 50%增加到 80%时，无烟煤煤粉燃烧率提高了 28.76%。对于烟煤来说，减小粒度也有利于煤粉的燃烧，但提高幅度不大，当小于 0.074 mm 的比例从 50%增加到 80%时，烟煤煤粉燃烧率提高约 4%。据此认为，减小煤粉粒度可以较大幅度提高无烟煤煤粉的燃烧率，但对烟煤效果不大。

粒度对燃烧率的影响主要表现在两个方面：第一是比表面积；第二是燃烧机理。比表面积越大，吸收热量的能力越强，越容易燃烧。无烟煤变质程度较深，其主要显微成分镜质组基本上是完全失去细胞结构的均一镜质体，结构比较致密。无烟煤的燃烧方式是由外向内、层层推进的层状燃烧，随着粒度减小，比表面积增大，燃烧性能变好。烟煤变质程度浅，挥发分含量高，热解时挥发分析出，在其主要结构镜质组中形成气孔。因此，烟煤以内孔燃烧为主，内孔与表面燃烧同时进行，并且在燃烧过程中，1~2 μm 的大孔洞对内部有机质的燃烧反应起重要作用，

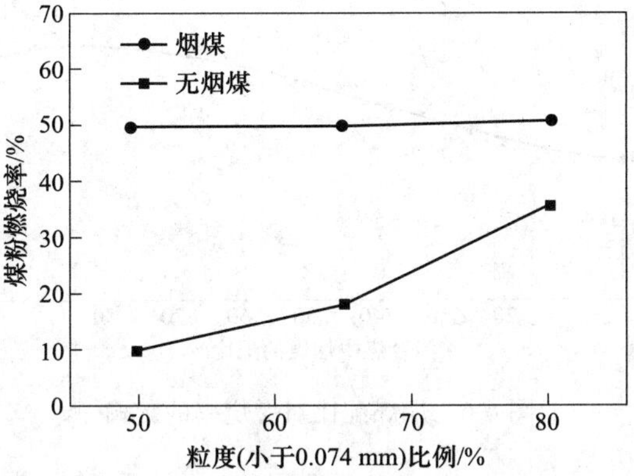

图 6-5　煤粉粒度对燃烧率的影响

是反应气体扩散进入颗粒内部的主要通道。同时，挥发分的大量析出可使烟煤的着火时间提前，实际燃烧时间延长。由于烟煤的这种燃烧方式，内孔燃烧对燃烧率的贡献较大，使得烟煤比表面积变化对燃烧率的影响相对较小。

对烟煤来说，粒度较大的烟煤煤粉喷入高炉后，会分散得更加均匀，这样就有利于中小粒度、高挥发分的煤粉质点的点燃；小颗粒煤粉的燃烧又有利于大粒度煤粉中挥发分的析出，从而形成更多的气孔，发生剧烈的燃烧。有的烟煤发生爆裂，所产生的小粒度煤粉向各个方向扩散，提高了均匀度，防止了相互间的黏结，从而提高了整体的燃烧率。如果烟煤磨得太细，虽然喷入高炉后有很大的比表面积，其吸收热量的能力也较强，但因为烟煤的黏性较强，总会有一部分小粒度的煤粉互相黏结在一起；加上其内孔的破坏，透气性变差，反而不易燃烧，这样就会导致总体燃烧率的降低。

无烟煤黏结性很小，喷入高炉后不容易聚集成团。其燃烧是从表面开始的层状燃烧，所以粒度越细，比表面积大的优势才能越充分地发挥出来。无烟煤基本不会出现爆裂现象，结构致密，挥发分含量小，很难形成气孔。所以，粒度过大只会降低其比表面积以及吸收热量的能力，从而降低总体燃烧率。

因此，对于高挥发分煤，即使磨煤时控制粒度较粗，其燃烧率也能维持在比较高的水平。烟煤粒度稍大一些，可以增加出煤率，降低爆炸性，减少制粉的成本。对无烟煤来说虽然粒度越细时其燃烧率越高，但从磨煤成本计算可知应有最佳的粒度值，例如，小于 0.074 mm 占 70%的煤粉和小于 0.074 mm 占 100%的煤粉相比，燃烧率相差不远，但其磨煤成本的降低幅度可能会很大。如果是烟煤和无烟煤混合喷吹，则要根据资源情况选用粒度较大的高挥发分烟煤和粒度较小的无烟煤，这样的效果最好。

（2）煤种及配煤。随着喷煤量的提高，应重视煤种对喷煤的影响。因此，优化喷吹煤种对高炉大喷煤量操作来说非常关键。大喷煤量操作时喷吹用煤的最佳选择煤种，应是高挥发分烟煤和低挥发分无烟煤组成的混合煤。配煤混合喷吹的重要目的在于，最大限度地提高煤粉的燃烧率。如图 6-6 所示，随着烟煤配比的增加，即混煤的挥发分含量增加，混合煤的燃烧率大幅度提高。

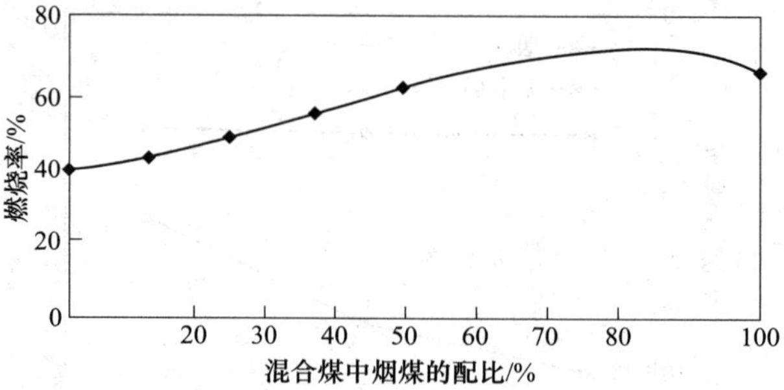

图 6-6　烟煤配比对燃烧率的影响

（3）煤的灰分含量。煤粉对焦炭的置换比首先取决于煤的灰分含量，为了提高置换比，煤的含灰量越低越好。另外，煤粉灰分含量增加，煤粉燃烧率下降（见图 6-7），主要原因表现在物理性质方面：一是灰分的存在降低了挥发分和碳的浓度，也阻碍了挥发分的逸出；二是灰分增加了氧气向未燃煤粉颗粒核心扩散的阻力，如果煤灰熔化，还可能包裹住煤粉，这些因素都会导致煤粉燃烧率降低。一般来说，煤粉灰分含量每增加 1%，燃烧率降低约 3%。因此，选用低灰分含量的煤粉喷吹，对强化燃烧和提高燃烧率都非常重要。

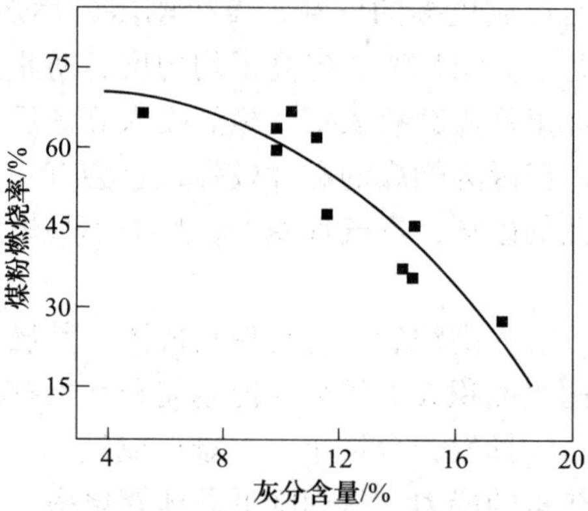

图 6-7　煤粉灰分含量与燃烧率的关系

（4）热风温度。无烟煤、烟煤和褐煤的实验表明，当风温处于 900～1300 ℃时，各种煤的燃烧率均随风温的提高而显著增加，无烟煤表现得更为明显。

（5）碳氧化学计量比及富氧。要确保煤的燃烧，必须有一定的空气过剩。随着喷煤量的提高，风口燃烧煤量急剧增加，过剩空气量大幅下降。因此，有必要补充氧量（鼓风含氧、热风含氧和煤中携带氧之和），以确保煤有较高的燃烧率和置换比。研究和生产实践均表明，鼓风富氧是强化煤粉燃烧的有效办法。

（6）添加助燃剂。添加煤粉助燃剂也是强化煤粉燃烧的措施之一，有利于提高喷煤量。综合以往的研究结果表明，添加剂促进煤粉燃烧的机理主要分为三种：1）添加剂着火点比煤粉低，燃烧过程中先于煤粉燃烧；2）添加剂本身参与燃烧过程中的化学反应；3）添加剂影响煤粉的破碎特性。不同的添加剂在煤粉燃烧的不同阶段发挥作用，其效果可通过分析试验中燃烧炉内固定位置的温度变化来进行比较。高炉生产的特点决定了煤粉助燃剂必须满足以下基本条件：活性高来源广、用量少、成本低、对炉渣制度影响小。

（7）喷枪结构和位置。提高煤粉燃烧率的重要方法之一是调整和优化喷枪的结构和位置，以促进煤粉与氧气的结合。喷枪的插入位置对煤粉燃烧率有较大的影响，随枪口至风口距离的增大，煤粉燃烧率增加。但当距离过大时，煤粉将在直吹管或风口内结焦，阻塞热风管路。根据各高炉的不同特点寻找最佳喷枪位置，将有利于煤粉的燃烧。

任务 6.2 煤粉的粒度分析

散状物料的粒度即指物料颗粒的大小。物料粒度的大小可以分为若干级别，各粒度的相对含量称为粒度组成，对物料粒度组成的测定称为粒度分析。钢铁冶金用散状物料的粒度范围为 0.01~80 mm，目前还没有一种可适应全部粒度范围的粒度分析方法。根据粒度的大小，散状物料的粒度分析可以采用筛分法、激光粒度分析法（计数法）、沉降分析法及比表面积法，本实验采用激光粒度分析法。Winner 3002 型激光粒度分析仪主要用于测定粒度为 0.5~500 μm 的金属、非金属矿粉、煤粉及各类粉体的形态学物性，即与粉体外观或固有特性相关的物性，如形状、粒度及其分布、密度、细孔径、比表面积、表面粗糙度、过程分散情况等。

微课 煤粉的粒度分析

6.2.1 实验目标

Winner 3002 型激光粒度分析仪的主机外形如图 6-8 所示，其内部结构如图 6-9 所示。

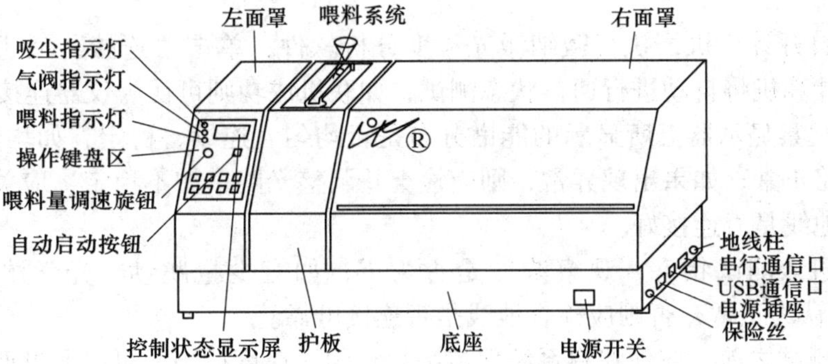

图 6-8 Winner 3002 型激光粒度分析仪的主机外形

Winner 3002 型激光粒度分析仪采用信息光学原理，通过测量颗粒群的空间频谱来分析其粒度分布。该仪器由气源、主机（内含光学系统、喂料器、分散器、电气控制器）和收尘器组成。

将待测的干燥粉末放入料斗，开启电磁振动喂料器，粉末经料斗与料槽的间隙均匀喂入喷射泵。来自气源的洁净气体在喷射泵中产生负压，使粉料与空气混合并

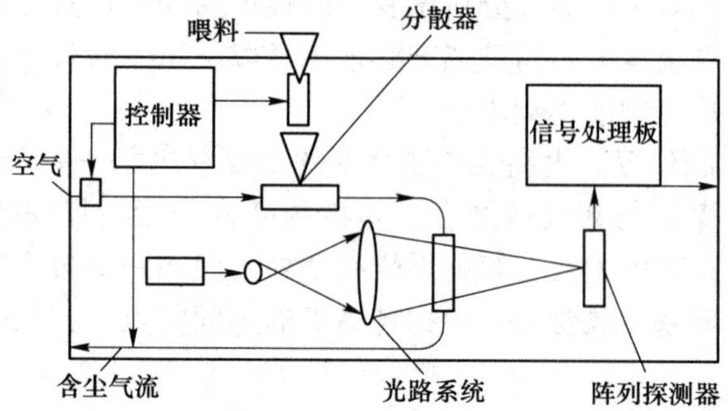

图 6-9　Winner 3002 型激光粒度分析仪的主机内部结构

加速至声速，颗粒在管道中被分散，经喷嘴进入仪器中的样品窗。来自 He-Ne 激光器的激光束经扩束、滤波、汇聚后照射到测量区，测量区中的待测颗粒群在激光的照射下产生散射谱。散射谱的强度空间分布与被测颗粒群的大小有关，被位于傅里叶透镜后焦平面上的光电探测器阵列所接收，转换成电信号后经放大和 A/D 转换，通过串行通信口送入计算机，进行数据处理后即可给出被测颗粒群的粒度分布参数，经屏幕显示或用打印机打印出来。待测粉末样品完全由回收系统回收。

6.2.2　操作步骤

6.2.2.1　系统检查

（1）打开电源开关，预热 10~15 min。

（2）打开右面罩，将小块白纸放在探头后，若白纸上有一圆形的红色光斑，则认为激光器工作正常，然后放下右面罩。应注意，不要用眼直视穿过探头孔的激光束。

（3）打开计算机，执行微纳激光粒度分析软件，单击“连接”后进入背景测试状态，计算机将自动进行通信状态测试，如联机成功则可认为仪器连接正常。

（4）观察显示器上所显示的能谱分布是否均匀、连续、稳定，如均匀、连续，可认为光路正常；如果出现异常，则应检查并调整光路；如不稳定，应关机检查探头电缆及地线是否连接好。

（5）进入测试状态，观察浓度是否为零，如有少量跳动、光学浓度不超过 0.1，也可认为正常，否则应检查地线是否连接可靠。

（6）测试之前，应使喂料系统保持喂料均匀、速度适当，可以通过调节振动电压或喂料斗与料槽的间隙来实现。调整结果可以通过计算机屏幕显示的遮光率（浓度）监测，遮光率过大或过小都将影响测量结果。

（7）分散系统应使喷射泵保持 0.03 MPa 以上的负压。检测方法是：使负压表进气孔与下料斗相连并保持密封，依次开启空压机、收尘器、电磁阀使气流流过喷射泵、负压表指示的数值即为当前负压。调节喷嘴与节流孔的间隙可以改变负压值。

（8）检查气源。测试之前应检查并确保空压机工作正常、无杂音，储气罐压力为 0.8 MPa 左右，调压阀处于适当的位置，通常输出气压在 0.4 MPa 以内。

（9）系统检查均正常后，即可进行样品测试。

6.2.2.2　样品测试

（1）打开空压机电源开关启动空压机，给储气罐充气，待储气罐充满气后把待测煤粉放入喂料器的喂料斗内。

（2）按下控制器的启动按钮，依次启动收尘器、进气阀、喂料器，使待测煤粉进入样品窗。

（3）单击“连接”和“能谱测试”，观察显示器的能谱曲线与左上角的浓度指示，光学浓度一般以控制为 1.0~2.0 为宜。如果浓度过低或过高，可适当调节下料量。下料量的调节可以通过改变料斗与料槽的间隙或调节振动电压实现。

（4）当测试稳定后，单击“保存数据”和“断开连接”，把测试结果存入打开的计算机文件中，随后即可用粒度分析软件对测试数据进行各种处理。

（5）依次关闭下料器、进气阀、收尘器，测试结束。

任务 6.3　煤可磨性指数的测定

煤的可磨性标志着粉碎煤的难易程度。它主要与煤的变质程度有关，不同牌号的煤具有不同的可磨性。一般来说，焦煤和肥煤的可磨性指数较高，即容易磨细；无烟煤和褐煤的可磨性指数较低，即不容易磨细。煤的可磨性指数还随着煤的水分和灰分的增加而减小，同一种煤，水分和灰分越高，其可磨指数就越低。因此，讨论煤的可磨性在现代工业生产和科研中有着重要的作用。在设计和改造煤粉制备系统、估计磨煤机的产率和耗电量等方面，都需要进行煤可磨性指数的测定。

目前，世界上许多国家普遍采用的实验方法主要有两种：一种是苏联全苏热工研究所法（简称 BTN 法），另一种是哈德格罗夫（简称哈氏）法。虽然测定煤可磨性指数的方法有较大差别，但它们的理论依据均为磨碎定律，即在研磨煤粉时所消耗的功（能量）与煤所产生的新表面面积成正比。本实验所采用的方法为哈德格罗夫法，此方法操作简便、再现性较好，而且最适合测定烟煤和无烟煤（我国高炉喷吹的煤粉为烟煤和无烟煤两种）。

微课　煤可磨性指数的测定

6.3.1　实验目标

（1）能够根据实验结果计算出哈德格罗夫可磨性指数。

（2）掌握检测可磨性指数的必要性。

6.3.2　实验装置

（1）哈德格罗夫磨煤机。测定哈德格罗夫可磨性指数的磨煤机的结构如图 6-10 所示。电动机通过蜗轮减速后带动主轴和研磨机以（20±1）r/min 的转速运转，研磨环驱动研磨碗内的 8 个钢球转动，钢球直径为 25.4 mm，由重块、齿轮、主轴和研磨环施加在钢球上的总垂直力为（284±2）N，约等于（29±0.2）kgf。

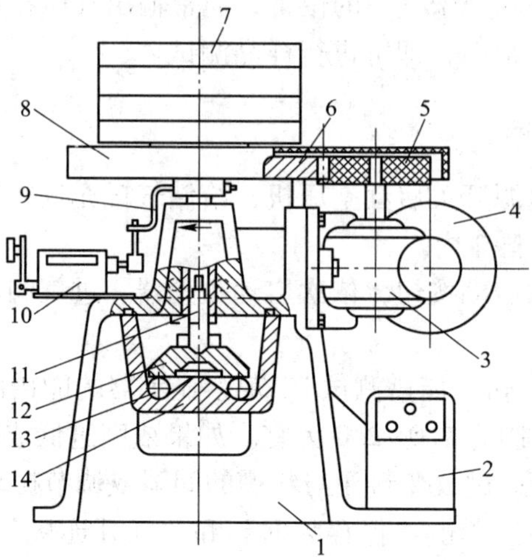

图 6-10　哈德格罗夫磨煤机的结构

1—机座；2—电气控制盒；3—蜗轮盒；4—电动机；5—小齿轮；6—大齿轮；7—重块；8—护罩；9—拨杆；10—计数器；11—主轴；12—研磨环；13—钢球；14—研磨碗

研磨碗和研磨环材质相同，并经过淬火处理，几何形状和尺寸如图 6-11 所示。

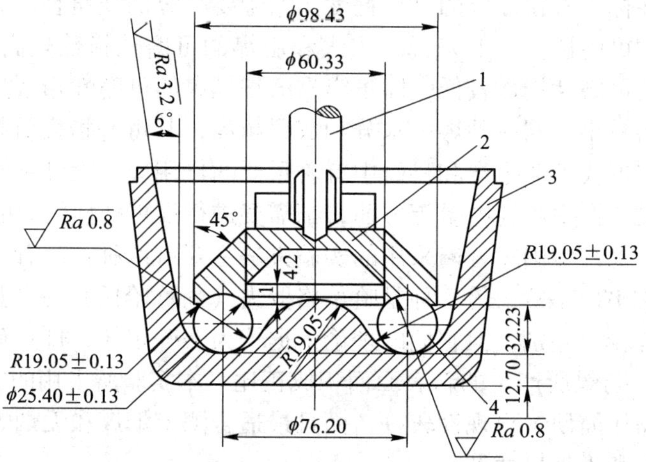

图 6-11　研磨件

1—主轴；2—研磨环；3—研磨碗

（2）实验筛。孔径为 0. 074 mm、0. 59 mm、1. 19 mm，并配有筛底、筛盖。

（3）振筛机。可以容纳一组外径为 200 mm 的垂直套叠的筛子，垂直振击频率为 149 min^{-1}，水平回转频率为 221 min^{-1}，回转半径为 12. 5 mm。

（4）天平。最大可称量 100 g，感量为 1 g。

（5）破碎机。可采用辊式或圆盘式破碎机。辊或盘的间距可调，能将粒度为 6 mm 的煤样破碎到 1. 19 mm，而只生成最少量的、小于 0. 59 mm 的煤粉。

（6）烘箱。本实验采用带鼓风的干燥箱 1 台。

（7）板刷。样铲，各需 1 个。

6.3.3　操作步骤

（1）将制好的试样在天平上称取 50 g 并放入研磨碗中，用板刷将落在钢球上和研磨碗凸起部分的煤样清扫到钢球周围，然后将研磨环放在研磨碗内。

（2）将研磨碗端起，使研磨环的十字槽对准主轴下端的十字头，同时将研磨碗挂在机座两侧的螺栓上（要两边同时挂）拧紧固定，以确保总垂直力均匀施加在 8 个钢球上。

（3）将计数器调到零位，启动电动机。仪器运转（60±0.25）r/min 后自动停止，卸下研磨碗。

（4）将 0.074 mm 的筛子和底套叠好，把黏在研磨环上的煤粉用板刷刷到筛子上，再将每个球用手拿起，逐个将上面的煤粉刷到筛子上。最后将碗内的煤粉倒入筛上，并将碗内煤粉全部刷到筛子上，将筛盖盖好。

（5）将筛子放到振筛机上振动 10 min，取下筛子和筛盖，用板刷将黏在筛子底下的煤粉刷干净；然后重新放到振筛机上振动 5 min，取下再刷筛底一次，最后振筛 5 min 后全部取下。

（6）将 0.074 mm 筛上物倒入天平托盘上进行称重。

（7）处理数据，哈德格罗夫法可磨性指数用下列公式计算：

$$KHG = 12.2535 + 6.9638G \qquad (6\text{-}2)$$

式中　KHG——哈德格罗夫可磨性指数；

　　　G——50 g 减去筛上物的质量。

任务 6.4　煤粉爆炸性的测定

高炉喷吹用煤粉 80%以上都为小于 0.074 mm 的细粉，这样细的粉尘悬浮在空气中达到一定浓度或长期堆放在密闭容器（贮煤罐）内，一旦遇到火源就有着火和爆炸的危险，特别是烟煤粉和褐煤粉危险性更大。煤质不同，其爆炸性的强弱也不同。因此，在选用煤种前应对其爆炸性进行测定，以便在生产中采取必要的安全措施。煤粉爆炸的本质实质是气体爆炸，即煤粉和可挥发气体与氧气结合瞬间强烈燃烧的过程，持续只有 0.01~0.02 s。因此对煤粉进行爆炸性测定，是高炉喷吹煤粉前必须做的一项测试内容。

微课　煤粉爆炸性的测定

6.4.1　实验目标

（1）加强对煤粉爆炸的认识，理解煤粉爆炸的条件及危害。

（2）掌握煤粉爆炸性测定仪的结构、特点和工作原理。

（3）掌握煤粉爆炸性测定方法。

（4）能够根据测定煤粉产生火焰的长度，判断煤粉危险性程度。

6.4.2　实验仪器

本实验采用长管式煤粉爆炸性测定仪，如图 6-12 所示。使用固定火源且火源温度采用自动控制，火焰长度用光电管测试，并配有数码管，可自动显示火焰长度。

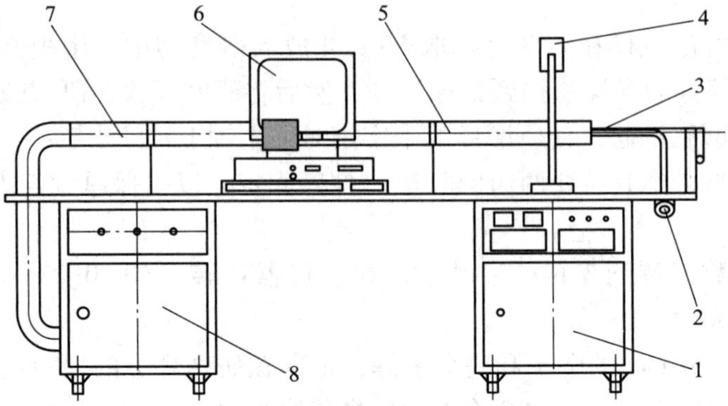

图 6-12　长管式煤粉爆炸性测定仪示意图

1—控温柜；2—喷气筒；3—喷煤枪；4—摄像头；5—引爆火源；6—计算机；7—长筒玻璃管；8—内装布袋除尘柜

6.4.3　实验步骤

(1) 将煤粉破碎并用 0.074 mm 标准筛过筛，均匀放在白铁盘（厚度不大于 10 mm）中，置于 105～110 ℃的电热鼓风箱内干燥 2 h 后，取出稍冷后放进装有硅胶的干燥器皿内，完全冷却后备用。

(2) 打开装置的电源开关，检查仪器是否正常工作。

(3) 打开装置的加热器升温开关，使加热器温度逐渐升至（1100±1）℃。

1）按“∩”键出现开度符号“□”，按“▲”和“▼”键调整开度，最高不超过 21.0（即电流小于 10 A）。

2）当温度接近 1100 ℃时，长按“ENT”键使“MAN”灯灭，即转为自动状态；相反，长按“ENT”键使“MAN”灯亮，即转入手动状态（建议采用手动调开度来控制温度），将温度控制在（1100±1）℃。

(4) 打开空气压缩机开关，将气室气压调节到 0.05 MPa。

(5) 用感量为 0.1 g 的天平称取（1±0.1）g 鉴定试样，装入试样管内，将试样聚集在试样管的尾端，插入弯管。

(6) 按下启动按钮，将试样喷进玻璃管内，造成煤尘云。

(7) 观察并记录火焰长度。

(8) 同一个试样做 5 次相同的实验，如果 5 次实验均未产生火焰，则还要再做 5 次相同的实验。

(9) 做完 5 次（或 10 次）试样实验后，要用长杆毛刷把沉积在玻璃管内的煤尘清扫干净。

(10) 对于产生火焰的试样还要做添加岩粉实验，按估计的岩粉用量百分比配置总重为 5 g 的岩粉和试样的混合粉尘，放在一个直径为 ϕ50 mm 的称量瓶内，加盖后用力摇动至混合均匀。然后称取 5 份各为 1 g 的混合粉尘，分别放在直径为 ϕ30 mm 的称量瓶内，逐个按上述步骤进行实验。在 5 次实验中，如有一次出现火焰（小火舌）则应重新配置混合粉尘，即在原岩粉用量百分比的基础上再增加5%，继续实验至混合粉尘不再出现火焰为止；如果第一次配置的混合粉尘在 5 次实验中均未产生火焰，则应配置降低岩粉用量 5%的混合粉尘，继续实验至产生火焰为止。

（11）在对待测试样和添加岩粉的混合粉尘进行实验时，必须随时将实验结果记录在煤粉爆炸性测定的原始记录表上。

（12）每测定完一个试样，均要清扫一次玻璃管，并用毛刷顺着铂丝缠绕方向轻轻刷掉加热器表面上的浮尘，同时开动实验室的排风换气装置进行通风，以置换实验室内的空气。

6.4.4　实验数据记录与计算

（1）在 5 次鉴定试样实验中，只要有 1 次出现火焰，则该鉴定试样为“有煤尘爆炸性”。

（2）在 10 次鉴定试样试验中均未出现火焰，则该鉴定试样为“无煤尘爆炸性”。

（3）凡是在加热器周围出现单边长度大于 3 mm 的火焰（一小片火舌）均属于火焰；而仅出现火星，则不属于火焰。

（4）以加热器为起点向管方向所观测到的火焰长度作为本次试验的火焰长度；如果这一方向未出现火焰，而仅在相反方向出现火焰时，应以此方向确定为本次试验的火焰长度；选取 5 次试验中火焰最长的 1 次的火焰长度作为该鉴定试样的火焰长度。

实验数据记录见表 6-1。

表 6-1　煤尘爆炸危险性测试数据表

实验次数	煤样粒度/mm	空气包压力/MPa	火源温度/℃	煤样质量/g	火焰长度/mm	是否具有爆炸危险
1						
2						
3						
4						
5						

任务 6.5　煤粉着火点的测定

微课　煤粉着火点的测定

煤的着火温度（也称燃点）是煤的特性之一，其与煤粉的变质程度有很明显的关系，变质程度低的煤粉着火点低，反之着火点就高。因此，煤粉的着火点与挥发分有着重要的关系，挥发分高的煤粉着火点低，反之着火点就高。但挥发分相同的褐煤和烟煤，其着火点则是褐煤比烟煤低得多。测量着火点不仅可为煤粉制备设备选型提供参考，还可以为确定干燥介质温度及设计工艺参数等提供依据，例如可作为磨煤机出入口温度和系统温度报警参数的参考。同时高炉喷煤中，希望煤粉能快速着火、迅速燃烧。因此，煤粉的着火点低一点好，但低着火点的煤粉仓储时又易着火爆炸，所以应充分考虑两方面因素。煤氧化以后其着火点明显降低，人们通过测定氧化煤粉着火点相对于原煤粉着火点降低的数值来推测煤的自燃倾向，以便在煤的贮存和输送系统中采取必要的安全措施。

6.5.1　实验目标

本实验采用煤粉着火点测定仪，如图 6-13 所示。

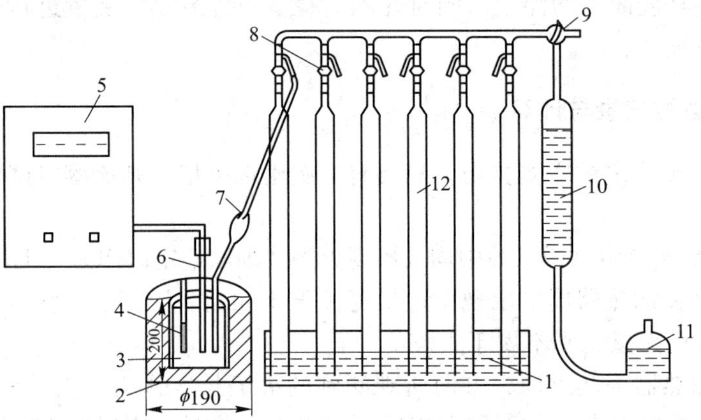

图 6-13　煤粉着火点测定仪

1—水槽；2—加热炉；3—铜加热体；4—试样管；5—温度测控仪；6—测温热电偶；7—缓冲球；8，9—三通阀；10—贮水管；11—水准瓶；12—量水管

6.5.2　操作步骤

（1）按国标 GB 474—2008 将煤制成粒度小于 0.2 mm 的一般分析煤样，与亚硝酸钠（放入称量瓶中）一起在 105～110 ℃的干燥箱中干燥 1 h，取出冷却后保存在干燥器皿中。

（2）将干燥后的煤样与氧化剂亚硝酸钠以 1∶0.75 的质量比（即 1 g 煤粉配 0.75 g 亚硝酸钠）放入碾钵中混合均匀备用。

（3）将混匀后的试样小心倒入试样管中，试样管与缓冲球连接，然后放入铜加热体中，插入测温热电偶。

（4）检查测定装置的气密性。旋转测定装置水管上的三通阀，使贮水管与大气相通，向上移动水准瓶，使水充满贮水管。旋转两个三通阀使贮水管与量水管相通，然后向下移动水准瓶，使水槽内的水进入量水管至一定高度。随即旋转量水管上的三通阀使量水管与缓冲球相通，如果量水管水位下降到一定距离后即停止，证明气密性良好；否则表明漏气，必须检查原因并予以纠正。

（5）使各试样管与量水管相通，并保证量水管内的水位在一定高度。

（6）接通加热炉电源，按开始按钮升温，升温速度为 4.5～5.0 ℃/min。当温度到达 250 ℃时，随时观测量水管的水位；当某管水位突然下降时，记录对应的温度。

（7）测出每个试样的着火点后切断电源，冷却后取出试样管。

（8）用稀盐酸和清水将试样管清洗干净后再进行测定。同一试样连续测定 3 次，取平均值，重复测定的差值不超过 6 ℃。

任务 6.6　煤粉发热量的测定

所谓煤的发热量是指每单位质量的煤在完全燃烧时所产生的热量。发热量的单位为焦/克（J/g）或兆焦/千克（MJ/kg）。煤粉的发热量在氧弹热量计中进行测定。将一定量的分析试样置于氧弹热量计中，其在充有过量氧气的氧弹内燃烧，氧弹热量计的热容量通过在相似条件下燃烧一定量的基准物苯甲酸来确定。根据试样点燃前后量热系统产生的温升，并对点火热等附加热进行校正后，即可求得试样的弹筒发热量。

微课　煤粉发热量的测定

从弹筒发热量中扣除硝酸生产热和硫酸校正热（硫酸与二氧化硫形成热之差）后，即得煤粉的高位发热量。对煤中水分（煤中原有的水和氢燃烧后生成的水）的汽化热进行校正后，即得煤粉的低位发热量。发热量的测定是煤质分析的重要项目，不仅是衡量煤质的重要指标，也是煤价格确定的计价指标。

6.6.1　实验目标

（1）掌握煤的发热量测定原理。

（2）初步学会利用量热仪测量发热量的方法，巩固发热量的基本概念。

6.6.2　实验装置

本实验装置包括自动量热仪（见图 6-14）、充氧仪（见图 6-15）和氧弹（见图 6-16）。

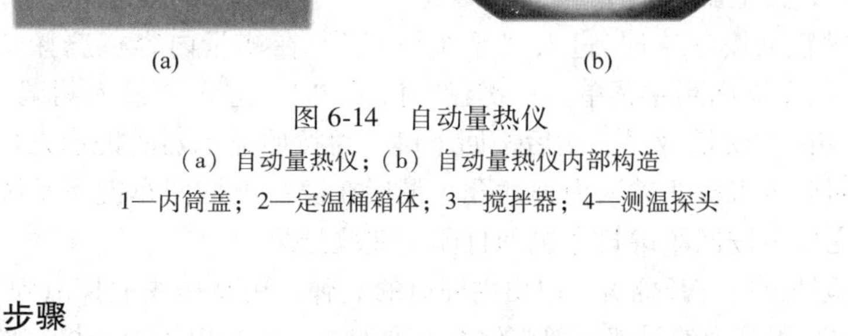

(a)　(b)

图 6-14　自动量热仪

（a）自动量热仪；（b）自动量热仪内部构造

1—内筒盖；2—定温桶箱体；3—搅拌器；4—测温探头

6.6.3　操作步骤

（1）称取煤粉 1 g 左右并记录好煤粉的实际质量 W_g，将煤粉装在坩埚内。

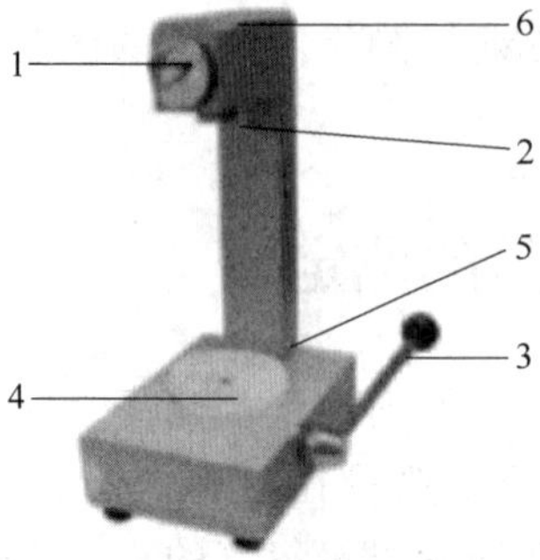

图6-15　充氧仪

1—氧气压力表；2—气嘴（充氧时与氧弹连接）；3—充氧手柄；4—氧弹定位盘；5—进氧接头（通过导氧管与氧气减压阀连接）；6—气门芯安装孔

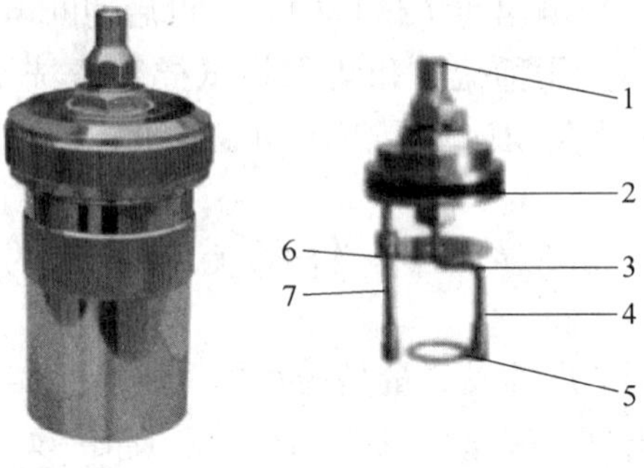

(a)　　(b)

图6-16　氧弹

（a）氧弹外观；（b）氧弹内部构造（氧弹芯）

1—充气嘴；2—密封圈；3，7—电极杆；4—点火丝压环；5—坩埚支架；6—挡火板

（2）打开氧弹，用氧弹勾手把氧弹头取出，然后放在氧弹支架上。将坩埚放在氧弹头的坩埚支架上，取一根点火丝安装在电极上（点火丝不能接触到坩埚，否则系统会自动断电而不进行点火）。

（3）将10 mL水加入氧弹内，然后将氧弹头装进氧弹并旋紧氧弹上盖。此后，氧弹应始终保持正方，不能有倾斜，以防止装有煤粉的坩埚掉下坩埚架。

（4）向上拉动活动套，将手持式充氧仪套在氧弹头上，然后放下活动套，确保充氧仪锁牢。打开氧气罐的出气阀门，调整阀门使压力表的指针指在2.8~3.0 MPa，然后用手指推动充氧仪上的推杆，即开始自动充气，当指针稳定为2.8~3.0 MPa后再保持15 s左右。

（5）打开自动量热仪的电源开关，向不锈钢内桶加水3 kg（桶和水的质量和）左右，然后将内桶放入外桶内（两桶的方向不能相反）。先将温度探头放在外桶内，在键盘上按“6”进入“温度监测”，测量并记录外桶温度 $T_{外}$，然后将探头插入翻盖上的插孔，测量并记录内桶温度 $T_{内}$，加冰或者热水调整内桶水的温度，使内、外桶温差控制在0.8 ℃以内（当探头插入翻盖上的插孔测量内桶温度时不能打开翻盖，以免探头碰到内桶而损坏）。

（6）将内桶取出并放到电子天平上，调整水量使质量为2.7 kg（桶和水的质量和），然后把内桶放入外桶（方向不能相反），再用氧弹勾手将氧弹放入内桶里面的氧弹支架上，盖上翻盖。

（7）在键盘上按键“1”进入“系统设置”，在测量内容栏选择“2样品发热量”，然后按回车键回到主菜单。在键盘上按键“2”进入“进入测试”，输入“试样编号”和“试样质量 W_g”，然后按回车键，再按照显示器的提示先将探头插入外桶插孔内，而后再将探头插入内桶插孔，最后在键盘上按回车键，系统进入自动测试。当测试完成后按回车键打印机即打印出实验结果。

（8）实验结束后打开翻盖，取出内桶里的氧弹，用减压阀放掉氧弹里面的气体，然后打开氧弹，用氧弹勾手把氧弹头放在氧弹架上，除去电极上未燃完的点火丝，取出坩埚并清洗干净，倒掉氧弹和内桶里面的水，关掉氧气罐的阀门和电源开关。

（9）出实验室之前关上窗户和电源总闸，打扫实验室内的卫生，离开实验室时关好门。

任务 6.7　煤粉燃烧特性的测试

6.7.1　实验目标

能够根据实验结果，对煤粉的燃烧特性进行综合分析。

6.7.2　实验装置

煤粉燃烧特性实验采用的滴管炉煤粉燃烧特性实验系统，由给粉系统、炉体及其监控系统、采样系统和辅助系统（如给风预热系统、给风系统及冷却水系统）等部分组成，如图 6-17 所示。

微课　煤粉燃烧特性的测试

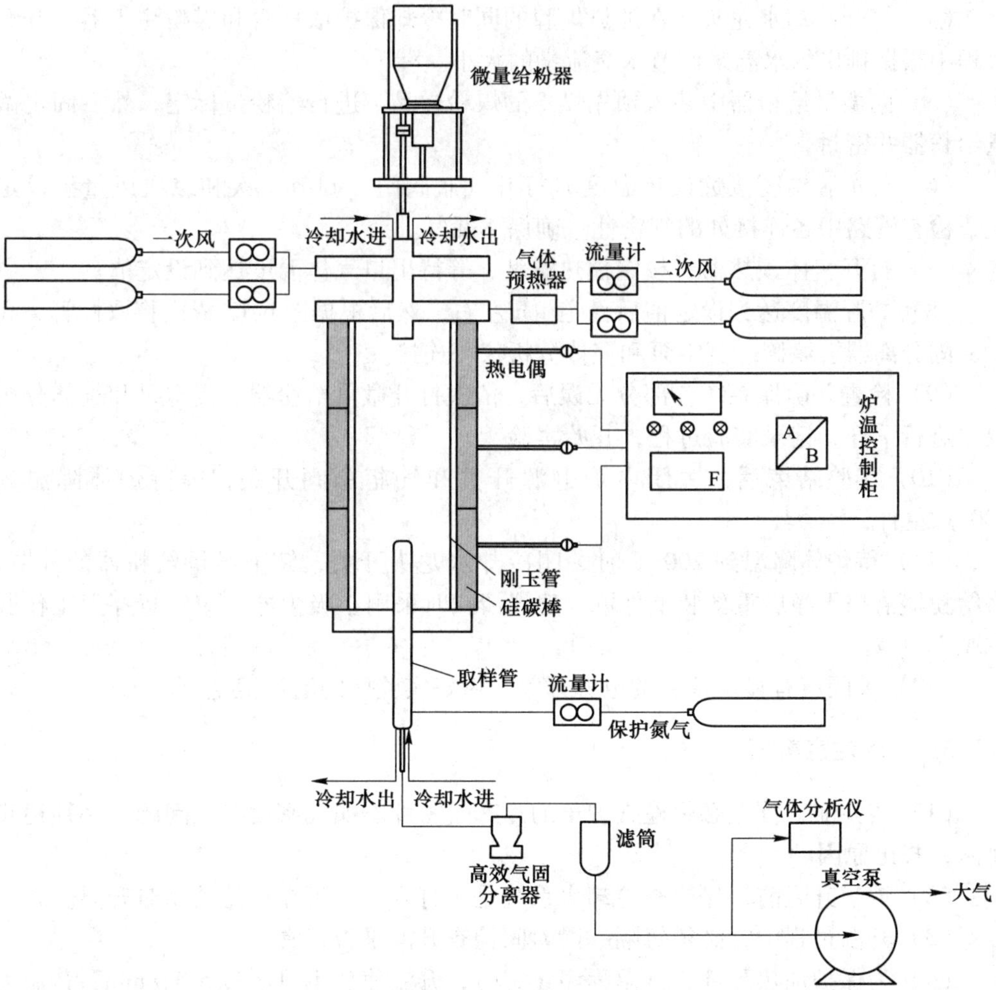

图 6-17　滴管炉煤粉燃烧特性实验系统示意图

6.7.3　实验原理

煤粉被气体（惰性气体）夹带，向下流入电加热的反应炉管，在炉内与反应气（如 O_2、CO_2、水蒸气等）发生一系列的化学反应。载气和煤粉沿管中心送入，反应气则沿给煤管周围的环面给入。加热元件被多组多段地均匀布置于炉管周围且分别进行温度控制，以便于实现反应区良好的等温性。在滴管炉中，煤粉在进入炉体后即可被迅速加热至反应温度，反应产物和反应剩余的煤通过取样枪收集，经过冷却过滤后利用专门的分析仪器进行分析，从而为反应规律的研究提供依据。

6.7.4　实验步骤

（1）根据实验要求确定给粉量、一次和二次风量、炉膛温度及气体预热器温度。

（2）安装固定取样管，取样管插入炉膛的深度根据实验要求调整。

（3）打开总电源开关，开启电炉，设定实验温度进行升温。

（4）打开冷却水龙头，在加热炉膛的同时冷却保护取样管和煤粉注入器，升温过程中根据排出的水温来调节水流流量的大小。

（5）向微量给粉器中装入预先烘干的煤粉样品，进行给粉量标定，然后固定微量给粉器并密封。

（6）待炉膛温度接近设定温度时打开气瓶阀门，调节一次和二次风量至设定值，检查管路中各连接处的气密性，确保不漏气。

（7）打开气体预热器，设定预热温度，等待出口气体温度达到设定值。

（8）炉膛温度达到设定值后稳定 1 h 左右，然后根据图 6-17 依次将取样管、高效气固分离器、滤筒、真空泵和气体分析仪相连接。

（9）检查并确保系统各部分无误后，依次打开微量给粉器、真空泵和气体分析仪，进行采样，记录实验过程，开始实验。

（10）实验结束后，关闭电炉电源开关和气瓶总阀开关，等待炉体降温到 200 ℃左右。

（11）待炉体降温到 200 ℃时关闭冷却水龙头开关，卸下微量给粉器的外罩，将给粉器清扫干净后重新装上外罩。建议清扫时采用小吸尘器，应注意穿上工作服并戴上口罩。

（12）关闭所有显示仪表的电源开关，做好实验区的清洁卫生。

6.7.5　实验注意事项

（1）实验前，首先必须检查炉子的冷态气密性。如气密性存在问题，必须逐步排除，找出原因。

（2）炉子升温前，先检查冷却水系统是否打开，不可在水路关闭时升温。

（3）升温过程中，必须每隔一段时间检查升温是否正常。

（4）为保护加热元件，升温程序设定时，升温速率不可超过 5 ℃/min，待温度升到指定温度时方可进行实验。

（5）炉温升到设定温度后，需检查热态气密性，以 O_2 浓度低于 0.3%为佳。

（6）每次实验前后需使用压缩空气清洗炉膛及给粉器。

（7）每次装给粉器时，应仔细检查，确保气密性。

任务 6.8　水分的测定

6.8.1　方法要点

称取一定量的空气干燥煤样，置于 105~110 ℃干燥箱中，在干燥氮气（或空气）流中干燥到质量恒定。然后根据煤样的质量损失计算出水分的质量分数。

6.8.2　仪器与设备

（1）小空间干燥箱：箱体严密，具有较小的自由空间，有气体进出口，并带有自动控温装置，能保持温度在 105~110 ℃范围内。

（2）玻璃称量瓶：直径 40 mm，高 25 mm，并带有严密的磨口盖。

（3）干燥器皿：内装有变色硅胶或粒状无水氯化钙。

（4）流量计：量程为 100~1000 mL/min。

（5）分析天平：能称准至 0.0002 g。

6.8.3　试剂与试样

（1）氮气：纯度为 99.9%，含氧量小于 100 μg/L。

（2）变色硅胶：工业用，使用前烘干。

（3）煤样品：粒度为 0.2 mm 的空气干燥煤样。

6.8.4　分析步骤

（1）称取粒度为 0.2 mm 以下的空气干燥煤样（1±0.1）g（称准至 0.0002 g）于已恒重的称量瓶中。轻轻摇动称量瓶，使煤样均匀铺开。

（2）将称量瓶盖斜搁在称量瓶口，并送入预先通入干燥氮气（或空气）、已加热到 105~110 ℃的干燥箱中干燥。烟煤烘 1.5 h，褐煤和无烟煤烘 2 h。

（3）从干燥箱中取出称量瓶，立即将盖子盖好，放入干燥器皿中冷却至室温（约 20 min）后，称量。

（4）进行检查性干燥，每次 30 min，直至连续两次干燥煤样质量的变化范围不超过 0.0002 g 为止。水分在 2%以下时，不必进行检查性干燥。

6.8.5　结果计算

$$M_{ad} = \frac{m_1}{m} \times 100\% \qquad (6\text{-}3)$$

式中　M_{ad}——空气干燥煤样的水分含量，%；

m_1——煤样干燥后减轻的质量，g；

m——煤样的质量，g。

6.8.6　水分测定的精密度要求

水分测定的精密度要求见表6-2。

表6-2　水分测定的精密度要求

水分（M_{ad}）/%	重复性/%
<5	0.20
5~10	0.30
>10	0.40

任务6.9　灰分的测定

6.9.1　方法要点

称取一定量的煤样于灰器皿中，置入高温炉并在（815±10）℃灼烧至恒重。根据灼烧后残留物（灰分）的质量与试样质量，计算出灰分的含量。

6.9.2　缓慢灰化法分析步骤

（1）称取粒度为0.2 mm以下的空气干燥煤样（1±0.1）g（精确至0.0002 g）于已恒重的灰器皿中，轻轻摇动灰器皿，使煤样的分布为每平方厘米的质量不超过0.15 g。

（2）将灰器皿送入温度不超过100 ℃的马弗炉中，关上炉门并使炉门留有15 mm左右的缝隙。在不少于30 min的时间内将炉温缓慢升至约500 ℃，并在此温度下保持30 min。继续升温到（815±10）℃，并在此温度下灼烧1 h。

（3）从炉中取出灰器皿，放在耐热瓷板或石棉板上，在空气中冷却5 min左右，移入干燥器皿中冷却至室温（约20 min），然后称量。

（4）进行检查性灼烧，每次20 min，直到连续两次灼烧的质量变化不超过0.0002 g为止，用最后一次灼烧后的质量为计算依据。灰分低于15%时，不必进行检查性灼烧。

6.9.3　分析结果计算

$$A_{ad} = \frac{m_1}{m} \times 100\% \tag{6-4}$$

式中　A_{ad}——空气干燥煤样的灰分含量，%；

m_1——残留物的质量，g；

m——煤样的质量，g。

6.9.4　快速灰化法（快速灰分测定仪测定法）分析步骤

将装有煤样的灰器皿放在预先加热至（815±10）℃的灰分快速测定仪的传送带上，煤样被送入仪器内完全灰化，然后送出。以残留物的质量占煤样质量的百分数作为灰分产率。

所采用的仪器是灰分快速测定仪，其他用具与缓慢灰化法相同，其测定步骤如下：

（1）将灰分快速测定仪预先加热至（815±10）℃；

（2）开动传送带并将其传送速度调节至 17 mm/min 左右或其他合适的速度；

（3）称取粒度为 0.2 mm 以下的空气干燥煤样（0.5±0.01）g(精确至 0.0002 g)于已恒重的灰器皿中，轻轻摇动灰器皿，使煤样均匀铺平于灰器皿底部；

（4）将盛有煤样的灰器皿放在灰分快速测定仪的传送带上，灰器皿即自动送入炉中；

（5）当灰器皿从炉内送出时，取下放在耐热瓷板或石棉板上，在空气中冷却 5 min 左右，然后移入干燥器皿中冷却至室温（约 20 min）称量；

（6）结果计算与缓慢灰化法相同。

任务 6.10　挥发分的测定

6.10.1　方法要点

称取一定量的空气干燥煤样，放在带盖的瓷坩埚中，在（900±10）℃温度下，隔绝空气加热 7 min，以减少的质量占煤样的质量分数，减去该煤样的水分含量（M_{ad}）作为挥发分产率。

6.10.2　分析步骤

（1）称取粒度为 0.2 mm 以下的空气干燥煤样（1±0.01）g(精确至 0.0002 g)于预先在 900 ℃温度下灼烧至恒重的带盖瓷坩埚中，轻轻摇动坩埚，使煤样铺平、分布均匀，盖上盖，放在坩埚架上。褐煤和长焰煤应预先压饼，并切成约 3 mm 的小块。

（2）将马弗炉预先加热至 920 ℃左右，打开炉门，迅速将放有坩埚的架子送入恒温区并关上炉门，立即启动秒表，准确加热 7 min。坩埚及架子刚放入炉中时，炉温会有所下降，但必须在 3 min 内使炉温恢复至（900±10）℃，否则此测试作废。加热时间包括温度恢复时间在内。

（3）从炉内取出坩埚，放在空气中冷却 5 min 左右，移入干燥器皿中冷却至室温（约 20 min），称量。

6.10.3　分析结果计算

$$V_{ad} = \frac{m_1}{m} \times 100\% - M_{ad} \tag{6-5}$$

式中　V_{ad}——空气干燥煤样的挥发分产率，%；

m_1——煤样加热后减少的质量，g；

m——煤样的质量，g。

测定挥发分后残留下来的不挥发固体物称为焦渣，其特性可按下列规定加以区分。

（1）粉状：全部是粉末，没有相互黏着的颗粒。

（2）黏着：用手指轻碰即成粉末或基本上是粉末，其中较大的团块轻轻一碰即成粉末。

（3）弱黏结：用手指轻压即成小块。

（4）不熔融黏结：以手指用力压才裂成小块，焦渣上表面无光泽，下表面稍有银白色光泽。

（5）不膨胀熔融黏结：焦渣形成扁平的块，煤粒的界线不易分清，焦渣上表面有明显银白色金属光泽，下表面银白色光泽更明显。

（6）微膨胀熔融黏结：用手指压不碎，焦渣的上下表面均有银白色金属光泽，但焦渣表面具有较小的膨胀泡（小泡）。

（7）膨胀熔融黏结：焦渣上下表面有银白色金属光泽，明显膨胀，但高度不超过15 mm。

（8）强膨胀熔融黏结：焦渣上下表面有银白色金属光泽，焦渣高度大于15 mm。

为了简便起见，通常用上列顺序号作为各种焦渣特征的代号。例如，1号焦渣即为粉末焦渣，以此类推。

任务6.11　硫的测定

6.11.1　方法要点

试样在高温（1250~1300 ℃）氧气流中燃烧，硫化物被氧化成SO_2，SO_2用水吸收生成H_2SO_3，用碘标准液滴定，以淀粉为指示剂，根据消耗碘标准液的体积，计算试样中硫的含量。

6.11.2　试剂与仪器

（1）淀粉溶液。

（2）碘标准液。

（3）助熔剂。

（4）管式炉。

（5）调压器。

（6）缓气筒。

6.11.3　分析步骤

称取试样 0.02 g，置于瓷舟中，平铺均匀，然后将其推入燃烧炉温度最高处，塞紧燃烧管口，预热 1~2 min 打开通氧活塞和通吸收器活塞，并控制气流使液面升高 30~40 mm，当吸收液开始褪色时，用滴管滴加碘标准液，并保持吸收过程中溶液蓝色不消失，当褪色变慢时，滴定速度也减慢，直至吸收液恢复滴定前浅蓝色为止。

6.11.4　分析结果计算

$$w(\mathrm{S}) = \frac{w(\mathrm{S})_{标} V_2}{V_1} \times 100\% \tag{6-6}$$

式中　$w(\mathrm{S})$——试样中硫的质量分数，%；

$w(\mathrm{S})_{标}$——标样中硫的质量分数，%；

V_1——标样硫所消耗标液的体积，mL；

V_2——试样硫所消耗标液的体积，mL。

任务 6.12　煤中全硫含量测定

6.12.1　原理

煤样在催化剂作用下，于空气流中燃烧分解，煤中硫生成二氧化硫并被碘化钾溶液吸收，以电解碘化钾溶液所产生的碘进行滴定，根据电解所消耗的电量计算煤中全硫的含量。

6.12.2　试剂与材料

6.12.2.1　试剂

（1）三氧化钨（HG10-1129）。

（2）变色硅胶：工业品。

（3）氢氧化钠（GB/T 629）：化学纯试剂。

（4）电解液：碘化钾（GB/T 1272）、溴化钾（GB/T 649）各 5 g，冰乙酸（GB/T 676）10 mL，溶于 250~300 mL 水中。

（5）燃烧舟：长 70~77 mm，素瓷或刚玉制品，耐温 1200 ℃以上。

6.12.2.2　仪器设备——库仑测硫仪

由下列各部分构成。

（1）管式高温炉：能加热到 1200 ℃以上并有 90 mm 以上长的高温带（1150±5）℃，附有铂-铑-铂热电偶测温及控温装置，炉内装有耐温 1300 ℃以上的异径燃烧管。

（2）电解池和电磁搅拌器：电解池高 120~180 mm，容量不小于 400 mL，内有面积约 150 mm^2的铂电解电极对和面积约 15 mm^2的铂指示电极对。指示电极响应时间应小于 1 s，电磁搅拌器转速约 500 r/min 且连续可调。

（3）库仑积分器：电解电流 0~350 mA 范围内积分线性误差应小于±0.1%。配有 4~6 位数字显示器和打印机。

（4）送样程序控制器：可按指定的程序前进、后退。

（5）空气供应及净化装置：由电磁泵和净化管组成。供气量约 1500 mL/min，抽气量约 1000 mL/min，净化管内装氢氧化钠及变色硅胶。

6.12.3　测定步骤

6.12.3.1　测定准备

（1）将管式高温炉升温至 1150 ℃，用另一组铂-铑-铂热电偶高温计测定燃烧管中高温带的位置、长度及 500 ℃的位置。

（2）调节送样程序控制器，使煤样预分解及高温分解的位置分别处于 500 ℃和 1150 ℃处。

（3）在燃烧管出口处充填洗净、干燥的玻璃纤维棉；在距出口端 80~100 mm 处，充填厚度约 3 mm 的硅酸铝棉。

（4）将程序控制器、管式高温炉、库仑积分器、电解池、电磁搅拌器和空气供应及净化装置组装在一起。燃烧管、活塞及电解池之间连接时应口对口紧接，并用硅橡胶管封住。

（5）开动抽气和供气泵，将抽气流量调节到 1000 mL/min，然后关闭电解池与燃烧管间的活塞，如抽气量降到 500 mL/min 以下，证明仪器各部件及各接口气密性良好，否则需检查各部件及其接口。

6.12.3.2　测定过程

（1）将管式高温炉升温并控制在（1150±5）℃。

（2）开动供气泵和抽气泵并将抽气流量调节到 1000 mL/min。在抽气下，将 250~300 mL 电解液加入电解池内，开动电磁搅拌器。

（3）在瓷舟中放入少量非测定用的煤样，先进行测定（终点电位调整试验）。如试验结束后库仑积分器的显示值为 0 应再次测定，直至显示值不为 0。

（4）于瓷舟中称取粒度小于 0.2 mm 的空气干燥煤样 0.05 g（称准至 0.0002 g），在煤样上盖一薄层三氧化钨。将瓷舟置于送样的石英托盘上，开启送样程序控制器，煤样即自动送进炉内，库仑滴定随即开始。结束后，库仑积分器显示出硫的质量（mg）或质量分数并由打印机打出。

（5）结果计算：当库仑积分器最终显示数为硫的质量（mg）时，全硫含量按下式计算：

$$S_{t,ad}=\frac{m_1}{m}\times 100\% \tag{6-7}$$

式中 $S_{t,ad}$——空气干燥煤样中全硫含量，%；

m_1——库仑积分器显示值，mg；

m——煤样质量，mg。

课 后 习 题

6-1 简答题：煤粉的性能检验全过程包括哪几个阶段？

6-2 简答题：影响煤粉粒度的因素是什么？

6-3 简答题：煤粉的爆炸性与其本身哪些因素有关？

6-4 简答题：煤粉着火点的高低与哪些因素有关？

6-5 简答题：弹筒发热量、高位发热量、低位发热量有何区别？

6-6 简答题：煤粉的发热量随变质程度的变化规律是怎样的？

思 政 展 播

【党的二十大报告摘引】

新时代的伟大成就是党和人民一道拼出来、干出来、奋斗出来的！

【工匠故事】

检测工作与钢铁生产一线的各个环节密不可分。一年 365 天，她几乎天天都在废钢场上，担当职责，默默付出，她是萍安钢铁检测战线的铿锵玫瑰，被评为第十七届江西省职工职业道德建设标兵、萍乡市三八红旗手。她就是萍安钢铁检测部进厂检验工曾莎。

4 年前，她由萍安钢铁的一名炼钢连铸车间验收工转战到了检测部原料二站进厂检验岗位。初到原料检验岗位时，她凭着一股执着的韧劲，接受一切新鲜事物，很快熟练掌握了本岗位所需的基本技能及业务知识。她吃苦耐劳、脚踏实地、廉洁自律，认真对待每一项工作。她坚持每天巡查货场，不断提升自己的业务知识水平，同时热心帮助员工提升技能。她通过多种培训方式帮助员工提升技能水平，如制作废钢判检 PPT 教材，让员工更直观辨识实物；对业务能力相对不足的员工进行一对一讲解；在班前会上进行标准化操作和废钢合同知识提问等，从而推动班组整体业务水平提升；她多次奔赴兄弟钢企对标学习，与同事分享交流经验，将先进的理念运用到实践工作中。

废钢检验进量大，工作节奏快，曾莎结合废钢检验生产实际，不断探索运用自动化、信息化技术进行废钢检验数据传递，提高了生产效率，堵塞了漏洞，防范了人工操作带来的误操作风险。她引导更新了废钢 APP 系统，解决了废钢压块拆包一直是人工读数计算的问题，并带领员工集思广益，联合自动化部开发废钢拆包实测数据采集系统，通过优化废钢判检 APP 系统，简化操作界面，成功实现了废钢拆包实测数据自动采集。

2019 年 7 月，她不幸被确诊患有癌症，面对病情的折磨，她表现得异常坚强，手术后不久就回到岗位上。她说，与同事们一起忙碌，开心工作，就是最好的“康复药”。

2021 年，以“曾莎”命名的劳模创新工作室正式成立，标志着萍安钢铁检验技术创新建设工作迈出了重要一步。她作为工作室的领头人，充分发挥劳模创新工作室在员工技术创新创效工作中的示范引领作用，为检测员工学技术、提素质、共研发、解难题提供了创新阵地。

在检测战线的 4 年多时间里，曾莎带领她的团队在检验把关上攻下了一个又一个难关。在她的带动下，萍安钢铁进厂检验班员工充满干劲，在工作和生活上互帮互助，出色地完成了各项工作任务，她所在的检测部原料二站被评为萍安钢铁“2021 年优秀团队”。

曾莎无比热爱自己的工作，无论遇到什么困难，她都充满希望和信念，像一朵美丽的太阳花，感染着身边的每一个人。面对获得的一项项荣誉，她从未停下过前进的脚步，她始终坚守初心，为企业更好更快发展奉献着一份光和热。

（资料来源：中国冶金报-中国钢铁新闻网）

项目 7　炼钢原料性能检测与分析

项目 7 课件

任务 7.1　炼钢原料概述

炼钢原料是转炉炼钢的物质基础，原料质量的好坏直接影响炼钢生产过程和炼钢产品的质量。炼钢原料按照金属与非金属的概念区分，一般分为金属料与非金属料两大类。

金属料包括供炼钢使用的铁水、废钢、铁合金。非金属料也称为辅助材料，主要包括以下的几种类型。

（1）渣辅料。常见的有石灰、白云石、石灰石、镁球、萤石、硅石、铝矾土、合成渣等。

（2）氧化剂。常见的有氧化铁皮、铁矿石、烧结矿、球团矿、冷固球团等。

（3）还原剂和增碳剂。常见的还原剂有碳化硅、铝渣球、氧化钙碳球、电石，增碳剂有炭粉、焦粉等。

7.1.1　金属料

7.1.1.1　铁水

铁水是转炉炼钢的主要原材料，一般占装入量的 70%～100%，铁水兑入转炉如图 7-1 所示。铁水的物理热和化学热是炼钢的主要热源，因此对入炉铁水的成分和温度具有一定的要求。

图 7-1　铁水兑入转炉

A　对铁水成分的要求

铁水成分影响炉内的温度、化渣和钢水质量，炼钢厂要求供给的铁水成分不仅要符合技术要求，而且成分要保持稳定。下面介绍转炉炼钢对铁水中碳、硅、锰、磷、硫五大元素，铁水温度和铁水带渣量的要求。

（1）碳。高炉炼铁采用焦炭作为还原剂还原铁矿石生产出铁水，在炼铁过程中碳元素在冶炼过程中扩散进入铁液，碳在铁液里的溶解度最大可以达到 4.8%。炼钢铁水中的碳含量通常在 4%以上，碳元素是转炉炼钢过程中发热最多的元素之一。

（2）硅。铁水中硅氧化生成的 SiO_2是渣中主要的酸性成分，是影响熔渣碱度和石灰消耗量的关键因素。铁水含硅高，硅元素氧化反应能放出大量的热，则转炉可以多加废钢、矿石，提高钢水收得率，但铁水含硅量过高，会因石灰消耗量的增大而使渣量过大，易产生喷溅并加剧对炉衬的侵蚀，影响石灰熔化，从而影响脱磷、脱硫。如果铁水含硅量过低，则不易成渣，对脱磷、脱硫也不利。

铁水中的硅在转炉内所起的主要作用在于调节渣量和炉渣黏度，使之有利于去除 P、S 和夹杂，有利于造渣，对钢水进行充分的精炼。因此，要求铁水含硅质量分数为 0.2%～0.6%。大中型转炉用铁水硅含量可以偏下限；而对于热量不富余的小型转炉用铁水硅含量可偏上限。转炉吹炼高硅铁水可采用双渣操作。

（3）锰。锰是钢中有益元素，铁水锰含量高对冶炼有利，主要体现在以下两个方面：第一，对转炉的化渣、脱硫以及提高炉龄都是有益的。第二，铁水锰含量高，终点钢中余锰高，可以减少锰铁加入量，利于提高钢水纯净度等。转炉用铁水对 Mn/Si 比值的要求为 0.8～1.0，但冶炼高锰生铁将使高炉焦比升高，为了节约锰矿资源和降低炼铁焦比，一般采用低锰铁水，锰质量分数为 0.2%～0.8%。

（4）磷。铁液磷含量越低越好，一般要求铁液［P］≤0.20%；另外要求铁液中磷含量要尽可能稳定。磷是高发热元素，对一般钢种来说是有害元素，是炼钢过程中要去除的元素之一，因此要求铁水中磷含量越低越好。由于磷在高炉中是不可能去除的，因此要求入转炉的铁液含磷量尽可能稳定。

（5）硫。铁液硫含量越低越好，一般要求不超过 0.05%。硫除了含硫易切削钢（要求硫含量在 0.08%～0.30%）外，绝大多数钢中的硫都是有害元素。在炼钢的氧化性气氛下，脱硫是有限的，一般脱硫率为 30%～50%。

国家标准规定炼钢用生铁化学成分见表 7-1。

表 7-1　国家标准 YB/T 5926—2011 规定炼钢用生铁化学成分

牌　号			L03	L07	L10
化学成分（质量分数）/%	C		≥3.50		
	Si		≤0.35	>0.35～0.70	>0.70～1.25
	Mn	一组	≤0.40		
		二组	>0.40～1.00		
		三组	>1.00～2.00		
	P	特级	≤0.100		
		一级	>0.100～0.150		
		二级	>0.150～0.250		
		三级	>0.250～0.400		

续表 7-1

牌　　号			L03	L07	L10
化学成分（质量分数）/%	S	一类	≤0.30		
		二类	>0.030~0.050		
		三类	>0.050~0.070		

我国一些钢厂用铁液成分和入炉温度见表 7-2。

表 7-2　我国一些钢厂用铁液成分和入炉温度　　（%）

厂　家	化学成分/%					入炉温度/℃
	Si	Mn	P	S	V	
首钢	0.2~0.4	0.40~0.45	≤0.10	<0.04		1310
鞍钢三炼	0.42	0.44	≤0.10	0.013		>1240
武钢二炼	0.67	≤0.30	≤0.014	0.024		1220~1310
包钢	0.72	1.73	0.480	0.047		>1200
攀钢	0.064		0.042	0.040	0.323	
宝钢	0.40~0.80	≥0.40	≤0.12		≤0.04	1400

国外一些厂家用铁水平均成分见表 7-3。

表 7-3　国外一些厂家用铁水平均成分

国家或厂名	化学成分/%			
	Si	Mn	P	S
美国某厂	0.80~1.20	0.60~1.00	≤0.15	≤0.030
日本某厂	0.55~0.60		0.097~0.105	0.020~0.023
英国某厂	0.65	0.75	<0.15	0.030
德国某厂	0.58	0.71	0.2~0.3	0.023

B　对铁水温度的要求

铁水温度是铁水含物理热多少的标志，铁水物理热占转炉热收入的 50%。铁水温度低，热量不充足，影响熔池的升温速率和元素的氧化过程，也会影响到化渣和杂质的去除，还容易导致喷溅。因此，应努力保证入炉铁水的温度大于 1300 ℃，且保持稳定，这样有利于操作的稳定性和转炉的自动控制。通常，高炉的出铁温度为 1350~1450 ℃。由于在运输和待装过程中会散失热量，如要保证铁水温度合适，应选用混铁炉的方式供应铁水，在运输过程应增加覆盖剂保温，以减少铁水散热和降温。

C　对铁水带渣量的要求

高炉渣中含硫、SiO_2和 Al_2O_3量较高，过多的高炉渣进入转炉内会导致转炉钢渣量大，石灰消耗增加，易造成喷溅，降低炉衬寿命，降低金属的收得率，损失热量等。因此，兑入转炉的铁水要求带渣量不得超过 0.5%。如果铁液带渣量比较高，则要扒渣。

7.1.1.2　废钢

转炉用废钢量一般占总装入量的 10%～30%。废钢是转炉冶炼冷却剂，增加转炉废钢用量，可以降低转炉炼钢成本、能耗和炼钢辅助材料消耗。转炉加入废钢如图 7-2 所示。

图 7-2　转炉加入废钢

废钢的来源复杂、质量差异较大，因此在入炉以前需要对废钢进行加工处理。废钢的来源主要有：厂内的返回废钢，质量较好，形状较规则；外购废钢，来源广泛，质量相对较差，形状极不规整。废钢的质量对炼钢的技术经济指标影响很大，从合理使用和冶炼工艺出发，对废钢有以下要求。

（1）废钢应具有合适的外形尺寸和单重，轻薄料应打包或压块，以缩短装料时间。尺寸和单重过大的废钢，应预先进行加工、切割处理，以便能顺利装炉，不撞坏炉衬，并保证在吹炼期完全熔化。

（2）废钢中不得混有铁合金。严禁混入铜、锌、铅、锡等有色金属和橡胶，不得混有封闭器皿、爆炸物和易燃易爆品以及有毒物品。废钢的硫、磷含量（质量分数）均不大于 0.050%。

（3）废钢应清洁干燥，不得混有泥沙、水泥、耐火材料、油物等。

（4）不同性质的废钢分类存放，以免混杂。非合金钢、低合金钢废钢可混放在一起，不得混有合金废钢和生铁。

7.1.1.3　铁合金

铁合金主要用于调整钢液的成分、脱除钢中的杂质，作为炼钢的脱氧剂和合金元素添加剂，如图 7-3 所示。常用的铁合金有：

（1）铁合金：如锰铁、硅铁、铬铁等；

（2）合金：如硅锰合金、硅钙合金、硅锰铝合金等；

（3）纯金属：如铝、锰、铬、镍、钴等。

转炉炼钢对铁合金的主要要求是：

（1）按成分分类并加工成一定块度后使用，使钢液的成分均匀和减少烧损；

（2）使用前进行烘烤以减少带入钢中的气体，锰铁、铬铁、硅铁等熔点高且不

图 7-3　铁合金

易氧化的合金，烘烤温度应大于等于 800 ℃，烘烤时间应大于 2 h，钛铁、钒铁、钨铁加热近 200 ℃，时间大于 1 h；

（3）在保证钢质量的前提下，选用价格便宜的铁合金，以降低钢的成本；

（4）铁合金应保持干燥、干净；

（5）铁合金成分应符合技术标准规定，以避免炼钢操作失误，如硅铁中的铝、钙含量，沸腾钢脱氧用锰铁的硅含量，都直接影响钢水的脱氧程度。

对铁合金的管理。

（1）铁合金应根据质量保证书，核对其种类和成分，分类标牌存放，不允许置于露天状态下。

（2）合金块度要符合使用要求：加入钢包中的尺寸为 5～50 mm，加入炉中的尺寸为 30～200 mm；往电炉中加 Al 时常将其化成铝饼，用铁杆穿插入钢液。

（3）合金在入炉前必须烘烤。合金烘烤温度和时间：锰铁、铬铁、硅铁应不小于 800 ℃，烘烤时间应大于 2 h；钛铁、钒铁、钨铁加热近 200 ℃，时间大于 1 h。

7.1.2　炼钢辅助材料

造渣是炼钢工艺中重要环节，炼钢的目的是减少其中的杂质。炼钢过程中加入造渣剂进行造渣，如氟化钙或氧化钙等。造渣材料主要有石灰、萤石、白云石、菱镁矿和合成造渣剂等。

7.1.2.1　造渣材料

A　石灰

石灰的主要成分为 CaO，是炼钢主要的造渣材料，由石灰石煅烧而成，如图 7-4 所示。其来源广、价廉、有相当强的脱磷和脱硫能力，不危害炉衬，其用量较大。

石灰质量好坏对吹炼工艺、产品质量和炉衬寿命等产生主要影响。特别是转炉

图 7-4　石灰

冶炼时间短，要在很短的时间内造渣去除磷硫，保证各种钢的质量，因此对石灰质量要求很高。

（1）有效 CaO 含量高。石灰有效 CaO 含量取决于石灰中 CaO 和 SiO_2含量，而 SiO_2是石灰中的杂质。若石灰中含有 1 单位的 SiO_2，按炉渣碱度为 3 计算，需要 3 单位的 CaO 与 SiO_2中和，这就大大降低了石灰中有效 CaO 的含量，所以 SiO_2的含量要低。

（2）硫含量低。造渣的目的之一是去除铁水中的硫，如果石灰本身硫含量高，对于炼钢中硫的去除不利。因此，石灰中硫含量应尽可能低，一般应小于 0.05%。

（3）残余 CO_2少。石灰中残余 CO_2量，反映了石灰在煅烧中的生烧过烧情况。一般要求石灰中残余 CO_2量为 2%左右，相当于石灰灼减量为 2.5%~3.0%。

（4）石灰块度适中。石灰块度不能过大，以免在炉内难以熔化。石灰块度要小而均匀，且无细粉；转炉用石灰块度为 20~50 mm。块度大小和工艺要求、冶炼时间长短有关。

（5）活性度高。石灰的活性是指石灰同其他物质发生反应的能力，用石灰的溶解速度来表示，石灰在高温炉渣中的溶解能力称为热活度。一般盐酸消耗大于 300 mL 属于优质活性石灰。石灰活性好，冶炼过程中熔化快、成渣早、渣量少、反应能力强。

（6）石灰存放时间。石灰容易吸水粉化，变成 $Ca(OH)_2$而失效，所以石灰不能潮解，应保持干燥、新鲜，尽量使用新烧石灰，仓内保存时间不应超过两天。为了减少炉渣对碱性炉衬的侵蚀，很多炼钢厂都采用了含镁的造渣材料，由此而产生了镁质石灰，有的地方也称为白云石质石灰。

B　*萤石*

萤石的主要成分是 CaF_2，是炼钢过程中普遍采用的熔剂，如图 7-5 所示。纯净的 CaF_2熔点为 1418 ℃，萤石中含有其他杂质，如 SiO_2、Al_2O_3等，因此熔点比纯净的 CaF_2低些，约 900 ℃。造渣过程加入萤石可以加速石灰的溶解，改善炉渣的流动性，但大量使用会造成转炉喷溅，加剧对炉衬的侵蚀。

图 7-5　萤石

炼钢用萤石含 CaF_2 要高，含 SiO_2 和 S 等杂质要低，要有合适的块度，一般为 5～50 mm 并且要清洁、干燥。对转炉用萤石的成分要求：$w(CaF_2) \geqslant 85\%$，$w(SiO_2) \leqslant 5.0\%$，$w(S) \leqslant 0.10\%$，$w(P) \leqslant 0.06\%$，近年来，由于萤石供应不足且价格昂贵，各钢厂从环保角度考虑，使用多种萤石代用品，如铁锰矿石、氧化铁皮、转炉烟尘、铁矾土等。

C　白云石

白云石的主要成分是 $CaCO_3 \cdot MgCO_3$，其熔点比石灰低，如图 7-6 所示。经焙烧可成为轻烧白云石，其主要成分为 CaO · MgO。转炉采用生白云石或轻烧白云石代替部分石灰造渣，其目的是保持渣中有一定的 MgO 含量，可以减少炉衬中的 MgO 向炉渣中转移，而且还能加速石灰熔化，促进前期化渣，减少萤石用量和稠化终渣，以减轻初期酸性渣对炉衬的侵蚀，提高炉衬寿命。此外，白云石也是溅渣护炉的调渣剂。

图 7-6　白云石

由于生白云石在炉内会分解吸热，影响废钢的加入量，因此有条件的钢铁厂宜使用轻烧白云石。

D　火砖块

火砖块是浇铸系统的废弃品，其主要成分为 $w(SiO_2)\approx60\%$、$w(Al_2O_3)\approx35\%$。它的作用是改善炉渣的流动性，特别是对 MgO 含量高的炉渣，稀释作用优于萤石。火砖块中的 Al_2O_3 可改善炉渣的透气性，并易使熔渣发泡。但 SiO_2 能大大降低熔渣的碱度及氧化能力，对脱磷、脱硫极为不利。

E　菱镁矿

菱镁矿是天然矿物，如图 7-7 所示，主要成分为 $MgCO_3$，煅烧后可用作耐火材料，也是目前转炉溅渣护炉的调渣剂。

图 7-7　菱镁矿

F　合成造渣剂

合成造渣剂是用石灰加入适量的氧化铁皮、萤石、氧化锰或其他氧化物等熔剂，在低温下预制成型，如图 7-8 所示。

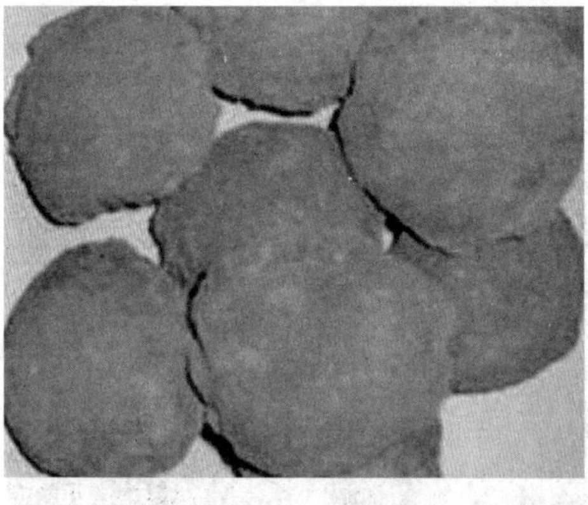

图 7-8　合成造渣剂

这种造渣剂熔点低、碱度高、成分均匀、粒度小，且在高温下易碎裂，成渣速度快，因而改善了冶金效果，减轻了转炉造渣负荷。高碱度烧结矿或球团矿也可作合成造渣剂使用，它的化学成分和物理性能稳定、造渣效果良好。近年来，国内一些钢厂用转炉污泥为基料制备复合造渣剂，也取得了较好的使用效果和经济效益。

7.1.2.2　氧化剂

A　氧气

氧气是转炉炼钢的主要氧源。吹氧炼钢时成品钢中的氮含量与氧气的纯度有关，氧气纯度低时，会显著增加钢中氮的含量，使钢的质量下降。因此，对氧气的纯度要求应达到或超过99.5%，压力要稳定，且脱除水分。

B　铁矿石

铁矿石中铁的氧化物存在形式是 Fe_2O_3、Fe_3O_4 和 FeO，其氧含量分别是30.06%、27.64%和22.28%。在炼钢温度下，Fe_3O_4 和 FeO 是稳定的，Fe_2O_3 不稳定，在转炉炼钢中较少使用的氧化剂。如果铁矿石在转炉炼钢中作为氧化剂使用，要求其含铁量要高（全铁>56%），杂质量要少，块度适中。

C　氧化铁皮

氧化铁皮也称铁磷，是钢坯加热、轧制和连铸过程中产生的氧化壳层，含铁量占70%~75%。氧化铁皮还有助于化渣和冷却作用。

7.1.2.3　冷却剂

转炉中常用冷却剂有废钢、铁矿石、氧化铁皮、烧结矿、球团矿、石灰石等。

A　废钢

使用废钢的优点是节省钢铁料、造渣材料和氧气，而且废钢价格较生铁低，可降低钢的成本；杂质少，减少成渣量，对冶炼过程影响小，操作比较稳定，而且喷溅少，冷却效果稳定，便于控制熔池温度，可以适当放宽对铁液含硅量的限制。使用废钢的缺点是需要增加装料时间，如无专门装料设备，不便在吹炼过程中用于调整温度。

B　铁矿石和氧化铁皮

铁矿石（主要指富铁矿、团矿、烧结矿）和氧化铁皮作为冷却剂，主要利用它们所含 Fe_xO_y，氧化金属中的杂质时，吸收大量的热量而起到冷却的作用。

优点是使用时不必停炉加入，不占冶炼时间，吹炼过程中温度调整比较方便；有利于快速成渣和脱磷，并能降低氧耗量和钢铁料消耗；它们又是助熔剂，可降低铁损。

缺点是矿石中带有脉石，增加渣量和石灰的消耗，同时一次加入量不能过多，否则容易造成喷溅。

对铁矿石和氧化铁皮作为冷却剂的要求：矿石 $w(TFe)>56\%$，氧化铁皮 $w(TFe)>72\%$；SiO_2和 S 的含量应该尽量少，成分和块度力求稳定。

C　石灰石

在缺少铁矿石和废钢的地方，也可用石灰石作冷却剂，因 $CaCO_3$分解需大量吸热。石灰石比加废钢冷却时的铁损多，又没有加铁矿石冷却时铁的收益，钢铁料消耗较高。但它比加铁矿石时喷溅少，在去除磷硫程度相同的情况下渣中 $w(\sum FeO)$ 要低些。

各种冷却剂在使用时，应分批加入，不要使温度急剧下降。各种冷却剂的冷却效果见表 7-4。

表 7-4　各种冷却剂的冷却效果

废钢	萤石	石灰	矿石	石灰石	冷却效果
1377～1549	3200	1763	3014	3540	kJ/kg
329～370 (0.38～0.43)	550 (0.64)	660 (0.77)	720 (0.84)	8480 (0.99)	kcal/kg W·h/kg
1.65～1.85	2.75	3.30	3.60	4.23	温降/(℃·t^{-1})

7.1.2.4　增碳剂

在冶炼过程中，由于配料或装料不当以及脱碳过量等原因，有时造成钢中碳含量没有达到预期的要求，这时要向钢液中增碳。常用的增碳剂有增碳生铁、电极粉、石油焦粉、木炭粉和焦炭粉。转炉冶炼中、高碳钢种时，使用含杂质很少的石油焦作为增碳剂。

对增碳剂的要求：固定碳含量要高[w(C)≥96%]，灰分、挥发分和硫、磷、氮等杂质含量要低［挥发分≤1.0%，w(S)≤0.5%］，要干燥（水分≤0.5%）、干净，粒度适中（1～5 mm）。

任务 7.2　铁 水 检 验

目前分析铁水成分的设备主要是原子发射光谱仪和高频红外碳硫分析仪。

7.2.1　原子发射光谱分析法

7.2.1.1　工作原理

用电弧（或火花）的高温使样品中各元素从固态直接气化并激发发射出各元素的特征波长，用光栅分光后，成为按波长排列的“光谱”，这些元素的特征光谱线通过出射狭缝，射入各自的光电倍增管，光信息号变成电信号，经仪器的控制测量系统将电信号积分并进行模/数转换，然后由计算机处理，并打印出各元素的质量分数。

7.2.1.2　适用范围

原子发射光谱分析法适用于铸铁（生铁）、白口铸铁、普碳钢、中低合金钢试样中多元素含量的测定。

7.2.1.3　相关设备

原子发射真空直读光谱仪如图 7-9 所示。设备具有简便、快速、准确等特点。

图 7-9 原子发射真空直读光谱仪

7.2.1.4 检验注意事项

（1）样品表面应无油、无水、无砂眼、无裂痕、无交叉纹，温度不宜过热。

（2）激发台上面要保持干净，电极上面应用生产样品或塑料盖子盖住激发点位置。

（3）仪器出现异常情况请立即按红色按钮，关闭分析程序。

（4）每次分析样品前要清理电极和激发台，样品轻轻放到激发台上，并用夹子压住。

（5）计算机只能用作仪器本身使用，不得用于其他使用。

（6）分析结束后要清理仪器和现场。

7.2.2 红外碳硫分析仪方法

7.2.2.1 工作原理

将加入助熔剂的被测样品在感应炉高温作用下熔化，样品中的碳转化为 CO、CO_2；硫转化为 SO_2，用氧气作载气将释放气带出，以无水高氯酸镁除去 H_2O，以滤尘器除去尘埃，SO_2经红外检测器定硫，然后经铂硅胶催化将 CO 转化为 CO_2，将 SO_2转为 SO_3，用纤维素吸收掉 SO_3，剩余的 CO_2用 CO_2红外检测器定碳量。

7.2.2.2 适用范围

红外碳硫分析仪适用于高炉生铸铁、普碳钢、中低合金钢试样的碳硫快速分析。

7.2.2.3 相关设备

高频红外碳硫分析仪如图 7-10 所示。设备具有简便、快速、准确等特点。

7.2.2.4 检验注意事项

（1）分析试样要求无油、无水、无烧蓝的屑状样。

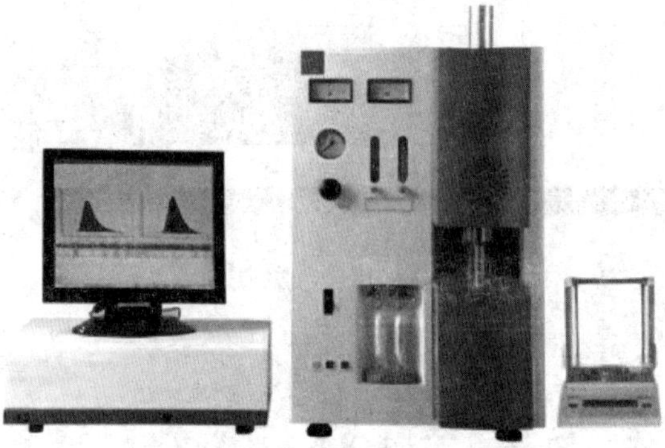

图 7-10　高频红外碳硫分析仪

（2）分析过程中不要用手接触坩埚，用专门的坩埚钳夹取坩埚，防止烫伤。

（3）分析过程中不要用手接触试样、助熔剂，不要让其他东西混入试样和助熔剂中，防止污染，以免影响分析结果。

（4）严禁随意设置更改程序或使用计算机。

（5）测样时，要小心放好坩埚，不能放偏，不能用手触摸坩埚。

（6）定期清理炉头，保证仪器稳定。

任务 7.3　废钢的检验

炼钢用废钢必须分类，检验工作中需要对不同类别的废钢进行定性或定量鉴别和分析，常用的鉴别方法包括火花鉴别法、断口鉴别法、斑点试鉴别法、敲击声音鉴别法、磁性鉴别法、金相鉴别法、火花直读发射光谱法、X 射线荧光光谱法、磁性无损分选法等。

7.3.1　火花鉴别法

火花鉴别是一种简便鉴别废钢种类的方法，对废钢的成分进行大致定性或半定量分析。火花特征不受热处理工艺影响，所以应用广泛。

废钢在砂轮上研磨时，由于砂轮转速很快，产生高温，使材料研磨出的颗粒达到熔融状态，这些高温、熔融的细颗粒被砂轮的离心作用抛射在空气中发生亮光；同时，钢材表面层与空气中的氧发生氧化作用，形成一层氧化铁薄膜，碳原子和表面层氧化亚铁产生还原作用，形成一氧化碳，氧化亚铁被还原后，与空气中的氧再起氧化作用，在瞬时氧化还原的循环作用下颗粒的温度越升越高，内部的一氧化碳积聚也越来越多，由于内部膨胀，产生爆裂，就形成火花，如图 7-11 所示。钢铁材料中的碳元素是产生火花的基本元素，而当钢中含有锰、硅、钨、钼、铬等元素时，它们的氧化物将影响火花的火束、流线、芒线分叉、爆花等形态和颜色。

碳素钢火花特征的规律随着含碳量的增加，流线逐渐增多，火束长度逐渐缩短，粗流线变细，芒线逐渐细而短，由一次爆花转向多次爆花，花的数量和花粉逐

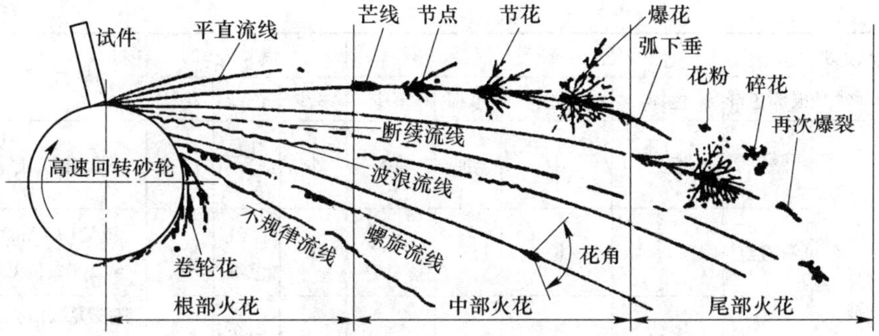

图 7-11　研磨时产生的火花

渐增多。当 $w(C)<0.25\%\sim0.35\%$时，一般常有二次火花；当 $w(C)>0.35\%$时，则有逐渐增多的三次火花。在一定碳含量范围内，光亮度随着含碳量的升高而增加。碳素钢不同碳含量对火花的影响如图 7-12 所示。砂轮研磨时，手感觉钢件由软渐渐变硬。

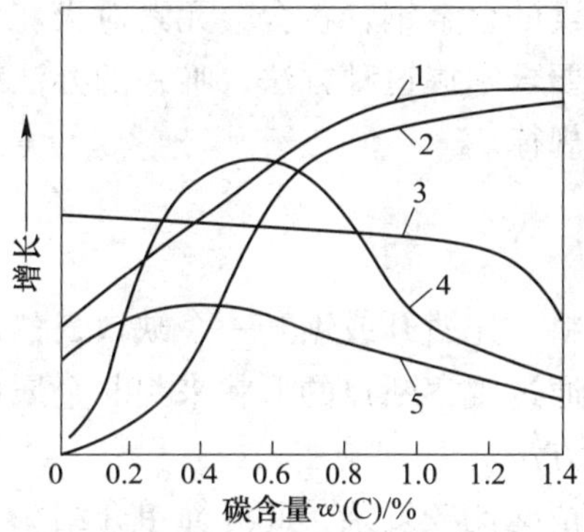

图 7-12　碳素钢不同碳含量对火花的影响
1—流线数量；2—爆花数量；3—流线长度；
4—爆花大小；5—火花明亮度

废钢中含合金元素量不同，火花特征也不同，有的元素能增强火花，有的则抑制火花。Ni、Si、Mo、W 等合金元素抑制爆花爆裂，Mn、V 等合金元素则助长爆花爆裂。部分合金元素对火花特征的影响见表 7-5。

表 7-5　部分合金元素对火花特征的影响

合金元素	对爆裂的影响	流线					爆花			特征	触感抗力
		根部色泽	色泽	长短	粗细	多少	多少	芒线	花粉		
Mn	助长	黄	白亮(低 C) 黄亮	低 Mn 长 高 Mn 短	粗	低 Mn 多 高 Mn 少	多 整齐	白色 细长	(高 C) 多		
低 Cr			白亮(低 C) 明亮(高 C)	低 C 长 高 C 短		低 C 多 高 C 少	较大		(高 C) 有		
V			黄亮				多	细			

续表 7-5

合金元素	对爆裂的影响	流线					爆花			特征	触感抗力
		根部色泽	色泽	长短	粗细	多少	多少	芒线	花粉		
W	抑制	暗红	橙红	中	细	少	少	红色秃尾	没有	断续流线狐尾	硬
Mo		深橙红		长	细		少	橙红色细	没有	枪尖[w(Mo)约 1.0%低 C]	硬
Si			橙黄(高 Si)	短	粗		少	白色短	没有	流线尖端白亮点(低 C)、钩状尾花(高 Si 低 C)	不太硬
Ni			黄	短	细		少	黄色细	没有	流线上出现鼓肚(低 Ni、低 C)	硬
高 Cr			黄	短		较少	少				硬

观察火花鉴别废钢是一种简便的方法。对于碳素钢的鉴别比较容易，但对于合金钢，尤其是多种合金元素的合金钢，各合金元素对火花的影响不同，他们互相制约，情况比较复杂。因此要求掌握这种方法，唯一的办法就是不断地实践，从实践中找出各元素影响火花的规律。

7.3.2　断口鉴别法

把需要鉴别的废钢材料，先凿开或锯开一个缺口，然后垫空敲断，用肉眼观察断口的方法来鉴别材料。通过观察断口的形状来判断金属内部结构和材质是一种最简易而又实际可行的定性方法。

金属的破断及其断面情况比较复杂，此处简单介绍一下常用材料的断口特征。

（1）灰口铸铁：在敲击时容易折断，断口呈暗灰色，结晶颗粒粗大。

（2）白口铸铁：在敲击时比灰口铸铁更容易折断，断口呈白亮色，结晶颗粒较灰口铸铁细。

（3）低碳钢：因为塑性较好，必须先开缺口，敲击时不易折断；断裂后在断口附近有塑性变形现象；断口呈银白色，能清晰看到均匀的结晶颗粒。

（4）中碳钢：在折断时塑性变形现象不如低碳钢那么明显，断口的结晶颗粒比低碳钢细致。

（5）高碳钢：在折断时塑性变形现象不明显，甚至没有变形现象，断口的结晶颗粒很细密。

7.3.3　斑点试鉴别法

材料表面斑点试鉴别法是一种简易、定性的快速化验法，常用定性鉴别合金钢是否含有铬元素和镍元素。

（1）将稀盐酸和浓磷酸按 1∶1 混合，然后将制备好的试剂点在锉光的金属面上，如含有铬元素，1 h 后被试剂点的部位会变成绿色。

（2）在 600 mL 80%的乙酸液中混合二甲基乙二醛肟 1 g，再加入 30 mL 浓氢氧化铵和 10 g 柠檬酸铵，制成试剂后，将其点在锉光的金属面上，3~5 min 后如含有镍元素，被试剂点的部位会变成红色。

7.3.4　敲击声音鉴别法

敲击声音鉴别法主要用于鉴别灰口铸铁和钢。灰口铸铁被敲击所发出的声音沙哑，无余音；同样形状的钢被敲击时，声音清脆，常有悦耳余音。这主要是因为灰口铸铁中的石墨常呈条状，好似有许多裂纹的钢，敲击时声音沙哑。

7.3.5　磁性鉴别法

磁性鉴别法主要用于鉴别奥氏体不锈钢。按组织形态，不锈钢大致分为奥氏体不锈钢、铁素体不锈钢、马氏体不锈钢和双相不锈钢。这四种不锈钢中，只有奥氏体不锈钢无磁性，其余三种不锈钢均有磁性。反过来，只要确定一种材料是铁基金属（不是有色金属），表面银白光亮，且无磁性，则必为奥氏体不锈钢。

7.3.6　金相鉴别法

金相显微镜的工作原理是利用灯光作照明源，借助透镜、棱镜等作用，使光线投射到试样表面上，靠试样表面微区不同的反射能力，使光线不同程度地进入物镜，经放大后呈现出反映金属组织形貌的图像，然后通过目镜直接观察或利用照相装置摄取照片。显微镜的光学原理是运用了光学的反射和折射定律，如图 7-13 所示。

在金相显微镜下，铁素体、珠光体、渗碳体三者的比例反映了碳素钢含碳量的高低；灰口铸铁内含石墨，且石墨常呈灰色条状，球墨铸铁中石墨则呈球粒状。其他合金也各自具有自己独特的光学特性，通过观察不同的金相图识别不同类型的废钢铁。

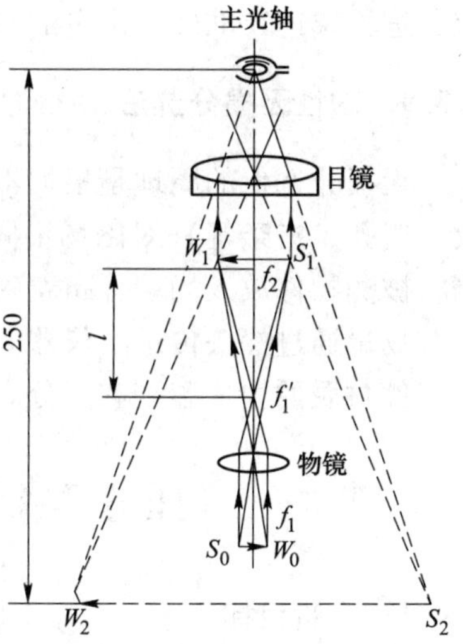

图 7-13　显微镜的光学原理

7.3.7　火花直读发射光谱法

前几种鉴别废钢材质的方法大多为定性分析，在工业生产中还不能满足对废钢成分进行快速、准确、定量分选的要求。企业现在普遍采用火花直读发射光谱仪分选设备，利用便携式火花直读发射光谱仪在货场直接对各种牌号废钢进行分选和鉴别。

直读发射光谱仪的原理是根据每一种元素特有的特征谱线来鉴别物质和确定它的化学组成，其具有灵敏度高、检测速度快、准确率高的优点。

7.3.8　X 射线荧光光谱法

用 X 射线照射物质时，除发生散射现象和吸收现象外，还能产生次级 X 射线，即荧光 X 射线。X 射线荧光光谱分析基本原理：用具有一定能量的 X 射线照射被分析试样，使试样原子激发，即使原子的内层电子由低能阶激发到高能阶去。处于激发状态的原子是极不稳定的，势必在一个极短的时间内释放出多余的能量，使电子跳回到低能阶。这部分释放出来的能量即以荧光 X 射线的形式放出。并且射出的荧光 X 射线的波长与元素的原子序数有关。只要测出荧光 X 射线的波长，就可知道元素的种类进行定性分析，并从谱线的强度可以了解该元素的含量进行定量分析。仪器结构原理如图 7-14 所示。

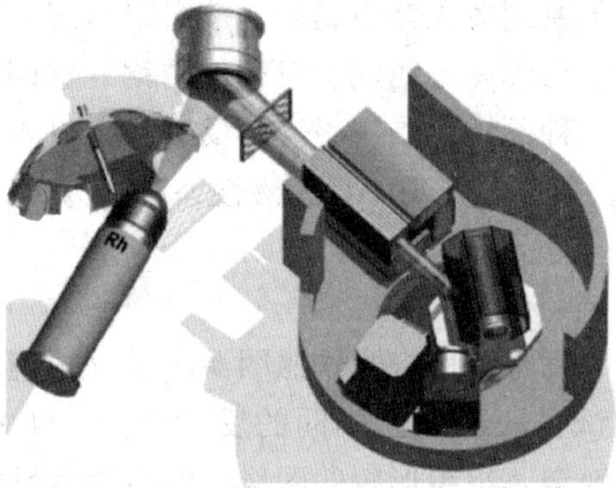

图 7-14　X 射线荧光光谱分析仪器结构原理

这种方法称为 X 射线荧光光谱分析法。该法是利用 X 射线荧光光谱仪对废钢铁成分进行快速、准确、定量的测定。

7.3.9　磁性无损分选法

无损分选仪的原理是根据不同化学成分组成的材料以及材料不同的缺陷（如裂纹、气孔、夹杂等）对磁场不同的影响和不同导磁性及不同的硬度值来鉴别材料。当将被测物件放入均匀分布着磁场的探头时，就会产生一个变化的磁场量，该变化的磁场量通过探头传送给仪器，经仪器处理后便可直接显示材料的品种，从而实现对工件材质的快速鉴别和区分。

任务 7.4　保护渣熔化温度的测定

7.4.1　实验目标

（1）掌握用卧式管式电炉测定保护渣熔化温度的方法。
（2）了解测定保护渣熔化温度设备的构造。
（3）掌握开始熔化温度、半球点温度、流动温度的定义。
（4）了解保护渣成分变化对半球点温度的影响。

7.4.2 实验原理

按照热力学理论，熔点通常是指标准大气压下固—液二相平衡共存时的平衡温度。保护渣是复杂多元系，其平衡温度随固—液二相成分的改变而改变，实际上多元渣的熔化温度是一个温度范围，因此无确定的熔点。

将 ϕ3 mm×3 mm 的圆柱体试样置于铂铑丝炉中升温加热，随着温度的升高，试样的高度开始下降，当试样的高度变为原高度的 75%时，对应的温度称为保护渣的开始熔化温度或软化温度；当试样变为半球形、其高度等于原高度的 50%时，对应的温度称为保护渣的熔化温度或半球点温度，习惯称为熔点；随着温度的进一步升高，试样熔化为液体，当其高度为原高度的 25%时，对应的温度称为保护渣的完全熔化温度或流动温度。用此法测得的熔化温度是一种实用的相对比较的标准，而不是热力学所指的熔点或熔化温度。

微课 保护渣熔化温度的测定

动画 保护渣熔化温度的测定

7.4.3 实验装置

实验装置为卧式管式电炉，又称为炉渣熔化温度特性测定仪，如图 7-15 所示，由光源、热电偶、送样管、铂铑丝炉、垫片、摄像头、控制机箱、显示器、计算机主机等主要部件组成。

炉子分为高温加热系统、测温系统和试样高度光路放大观测系统。炉壳内装有保温材料和发热体，炉膛内径一般为 20~60 mm，恒温带长度不小于 10 mm，炉膛内为大气气氛。炉温用程序温度控制仪控制。样品温度用电位差计或数字高温表测定。试样放在垫片上，垫片材料是刚玉质、高纯氧化镁或贵金属，要求不与试样起反应。热电偶工作端需紧贴于试样垫片之下。运用多功能物性仪将试样同时投影到照相机的底片和摄像机的硅片上，然后输入到计算机中，同时储存显示试样的形状、温度及实验的时间，测定样品的熔化温度及其熔化速度。

炉子使用温度一般控制在 1400 ℃以下，最高使用温度在 1500 ℃以下，以免铂铑丝在高温下挥发，影响炉子寿命。

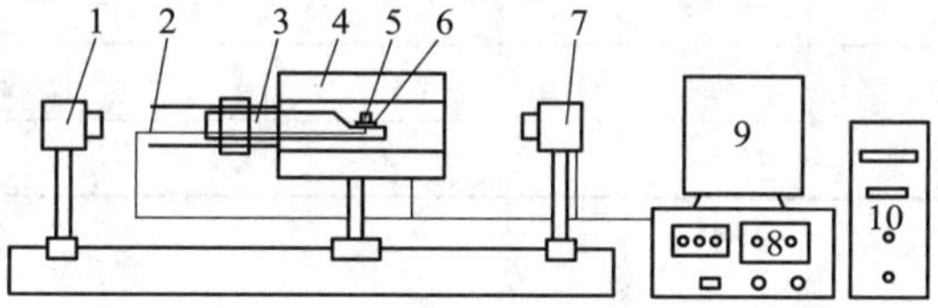

图 7-15 炉渣熔化温度特性测定仪

1—光源；2—热电偶；3—送样管；4—铂铑丝炉；5—试样；6—垫片；
7—摄像头；8—控制机箱；9—显示器；10—计算机主机

7.4.4 操作步骤

（1）制样。

1）取已烧尽碳的渣样 5~10 g，被测试样应干燥、成分均匀。制样前需在玛瑙研钵中研磨，研磨后的粉末粒度应全部通过 0.075 mm（200 目）标准筛。

2）制样时用无水乙醇调和试样，对个别难以压实的试样可加入少许糊精并用水调和渣样，用制样器 $\phi3$ mm×3 mm 的孔制样，用力压实，脱模后可用软毛刷将试样形状修整规则，自然阴干或烘干，置于干燥器皿中保存、备用。

3）做实验时选用比较平整的试样，每组试样不少于 3 个。

（2）打开控制柜电源及计算机上的“熔化温度特性测定仪”程序，将送样管送入炉子中，单击“开始升温”。

（3）单击“新测试”，填写本次实验值息，包括实验样品名、实验目明等，方便以后查看历史数据，填写好后单击“确定”按钮。

（4）温度升至 600 ℃时开始抽出送样管，把制好的样放在送样管的垫片上面，然后推入炉膛。打开辅助光源（小灯泡）调整摄像头，使试样图像清晰并处在较好的位置。

（5）单击“调节采样框”，确保样品全部处于框中，必须保证采样框内背景色里没有干扰的图像。

（6）调好图像后，单击“测试”按钮，为 600~700 ℃时关闭辅助光源。

（7）继续升温，随着温度的升高，计算机可自动记录开始熔化温度和流动温度。实验测定完成后，设备将自动停止。

（8）连续测定多个试样时，应在炉温降至 600 ℃以下时放入下一个试样。每种试样测定 3 次，取其平均值为最终结果。若每种试样 3 次测定结果的最高和最低数值之差大于 20 ℃，则应重新制样、重新进行测试。

7.4.5　数据处理

保护渣各试样的半球点温度（℃）数据记录见表 7-6。

表 7-6　保护渣各试样的半球点温度（℃）记录表

编号	第一次	第二次	第三次	平均值
第一组				
第二组				
第三组				
第四组				

任务 7.5　石灰活性度的测定

石灰是炼钢生产中重要的造渣原料，因煅烧程度的不同可分为生烧石灰、活性石灰和过烧石灰。经煅烧分解后石灰具有良好的活性性能，这就是活性石灰；煅烧后中心部分碳酸钙没有分解，生成生烧石灰；活性石灰继续煅烧，活性性能消失，水化反应变慢，称为过烧石灰。活性石灰用到炼钢中，加快造渣速度、减少冶炼时间、降低能耗以及杂质等，提高了钢的质量。区分石灰的性质只需看其活性度，活性度是石灰的水化反应速度，以 10 min 消耗 4 mol/L 的盐酸毫升数表示，轻烧石灰：≥250~300 mL；活性石灰：>310 mL；过烧石灰<100 mL。

7.5.1 实验目标

（1）通过实验掌握石灰活性度的测定方法。

（2）掌握生烧石灰、活性石灰和过烧石灰的判别标准。

微课 石灰活性度的测定

7.5.2 实验原理

将一定量的试样水化，同时用一定浓度的盐酸，将石灰水化过程中产生的氢氧化钙中和。从加入石灰试样开始至试验结束，始终要在一定搅拌速度的状态下进行，并需随时保持水化中和过程中的等量点。准确记录好 10 min 时盐酸的消耗量。以 10 min 消耗盐酸的毫升数表示石灰的活性度。

7.5.3 实验装置

冶金石灰活性度自动检测仪如图 7-16 所示，符合标准：《冶金石灰物理检验方法》（YB/T 105—2014）。

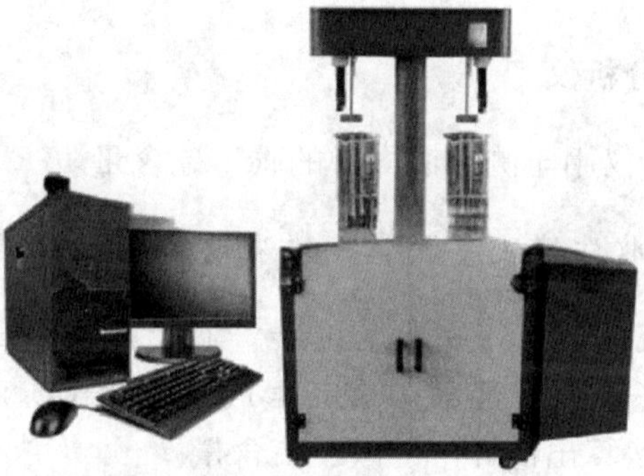

图 7-16 冶金石灰活性度自动检测仪

（1）计时精度：0.5 s。

（2）液位计计量精度：0.05%。

（3）滴定精度：0.5 mL。

（4）pH 值检测器：0~14，分辨率 0.01。

（5）搅拌器速度：250~300 r/min。

（6）配备恒温出水器。

7.5.4 操作步骤

（1）打开热水加热器，待温度达到要求后自动向 3000 mL 烧杯中注入（40±1）℃热水 2000 mL。

（2）启动设备，搅拌桨自动开启。系统进入试验状态，pH 值检测器检测 pH 值，控制 pH 值为 7.0±0.1。

（3）准确称取粒度为 1~5 mm 的试样 50.0 g 倒入烧杯中进行试验，仪器自动进行滴定，当 pH 值大于 7. 1 时，仪器加入盐酸；当 pH 值小于 6. 9 时，停止加入盐酸。仪器将自动完成测试工作，记录到第 10 min 时消耗的盐酸毫升数。

同一试样两次独立测定结果差值的绝对值不大于平均值的 4%，否则需要重做，再取平均值。

7. 5. 5　实验注意事项

（1）操作过程中应严格遵守实验步骤，对实验仪器轻拿轻放，保护实验仪器。

（2）实验结果中可能存在一定的偏差，需要进行多次实验并取其平均值，以减少实验误差。

（3）保持实验室整洁，实验完毕后将工具放整齐。

7. 5. 6　数据处理

可自动绘制时间—活度曲线，并打印实验报告。

任务 7. 6　合金检验主要设备

7. 6. 1　高频红外碳硫分析仪

高频红外碳硫分析仪用于测定试样中的碳、硫含量。

7. 6. 1. 1　红外吸收法能定量测量气体浓度的基本原理

测试样中的碳、硫含量，首先要实现碳、硫元素与金属元素及其化合物的分离。通常是将试样在高温炉中通氧燃烧，生成并逸出 CO_2 和 SO_2 气体，然后测定 CO_2 和 SO_2 的含量，再换算出试样中的碳、硫含量。

CO_2、SO_2 等极性分子具有永久电偶极矩，因而具有振动和转动等结构。按量子力学分成分裂的能级，可与入射的特征波长红外光耦合产生吸收，气体分子在红外光波段具有选择性吸收图谱，当特定波长的红外光通过 CO_2 或 SO_2 气体后能产生强烈的光吸收。

由于探测器是将光信号转换为电信号，当探测器工作在线性区域内，选定某一特定波长并且确定了分析池（吸收池）长度时，由测量光强能换算出混合气体中被测气体的浓度。

7. 6. 1. 2　设备的维护保养

A　清理燃烧室内的粉尘

样品燃烧会产生主要成分为 Fe_2O_3 和 WO_3 的粉尘，积聚在金属过滤器及石英管上方。如粉尘积聚过多，对氧气流量、高频感应加热等均会产生不良影响，使碳硫分析结果偏低不稳定。在样品分析过程中或分析完成后，需加以清理。连续分析多个样品时，分析 10 个样品后即需除尘一次。

除尘的操作方法比较简单，打开仪器面板，按下除尘按键，仪器自动清扫粉尘，并把粉尘收集在积尘盒内。

样品在高频炉中燃烧后，CO_2、SO_2和 O_2的混合气体经净化管进入分析仪检测。净化管上部装高氯酸镁，吸收坩埚及样品燃烧后可能产生的水分，以消除硫分析的影响；净化管下部装脱脂棉，对混合气体中可能残留的粉尘进行二次净化，确保检测系统不受粉尘污染。

B　清理高频燃烧炉内的粉尘

仪器工作一段时间后，内部会堆积少量粉尘，主要是金属粉尘。金属粉尘具有导电性，因为高频感应炉中是高电压，高频率的环境当粉尘多了以后很容易在器件中导电，产生电路短路、打火等现象，严重的会烧坏整个设备，因此，仪器内部的粉尘应根据安放的环境和做样的频率定期打扫，一般为 6~8 个月除尘一次。

除尘时首先断掉仪器电源，拔出电源线。打开高频燃烧炉面板，用毛刷刷高频组件和高频室，清除大部分粉尘，然后用氧气管对着仪器吹，把剩余的粉尘吹走，再盖上仪器面板。

C　更换红外碳硫分析仪净化剂

净化系统中净化管的净化剂碱石棉和高氯酸镁可吸收氧气中的二氧化碳和坩埚及样品燃烧后的水分。碱石棉、高氯酸镁可根据分析样品量的多少定期更换。碱石棉、高氯酸镁要求的粒度通常为 830 μm（20 目）左右。

D　更换红外碳硫分析仪石英管

石英管属消耗品，在损坏或长时间使用后需进行更换、清理。石英管拆卸的时候应先卸下高频炉左上方的屏蔽面罩。然后下降气缸，打开炉头，取出坩埚托、坩埚座。最后逆时针旋松（由下往上看）石英管上方炉管压帽半圈左右，使压帽与密封“O”形圈松动，手握石英管向下即可从炉尾下方取出石英管。清理石英管用 $w(HCl)$5%~10%或 HNO_3加热清洗。安装石英管按拆卸步骤逆向进行即可。

7.6.2　ICP 发射光谱仪

以 ICP 为发射光源的光谱分析方法称为 ICP 光谱法，其全称为电感耦合等离子体原子发射光谱（简称 ICP-AES），如图 7-17 所示。

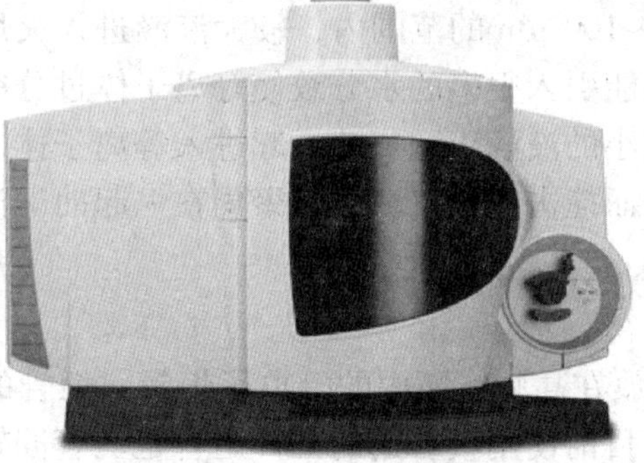

图 7-17　ICP 发射光谱仪

7.6.2.1　工作原理

等离子体是一种原子或分子大部分已电离的气体。它是电的良导体，因其中的正负电荷密度几乎相等，所以从整体来看，它是电中性的。ICP 属低温等离子体，温度可高达 5000~10000 K。

被测定的溶液首先进入雾化系统，并在其中转化成气溶胶：一部分细微颗粒被氩气载入等离子的环形中心；另一部分颗粒较大的则被排出。进入等离子体的气溶胶在高温作用下，经历蒸发、干燥、分解、原子化和电离的过程，所产生的原子和离子被激发，并发射出各种特定波长的光，这些光经光学系统通过入射狭缝进入光谱仪照射在光栅上，光栅对光产生色散使之按波长的大小分解成光谱线。所需波长的光通过出射狭缝照射在电倍增管或固体检测器上产生电信号，将此信号输入电子计算机后与标准的电信号相比较，即可计算试液的浓度。

7.6.2.2　ICP 的主要装置

ICP 光源是高频感应电流产生的类似火焰的激发光源。仪器主要由高频发生器、等离子炬管、雾化器三部分组成。ICP 光源如图 7-18 所示。

A　进样系统

在 ICP 光谱分析中，样品导入等离子体的方法可分为溶液气溶胶进样系统、气相样品进样系统和固态粉末直接进样系统。溶液气溶胶进样系统是最常用的样品导入方法。雾化装置利用载气流将液体试样雾化成细微的气溶胶状态并输入等离子体中。雾化装置由雾化器和雾室部分组成。

雾化器毛细管容易被堵塞，特别对于高盐分溶液或悬浮液雾化时更是如此。这是各类气动雾化器存在的主要问题。一般认为直角雾化器相对具有较强的抗高盐分和悬浮体溶液的能力。

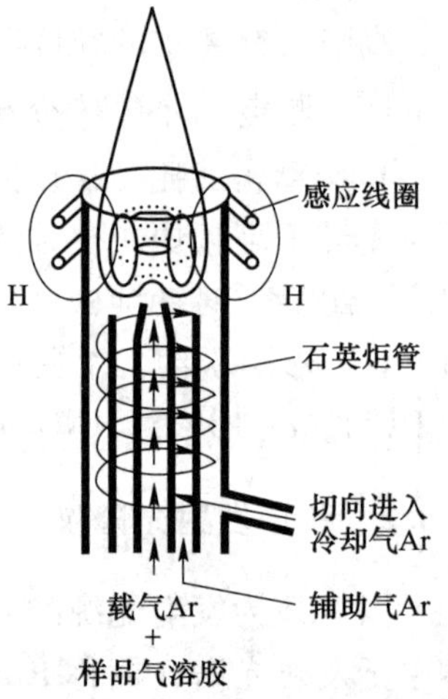

图 7-18　ICP 光源

雾室的作用是将较大的液滴从细微的液滴中分离出来，且阻止它们进入等离子体中。各种气动雾化器产生的液滴直径在 0.1~100 μm 的范围内，较大液滴进入火炬会使等离子体发射信号的噪声非常大，并且能引入很多的水分致使等离子体过分冷却。雾室可以使载气突然改变方向，让比较小的液滴跟随气流一起进入等离子体，而较大的液滴由于惯性较大，不能迅速转向而撞击在雾室壁上，聚集在一起向下流，并通过最低点处的管道排出。

B　等离子炬管

ICP 的主体部分是放在高频线圈内的等离子炬管。炬管的结构形状对 ICP 光谱分析性能有直接影响，目前使用最普遍的一种炬管是三管同轴式石英管，感应线圈为 2~5 匝空心铜管。等离子炬管分为 3 层。最外层通氩气作为冷却气，沿切线方向引入，可保护石英管不被烧毁。中层管通入辅助气体氩气，用以点燃等离子体。中心层以氩气为载气，把经过雾化器的试样溶液以气溶胶形式引入等离子体中。

三股气流中，最外层的气流称为等离子体气流（又称为冷却气），从切线方向引入，流量一般为 10~15 L/min，它的作用是把等离子体炬和石英管隔离开，以免烧熔石英炬管。由于它的冷却作用使等离子体的扩大受到抑制而被“箍缩”在外管内。从切向进气产生的涡流使等离子体炬保持稳定。中间管气流是点燃等离子体通入的，称为辅助气流，其作用是使等离子体火焰高出炬管。火焰点燃后既可以保留，也可切断。内管气流称为载气或进样气，流量为 1~1.5 L/min，主要作用是在等离子体中打通一条通道，并载带试样气溶胶进入等离子体。

等离子焰炬外观像火焰，但它不是化学燃烧火焰而是气体放电。等离子焰炬分为焰心区、内焰区、尾焰区三个区域。

焰心区在感应线圈区域内，白色不透明的焰心，高频电流形成的涡流区，温度最高达 10000 K，电子密度也很高。它发射出很强的连续光谱，光谱分析应避开这个区域。试样气溶胶在此区域被预热、蒸发，又称预热区。

内焰区在感应圈上 10~20 mm 处，淡蓝色半透明的炬焰，温度为 6000~8000 K。试样在此停留约 0.002 s，经历原子化、激发、电离过程，然后发射很强的原子线和离子线。这是光谱分析利用的区域，称为观测区。测光时在感应线圈上的高度称为观测高度。该区间光谱背景低，分析元素可获得最高的信背比。

尾焰区在内焰区上方，无色透明，温度低于 6000 K，只能发射激发电位较低的谱线。

炬管的主要作用是使等离子体焰炬与负载线圈隔离开，并借助于能入的外气流带走等离子体的热量和限制等离子体大小。在 ICP 光谱法中，一般要求炬管易点燃、能够获得稳定的具有环状结构的等离子体、氩气耗量小、功耗低以及具有良好的耦合效率，即功率转换率高。

三管同轴式石英管外径为 20 mm，高为 125 mm，内管直径为 5 mm，它的喷嘴孔直径为 1.5 mm；中管呈喇叭形；外管的环形间隙为 1.0 mm。耐氢氟酸气溶胶的炬管的内管以聚四氟乙烯作衬里，其喷嘴由氢化硼制成。

传统方式炬管是垂直安装的，即 ICP 轴与观测方向相垂直，在侧向进行光谱观测。这种“侧视式”的主要局限性在于光程较短，检出能力受到一定影响，但对较高浓度组分的测定有较高的准确性和精密度，有利于金属样品，高浓盐分样品中主量、次量和痕量元素的测定。

C　高频发生器

ICP 系统中的高频发生器的功能是向感应螺管提供高频电流。高频电流为 ICP 的工作提供了振荡磁场，振荡磁场供给等离子体能量。高频发生器的振荡频率多为 27~50 MHz，最大输出功率通常是 2~4 kW。螺管中产生的废热靠通水冷却来散失。螺管是由铜或镀铜的银制成的。反射功率越小越好，一般要求小于 10 W。要求高频发生器的输出功率有极好的稳定性，因为输送到 ICP 的功率只要有 0.1%的漂移，发射强度就能产生超过 1%的变化。因此，高频发生器的功率变化必须小于 ±0.05%。

等离子炬的能量来源于高频发生器。当等离子体引燃后，负载线圈与等离子体组成类同一个变压器，负载修改路径这个变压器的初级线圈，而等离子体相当于一匝次级线圈，高频功率通过负载线圈耦合到等离子体中去，使等离子体焰炬维持不灭。高频发生器的输出功率主要消耗在负载线圈发热、等离子体焰炬（入射功率）和部分地反射回来（反射功率）。

7.6.3　ICP-AES 分析的优点

（1）测定元素范围广，可用于测定除氩以外的所有元素。

（2）线性分析范围宽。分析物在温度较低的中间通道内电离和激发，由于外围温度高，就消除了一般发射光谱法的自吸现象。在一定高浓度（一般元素数百 μg/mL溶液质量浓度）范围内，其工作曲线仍能保持直线；而低含量（0.01 μg/mL 以下）由于检出限低，又可使工作曲线向下延长。因此，工作曲线的直线范围可达 5~6 个数量级，待测元量浓度在 1000 μg/L 以下一般都能呈良好的线性关系。对于 ICP 直读光谱法，主量、低量和痕量元素可同时进行分析。

（3）大多数元素都有良好的检出限。ICP 炬的高温和环状结构，使分析物可在一个直径为 1~3 mm 狭窄的中间通道内充分预热去溶、挥发、原子化、电离和激发；致使元素周期表内绝大多数元素在水溶液中的检出限达 0.1~100 ng/mL，若用质量表示为 0.01~10 μg/g（当溶质的质量浓度为 10 mg/mL 时），与经典光谱法相近。对于难熔元素和非金属元素，ICP-AES 比经典光谱法具有较好的检出限。

（4）可供选择的波长多。每个元素都有好几个供测定的、灵敏度不同的波长，因此 ICP-AES 适用于从超微量成分到常量成分的测定。

（5）分析精密度高。分析物由载气带入中间通道内，相当于在一个静电屏蔽区中进行原子化、电离和激发，分析物组分的变化不会影响到等离子体能量的变化，保证了具有较高的分析精密度。当分析物浓度大于等于检测限的 100 倍时，测定的相对标准偏差（RSD）一般在 1%~3%的范围内。在相同情况下，一般电弧、火花光源的 RSD 为 5%~10%，因而优于经典电弧和火花光谱法，故可用于精密分析和高含量成分的分析。

（6）干扰较少。在 Ar-ICP 光源中，分析物在高温和氩气氛中进行原子化、激发，基上没有化学干扰和电离干扰，基体效应也较小，因此在许多情况下可用人工配制的校准溶液。在一定条件下，可以减少参比样品严格匹配的麻烦，一般也可不用内标法。Ar-ICP 光源电离干扰小，即使分析样品中存在容易电离的钾（K）或钠（Na），参比样品也不用像匹配 K 或 Na 时。需要添加大量的 K 来抑制 Na 的成分。而用火焰原子吸收光谱法，在分析 Na 时，需要添加大量的 K 来抑制 Na 的电离干扰。低的干扰水平和高的分析准确度，是 ICP 光谱法最主要的优点之一。

（7）同时或顺序多元素测定能力强。多元素同时分析能力是发射光谱法的共同特点，非 ICP 发射法所特有。但是由于经典光谱法因样品组成影响较严重，欲对样品中多种成分进行同时定量分析，参比样品的匹配、参比元素的选择都会遇到困难，同时由于分馏效应和预燃效应，造成谱线强度—时间分布曲线的变化，无法进行多元素顺序分析。而 ICP 光谱法由于具有低干扰和时间分布的高度稳定性以及宽的线性分析范围，因此可以方便地进行同时或顺序多元素测定。进行多元素同时测定，如多道光谱仪在短短 30 s 内就能完成 30~40 种元素的分析，且只消耗0.5 mL试液。

7.6.4　ICP-AES 分析的不足

（1）ICP-AES 设备费用和操作费用较高。

（2）样品一般需提前转化为溶液。

（3）有的元素（如铷）的灵敏度相当差。

（4）基体效应仍然存在，光谱干扰仍然不可避免。

（5）氩气消耗量大。

任务 7.7　合金中常见元素的测定

7.7.1　钛的测定

7.7.1.1　硫酸铁铵滴定法

A　方法原理

试样用硫酸、氢氟酸、硝酸和盐酸溶解。在酸性溶液中，在二氧化碳气体中用金属铝将钛（Ⅳ）还原为钛（Ⅲ）。以硫氰酸盐为指示剂，用硫酸铁铵标准滴定溶液滴定。其反应如下：

$$3Ti^{4+} + Al \longrightarrow 3Ti^{3+} + Al^{3+}$$

$$Ti^{3+} + Fe^{3+} \longrightarrow Ti^{4+} + Fe^{2+}$$

铬、钒、钼、钨和锡等元素在铝还原钛时，均被还原成低价态从而干扰测定，可在过氧化氢存在下沉淀氢氧化钛，与干扰元素分离。该方法适用于钛铁合金中20%~80%范围钛的测定。

B　分析步骤

（1）称取 1.0000 g 试样置于 250 mL 聚四氟乙烯烧杯中。

（2）向烧杯中加 20 mL 水和 35 mL 硫酸，当反应缓慢时，加入 20 mL 盐酸和1 mL氢氟酸，边冷却边缓慢加入 5 mL 硝酸氧化，待反应完全后，加热至出现硫酸烟，继续加热约 5 min，稍微冷却至液面平静，加入 35 mL 盐酸，加热至溶液澄清，冷却至室温，移入 500 mL 容量瓶中，以水定容。

（3）分取 25~50 mL 上述溶液于 500 mL 锥形瓶中，加 85 mL 盐酸和 25 mL 水。加 2 g 碳酸氢钠和 2 g 铝箔，立即盖上盛有饱和碳酸氢钠溶液的盖氏漏斗，铝箔溶解完全后，冷却至室温，加 10 mL 硫氰酸铵溶液，用硫酸铁铵标准滴定溶液滴定至稳定的红色出现，即为终点。

C　注意事项

（1）试样溶解时，化学药品按顺序依次加入，动作要缓慢，注意烧杯中溶液反应情况，避免反应剧烈导致溶液溅出。

（2）钛（Ⅲ）不稳定，易被空气氧化，不宜在空气中暴露过久，滴定开始时速度要快，近终点时应逐滴加入并激烈振荡。

7.7.1.2　二安替比林甲烷（DAPM）光度法

A　方法原理

试样用稀硫酸分解或过氧化钠熔融分解，在 1.5～2.0 mol/L 硫酸—盐酸溶液中，钛（Ⅳ）与二安替比林甲烷生成黄色可溶性络合物，于分光光度计波长 390 nm 处进行吸光度测定。其反应如下：

$$TiO^{2+} + 3DAPM + 2H^{+} \longrightarrow [Ti(DAPM)_3]^{4+} + H_2O$$

在测定条件下，大量的钙、镁、铝、锌、镉、锰（Ⅱ）以及硫酸根、硝酸根、硼酸根、草酸根、EDTA 均不干扰测定。铁（Ⅲ）与 DAPM 形成棕色络合物，严重干扰测定，可用抗坏血酸还原铁（Ⅱ）以消除干扰。铬（Ⅵ）离子本身颜色影响测定，用亚硫酸钠将其还原至低价状态可消除影响。该方法适用于铬铁合金中范围为 0.01%～0.06%钛的测定。

B　分析步骤

（1）酸溶分解。称取 0.1000～0.4000 g 试样于 150 mL 烧杯中，加入 20 mL 硫酸溶液，盖上表面器皿，低温加热至完全溶解，移入 200 mL 容量瓶，以水定容。

（2）碱熔分解。称取 0.1000～0.4000 g 试样于盛有 5 g 过氧化钠的铁坩埚中，混匀后再覆盖 2 g 过氧化钠，放入 750 ℃马弗炉中熔融 10 min，取出冷却，放入盛有 80 mL 热水的塑料杯中浸取融块，加 25 mL 硫酸溶液，移入 200 mL 容量瓶，以水定容。

（3）分取 25.00 mL 上述溶液各两份分别置于 50 mL 容量瓶中。

（4）显色液。滴加 6 滴亚硫酸钠饱和溶液，加 5 mL 抗坏血酸，混匀，加 20 mL 二安替比林甲烷溶液，以水定容。

（5）参比液。滴加 6 滴亚硫酸钠饱和溶液，加 5 mL 抗坏血酸，混匀，以水定容。室温放置 30 min。随同试样进行空白试验。

（6）用 1 cm 吸收器皿，以参比溶液为参比，在 390 nm 波长处测定吸光度。在工作曲线上查出相应的钛的质量。

（7）工作曲线的绘制。移取 0.00 mL、0.50 mL、1.00 mL、2.00 mL、3.00 mL、5.00 mL、7.00 mL 钛标准溶液于一组 50 mL 容量瓶中，之后按分析步骤进行。以试剂空白溶液为参比测量标准溶液系列的吸光度。以钛质量为横坐标，吸光度为纵坐标绘制工作曲线。

C　注意事项

（1）碱熔分解时，坩埚中试样应呈亮红色流体状，可视为熔解完全。

（2）关注空白试验值，消光值不宜过高，否则影响钛值准确度。如偏高，需查找导致消光值高的原因，进行消除。

7.7.2　锰的测定

锰的测定可以采用硫酸亚铁铵滴定法——硝酸铵、高氯酸作氧化剂。

7.7.2.1　方法原理

本法以磷酸为溶解剂和络合剂，在热的浓磷酸介质中，用硝酸铵或高氯酸将锰（Ⅱ）氧化到锰（Ⅲ）的络合物，以苯代邻氨基苯甲酸为指示剂，用硫酸亚铁铵标准滴定溶液滴定锰（Ⅲ）。其反应如下：

$$2Mn^{2+} + NO_3^- + 4PO_4^{3-} + 2H^+ \xlongequal{} 2[Mn(PO_4)_2]^{3-} + NO_2^- + H_2O$$

$$4NO^{2-} + 2NH_4{}^+ \xlongequal{} 3N_2 + 4H_2O$$

或

$$14Mn^{2+} + 2ClO_4^- + 28PO_4^{3-} + 16H^+ \xlongequal{} 14[Mn(PO_4)_2]^{3-} + Cl_2 + 8H_2O$$

$$Fe^{2+} + [Mn(PO_4)_2]^{3-} \xlongequal{} Fe^{3+} + Mn^{2+} + 2PO_4^{3-}$$

2 mg 钛、0.2 mg 铈、0.1 mg 五氧化二钒、铬（Ⅲ）对锰的干扰不显著，但其含量高时，需加以校正。该方法适用于锰铁合金中 50%以上锰的测定。

7.7.2.2　分析步骤

A　硝酸铵作氧化剂的分析步骤

将 0.2000 g 试样（金属锰 0.1500 g）置于 300 mL 锥形瓶中，加 15 mL 磷酸、5 mL硝酸，加热至试料完全溶解，继续加热，蒸发至液面平静刚出现微烟取下，立即加入 3 g 硝酸铵，除尽氮氧化物，稍冷，加入 60 mL 蒸馏水，混匀，冷却至室温。用硫酸亚铁铵标准滴定溶液滴定至溶液呈浅红色，加入 2 滴苯代邻氨基苯甲酸溶液，继续滴定至亮黄色即为终点。

B　高氯酸作氧化剂分析步骤

将 0.2000 g 试样（金属锰 0.1500 g）置于 300 mL 锥形瓶中，加 15 mL 磷酸、5 mL 硝酸、5 mL 高氯酸，加热至试料完全溶解，继续加热，蒸发至高氯酸烟冒尽，出现磷酸微烟取下，稍冷，加入 60 mL 蒸馏水，混匀，冷却至室温。用硫酸亚铁铵标准滴定溶液滴定至溶液呈浅红色，加入 2 滴苯代邻氨基苯甲酸溶液，继续滴定至亮黄色即为终点。

7.7.2.3　注意事项

（1）溶样温度不宜过高或过低，过高时易生成焦磷酸盐黏结在瓶底不再溶解，导致结果偏低，溶样温度过低时试样分解不完全。

（2）锰（Ⅱ）氧化到锰（Ⅲ）与溶液温度有关，发烟时间过长，生成磷酸锰被分解；发烟时间短，二价锰不能被完全氧化，都造成结果偏低。

7.7.3　铬的测定

铬的测定可以使用硫酸亚铁铵滴定法。

7.7.3.1　方法原理

试样用酸分解或碱熔分解（酸难溶试料）后，在硫酸溶液中，以硝酸银作催化剂，用过硫酸铵将铬（Ⅲ）氧化为铬（Ⅵ），锰氧化为高锰酸，加入少量的氯化钠煮沸破坏高锰酸，再用硫酸亚铁铵标准滴定溶液滴定。其反应如下：

$$2Cr^{3+} + 3S_2O_8^{2-} + 7H_2O \longrightarrow AgNO_3(\text{催化剂}) \rightarrow Cr_2O_7^{2-} + 6SO_4^{2-} + 14H^+$$

$$Cr_2O_7^{2-} + 6Fe^{2+} + 14H^+ \longrightarrow 2Cr^{3+} + 6Fe^{3+} + 7H_2O$$

铈、钒对测定有干扰。钒含量大于 0.5%时，可用高锰酸钾反滴定的方法消除。铈可采用校正数的办法予以扣除（1.00%的铈相当于 0.124%铬）。在氧化前应避免氯离子的引入。该方法适用于铬铁合金中 25.00%~80.00%范围铬的测定。

7.7.3.2　分析步骤

（1）酸溶分解。称取 0.1000 g 试样于 500 mL 锥形瓶中，加 40 mL 硫酸溶液，低温加热至全溶，加 5 mL 磷酸，滴加硝酸至溶液无反应后，加水至溶液体积为 200 mL。

（2）碱熔分解。称取 0.1000 g 试样于已加 3.0 g 过氧化钠的瓷坩埚中，覆盖 1.0 g 过氧化钠。瓷坩埚加盖，置于 800~850 ℃马弗炉中熔融 3~7 min，取出稍冷，将坩埚放入盛有 200 mL 热水的 600 mL 烧杯中，浸取熔融物。加 20 mL 硫酸溶液，移入 500 mL 锥形瓶中煮沸，直至溶液体积为 200 mL。

（3）上述溶液加 2~4 滴高锰酸钾溶液，加 5 mL 硝酸银溶液，加 20 mL 过硫酸铵溶液，煮沸，溶液至呈红色，继续煮沸 5~8 min。

（4）加 10 mL 氯化钠溶液，煮沸以消除高锰酸钾及过量的过硫酸铵，煮沸约 10 min，至氯化银沉淀凝聚，出现白色悬浮物，冷却，加 5 滴苯代邻氨基苯甲酸溶液，用硫酸亚铁铵标准滴定溶液滴定至亮绿色即为终点。

7.7.3.3　注意事项

（1）控制溶样时溶液体积、硫酸酸度不宜过大，过大时氧化不完全。

（2）过硫酸铵氧化铬时，溶液中出现紫红色时表示铬已氧化完全。

（3）如红色不消失，可添加少量氯化钠，并继续煮沸至还原完全为止。

（4）过硫酸铵必须赶尽，否则消耗硫酸亚铁铵溶液。

7.7.4　硅的测定

7.7.4.1　重量法

A　高氯酸脱水重量法

a　方法原理

试样用碳酸钠-过氧化钠混合溶剂熔融，使硅转化成硅酸盐，用盐酸酸化，以高氯酸二次冒烟使硅酸脱水。经过滤洗涤后，将沉淀于 1050~1100 ℃灼烧至恒量，由氢氟酸处理前后的质量差计算硅的百分含量。其反应如下：

$$SiO_2 + 2NaOH \longrightarrow Na_2SiO_3 + H_2O$$

$$Na_2SiO_3 + 2HCl \longrightarrow H_2SiO_3 + 2NaCl$$

$$H_2SiO_3 \longrightarrow SiO_2 + H_2O$$

$$SiO_2 + 4HF \longrightarrow SiF_4 + 2H_2O$$

该方法适用于硅铁合金中 30.00%~98.00%范围硅的测定。

b　分析步骤

（1）称取 0.2000~0.3000 g 试样置于预先盛有 8 g 碳酸钠-过氧化钠混合熔剂的铁坩埚中，搅拌均匀，再覆盖 2 g 碳酸钠-过氧化钠混合熔剂。

（2）置于低温电热板上，盖坩埚盖，加热焙烘至熔剂焦黄，置于 850~900 ℃马弗炉中熔融，直至完全熔清，继续熔融 2 min，冷却。

（3）坩埚外壁用水冲洗后置于 250 mL 塑料烧杯中，加 100 mL 热水，以热水用擦棒擦洗坩埚及盖并取出。将浸出液缓慢移入盛有 35 mL 盐酸溶液的 600 mL 玻璃烧杯中，用水洗净塑料烧杯及表面器皿，洗液并入玻璃烧杯中，搅拌至溶液澄清。

（4）将试液蒸发到大约 100 mL，加 80 mL 高氯酸，盖上表面器皿，留有缝隙，置于电热板上，加热冒高氯酸白烟（约回流 20 min），直至残留物呈黏稠状，取下，冷却。

（5）沿杯壁加入 20 mL 盐酸，用少许热水冲洗表面器皿及杯壁，加入 100 mL 热水（80 ℃以上），搅拌使盐类溶解。趁热用中速定量滤纸过滤于 600 mL 烧杯中，将沉淀移入滤纸上，用擦棒仔细擦洗玻璃棒及杯壁，用热盐酸溶液洗净烧杯及玻璃棒，洗涤沉淀至无铁离子（用硫氰酸铵溶液检查），然后用热水洗至无氯离子（用硝酸银溶液检查）。

（6）保留滤纸及沉淀。将滤液及洗液移入原烧杯中，加热蒸发到大约 100 mL 时，加入 20 mL 高氯酸，按上步骤重复进行。

（7）将两次沉淀连同滤纸置于铂坩埚中，加 4 滴氢氧化铵溶液，置于电热板上烘至近干，置于马弗炉 500 ℃使滤纸炭化至完全，马弗炉 1100~1150 ℃灼烧 30 min，取出置于干燥器皿中，冷却至室温，称至恒量。

（8）将不纯的二氧化硅用数滴水湿润，加 4 滴硫酸溶液、6 mL 氢氟酸，置于电热板上，蒸发至冒硫酸烟，再加 4 mL 氢氟酸，继续加热蒸发至冒尽硫酸烟。

（9）将坩埚置于 1100 ℃马弗炉中灼烧 30 min，取出置于干燥器皿中，冷却至室温，称至恒量。

B　硫酸脱水重量法

a　方法原理

试样以酸分解，用硫酸蒸发冒烟使硅酸脱水。以盐酸溶解可溶性盐类，分离沉淀，经过滤洗涤后，将沉淀于 1050 ℃灼烧至恒量。加入氢氟酸使硅呈四氟化硅挥发除去，再灼烧至恒量，由氢氟酸处理前后的质量差计算硅的百分含量。其反应如下：

$$H_2SiO_3 \longrightarrow SiO_2 + H_2O$$

$$SiO_2 + 4HF \longrightarrow SiF_4 + 2H_2O$$

该方法适用于钒铁合金中 0.10%~3.50%范围硅的测定。

b　分析步骤

（1）称取 1.0000 g 试样置于 300 mL 烧杯中，加 30 mL 硝酸、10 mL 盐酸，低温加热分解后加 25 mL 硫酸，继续加热至冒硫酸浓烟 5~10 min，取下，冷却。

（2）加 50 mL 盐酸，低温加热溶解盐类。用加少许滤纸浆的中速滤纸过滤，用温热盐酸水洗净杯壁，洗涤沉淀至无铁离子（用硫氰酸铵溶液检查），再用热水洗至无氯离子（用硝酸银溶液检查）。

（3）将滤液及洗液移入原溶样烧杯中，加热至冒硫酸浓烟 5~10 min，取下，冷却。按上述步骤重复进行。

（4）将两次所得沉淀连同滤纸移入铂器皿中，干燥后加热至滤纸碳化，小心灰化，在 1050 ℃的马弗炉中灼烧 30 min，取出置于干燥器皿中，冷却至室温，称至恒量。

（5）向铂器皿中滴加 2~3 滴硫酸溶液，使沉淀润湿，加 5 mL 氢氟酸，加热蒸发至冒尽三氧化硫白烟，在 1050 ℃的高温炉中灼烧 15 min，取出置于干燥器皿中，冷却至室温，称至恒量。

（6）随同试样分析做空白试验。

c　注意事项

（1）当灰化温度高或马弗炉中空气不足时，易生成难烧尽的黑色物质，影响结果的准确性。

（2）如硅含量高，可加 5 mL 氢氟酸，重复挥硅步骤一次。

7.7.4.2　氟硅酸钾滴定法

A　方法原理

用硝酸、氢氟酸分解试样，加硝酸钾使硅生成氟硅酸钾沉淀。加中性沸水使氟硅酸钾水解，析出氢氟酸，以酚酞作指示剂，用氢氧化钠标准滴定溶液滴定。其反应如下：

$$FeSi + 6HF + 10HNO_3 \longrightarrow H_2SiF_6 + Fe(NO_3)_2 + 7NO_2 + 7H_2O$$

$$H_2SiF_6 + 2KNO_3 \longrightarrow K_2SiF_6\downarrow + 2HNO_3$$

$$K_2SiF_6 + 3H_2O \longrightarrow 2KF + H_2SiO_3 + 4HF$$

$$HF + NaOH \longrightarrow NaF + H_2O$$

该方法适用于硅铁合金中 20.00%~90.00%范围硅的测定。

B　分析步骤

（1）称取 0.1000 g 试样置于 300 mL 塑料烧杯中，加 15 mL 硝酸钾-硝酸溶液，边摇边缓慢滴加 5 mL 氢氟酸至试样完全溶解。

（2）加 5 mL 尿素用塑料棒搅动至无气泡产生，加 5 mL 硝酸钾饱和溶液，搅拌均匀后，于冷水中进行沉淀。

（3）用中速滤纸和布氏漏斗抽滤，用硝酸钾溶液洗净烧杯，并洗涤沉淀及滤纸 2~3 次。

（4）将沉淀连同滤纸移入原烧杯中，沿杯壁加入 15 mL 硝酸钾-乙醇溶液，浸过滤纸和沉淀，加入 5 滴酚酞溶液，在充分搅拌下用氢氧化钠标准滴定溶液滴定，至出现稳定玫瑰红色（不计读数，中和残余酸）；然后加 150~200 mL 中性沸水，并搅拌至沉淀溶解，再用氢氧化钠标准滴定溶液滴定，接近终点时，补加 4 滴酚酞溶液继续滴定至浅红色出现，搅拌 30 s 不褪色为终点。

C　注意事项

（1）溶解样品时温度不宜过高，否则结果偏低。

（2）沉淀时体积不宜超过 50 mL，有利于氟硅酸钾沉淀完全。

（3）中和游离酸时，应将氢氧化钠滴入溶液中，避免与滤纸和氟硅酸钾沉淀直接接触，当大部分酸被中和时，应逐步把滤纸搅碎，否则不易中和完全。

（4）当检验室温超过 30 ℃时，硝酸钾-乙醇溶液浓度可适当增大。

7.7.4.3　硅钼蓝分光光度法

A　方法原理

在弱酸性溶液中，硅酸能与钼酸铵生成可溶性黄色硅钼杂多酸，被硫酸亚铁还原成硅钼蓝，于分光光度计波长 810 nm 处进行吸光度测定。其反应如下：

$$H_4SiO_4 + 12H_2MoO_4 \longrightarrow H_8[Si(Mo_2O_7)_6] + 10H_2O$$

$$H_8[Si(Mo_2O_7)_6] + 4FeSO_4 + 2H_2SO_4 \longrightarrow H_8[SiMo_2O_5(Mo_2O_7)_5] + 2Fe_2(SO_4)_3 + 2H_2O$$

溶液中若含有磷、砷酸根离子生成相应的杂多酸，均能被还原成钼蓝，可加入氢氟酸消除磷、砷杂元素影响。硫酸根无影响，大量氯根会使钼蓝颜色加深，大量硝酸根可使钼蓝颜色变浅。铝、铜、钛、镍、锰、镁等元素存在对测定无显著影响。

该方法适用于锰铁合金中 0.001%~0.60%范围硅的测定。

B　分析步骤

（1）称取 0.2000~2.0000 g 试样置于 300 mL 烧杯中，加水润湿，盖上表面器皿，加入硫酸溶液，低温加热至分解完全，用脱脂棉加少量纸浆过滤于容量瓶中，用水洗涤，冷却至室温，稀释至刻度。

（2）分取 25.00 mL 试液于 100 mL 容量瓶中，加水稀释至 40 mL，置于 50 ℃水浴中，待瓶内温度为 50 ℃时，摇动加入 10 mL 钼酸铵溶液，用少量水冲洗瓶内壁上的钼酸铵，在 50 ℃恒温水浴中保温 5 min。并不时摇动，取下流水冷却至室温。

（3）加 15 mL 氢氟酸，混匀，在 30 s 内加 5 mL 硫酸亚铁铵溶液，混匀，稀释至刻度，静置 15 min。

（4）随同试样进行空白试验。以空白溶液为参比，在 810 nm 波长处测量吸光度。在工作曲线上查出相应的硅的质量。

（5）工作曲线的绘制：移取 0.00 mL、2.00 mL、4.00 mL、6.00 mL、10.00 mL、12.00 mL 硅标准溶液于一组 100 mL 容量瓶中，分别加 9 mL 硫酸溶液，以下按分析步骤进行。以试剂空白为参比，在 810 nm 波长处测量标准溶液系列的吸光度。以硅量为横坐标、吸光度为纵坐标绘制工作曲线。

C　注意事项

试样溶解时，温度不宜过高，若体积变小可补加水，以保持体积。

7.7.5　钒的测定

钒的测定可以采用硫酸亚铁铵滴定法。

7.7.5.1　方法原理

试样用硝酸、磷酸和硫酸混合酸溶解，在 15%～20% 的酸度下，过硫酸铵将钒（Ⅳ）氧化成钒（Ⅴ）。煮沸除去过量的过硫酸铵。以苯基邻氨基苯甲酸为指示剂，用硫酸亚铁铵标准滴定溶液进行滴定。其反应如下：

$$2V_2O_2(SO_4)_2 + 2(NH_4)_2S_2O_8 + 12H_2O \xlongequal{} 4H_3VO_4 + 2(NH_4)_2SO_4 + 6H_2SO_4$$

$$2FeSO_4 + 2H_3VO_4 + 3H_2SO_4 \xlongequal{} Fe_2(SO_4)_3 + V_2O_2(SO_4)_2 + 6H_2O$$

试液中含 75 mg 锰（Ⅱ）、50 mg 铬（Ⅲ）不干扰测定。大量钼和铀的存在会使测定结果偏高，低含量钼和铀对测定的干扰不显著。钨的影响可被磷酸络合，故忽略。

该方法适用于钒铁合金中 35.00%～85.00%范围钒的测定。

7.7.5.2　分析步骤

称取 0.2000 g 试样置于 500 mL 锥形瓶中，沿杯壁加少许水，加 5 mL 磷酸、3 mL硝酸，加 40 mL 硫酸溶液，加热至试料溶解完全并冒硫酸烟约 1 min，取下，冷却，以水稀释至体积约 120 mL，加热至近沸，加 5 g 过硫酸铵，继续加热煮沸至冒大气泡后 2～3 min，取下，冷却至室温，加入 3 滴 N-苯基邻氨基苯甲酸指示剂溶液，用硫酸亚铁铵标准滴定溶液滴定，溶液由紫红色转为亮绿色为终点。

7.7.5.3　注意事项

（1）溶样的温度很重要，温度过高易使焦磷酸盐析出，温度过低时试样不能完全溶解，一般以 300 ℃为宜。

（2）加热煮沸时间要足够，以除去过量的过硫酸铵。

（3）在有铁、钒同时存在时，结果随指示剂量的增加而降低。操作过程中，指示剂量不可多加，以免影响测定结果。

7.7.6　钼的测定

钼的测定可以采用钼酸铅重量法。

7.7.6.1　方法原理

试料用稀硝酸分解，用 EDTA 络合铁，在乙酸-乙酸铵溶液中，加乙酸铅使钼生成钼酸铅沉淀，在 550～600 ℃灼烧，以钼酸铅形式称量。其反应如下：

$$(NH_4)_2MoO_4 + Pb(C_2H_3O_2)_2 \longrightarrow PbMoO_4\downarrow + 2NH_4C_2H_3O_2$$

凡能与钼酸根生成钼酸盐沉淀的金属阳离子如钙（Ⅱ）、锶（Ⅱ）、钡（Ⅱ）等会干扰测定。钨酸根、砷酸根、磷酸根、钒酸根、络酸根等阴离子在乙酸-乙酸铵介质中会与乙酸铅作用生成沉淀，需预先分离。该方法适用于钼铁合金中大于 40%范围钼的测定。

7.7.6.2　分析步骤

（1）称取试样 0.2500 g 置于 500 mL 烧杯中，加 20 mL 硝酸溶液，低温加热至溶解。

（2）加 10 mL 盐酸溶液，加热煮沸驱除氮氧化物。

（3）加 100 mL 热水、加 20 mL EDTA 溶液，以氨水调节溶液呈棕红色，再以盐酸溶液调节至棕红色消失。

（4）加 10 mL 乙酸、10 mL 乙酸铵溶液，用水稀释至 250~300 mL。

（5）加热，在煮沸状态下滴加乙酸铅溶液至出现沉淀，再逐滴加入 30 mL 乙酸铅溶液，盖上表面器皿，继续煮沸 10 min。

（6）在 60~80 ℃保温 45 min。

（7）用盛有少量滤纸浆的慢速滤纸过滤，烧杯中的沉淀用热硝酸铵溶液洗 5 次，将沉淀全部转移至滤纸上，洗净烧杯，洗涤沉淀 15~20 次。

（8）将沉淀连同滤纸移入已恒重的瓷坩埚中，灰化，在 550~600 ℃灼烧 40 min。取出置于干燥器皿中，冷却至室温，称至恒量。

7.7.6.3　注意事项

（1）溶解试样时氮氧化物一定要驱除尽，但溶液不能出现浑浊。

（2）乙酸铅沉淀剂一定要在煮沸状态下滴加，使其生成大颗粒结晶，否则沉淀过细，过滤时易穿过滤纸和漂浮上移造成沉淀损失。

（3）沉淀灼烧时，温度不能超过 600 ℃，否则使结果偏低。

7.7.7　磷的测定

7.7.7.1　钼蓝分光光度法

A　方法原理

试样用硝酸、氢氟酸分解或者用过氧化钠熔融，使磷氧化成正磷酸，加亚硫酸氢钠还原为铁，加钼酸铵与磷生成磷钼杂多酸，加硫酸肼还原为磷钼蓝，于分光光度计波长 825 nm 处进行吸光度测定。该方法适用合金中磷的测定范围为：铬铁小于 0.15%；锰铁 0.003%~0.450%；钒铁 0.010%~0.250%。

B　分析步骤

a　铬铁

酸溶分解方法（低碳铬铁等）。称取 0.5000 g 试样置于 300 mL 烧杯中，盖上表面器皿，加入 20 mL 溴饱和盐酸加热至分解完全，加 20 mL 高氯酸，在高氯酸蒸汽呈回流状态下保持加热约 10 min；同时加入 5 mL 盐酸，使铬挥发；再加入 5 mL 盐酸，反复挥铬；最后加约 1 g 氯化钠，使铬挥发；再反复加氯化钠，至不再出现氯化铬酰棕色蒸汽，继续使之产生白烟以除去氯。冷却后，加 40 mL 水溶解盐类，用放有少量纸浆的滤纸过滤入 200 mL 容量瓶中，温水洗涤滤纸 4~5 次，流水冷却至室温，混匀。

碱熔分解方法（高碳铬铁等）。称取 0.5000 g 试样置于已经盛有 10 g 过氧化钠的镍坩埚中，搅匀，覆盖 1 g 过氧化钠。750 ℃高温炉中熔融 10 min，用热水浸取于 500 mL 烧杯中，边缓慢搅拌边加入硫酸中和并过量 10 mL。加入 3 mL 三氯化铁溶液，用氨水中和并过量 5 mL，慢慢煮沸 1 min，沉淀用中速定量滤纸过滤，用氨水洗涤。将沉淀用水和盐酸冲洗入 300 mL 烧杯中，加入溶解后，加 10 mL 高氯酸，待蒸发至冒白烟，加氯化钠，反复挥铬，使铬挥发，至不再出现氯化铬酰棕色蒸汽，继续使之产生白烟以除去氯。冷却后，加 40 mL 水溶解盐类，用放有少量纸浆的滤纸过滤入 200 mL 容量瓶中，温水洗涤滤纸 4~5 次，流水冷却至室温，混匀。

显色与测定：分取 25.00 mL 试液于 100 mL 容量瓶中，加入 10 mL 亚硫酸氢钠溶液，在沸水浴中加热至溶液无色，立即加入 25 mL 显色剂溶液，再在沸水浴中加热 15 min，取下流水冷却至室温，稀释至刻度，混匀。

随同试样进行空白试验。在 825 nm 波长处测量吸光度，用水为参比调零，试样吸光度减去随同试样空白溶液的吸光度得到试样溶液的净吸光度。在工作曲线上查出相应的磷的质量。

工作曲线的绘制：移取 0.00 mL、1.00 mL、2.00 mL、3.00 mL、4.00 mL、5.00 mL 磷标准溶液于一组 100 mL 烧杯中，加 5 mL 高氯酸，加热蒸发至高氯酸冒白烟。自然冷却后加 40 mL 水溶解盐类，用放有少量纸浆的滤纸过滤入 200 mL 容量瓶中，温水洗涤滤纸 4~5 次，流水冷却至室温，混匀。在 825 nm 波长处用水为参比调零测量其吸光度。以磷量为横坐标、净吸光度为纵坐标绘制工作曲线。

b　锰铁

金属锰、电解锰试料分解。称取 1.0000 g 试料置于 250 mL 烧杯中，用少量水湿润，盖上表面器皿，缓慢加入 20 mL 硝酸，加热使试样完全分解，加入 10 mL 高氯酸，加热蒸发至冒白烟，在高氯酸蒸气沿烧杯壁呈回流状态下保持加热约 10 min，取下。

锰铁、锰硅合金试料分解。称取 0.2000~0.5000 g 试料置于 200 mL 聚四氟乙烯烧杯（或 100 mL 铂器皿）中，加入 20 mL 硝酸，放冷水浴中，若试液中含硅量小于或等于 50 mg 时，一次性逐滴加入 5 mL 氢氟酸进行分解；含硅量为 50~70 mg 时（大于 70 mg 有干扰），可采取补加 5 mL 氢氟酸、5 mL 高氯酸进行二次挥硅。

加入 10 mL 高氯酸，加热蒸发至冒烟约 5 min，驱除氢氟酸。冷却后，用温水洗涤至 150 mL 烧杯中，盖上表面器皿。

还原、显色、比色操作：稍冷后，加入约 30 mL 温水使可溶性盐类溶解，滴加亚硫酸氢钠使二氧化锰等分解，用中速滤纸过滤于 250 mL 容量瓶中，用温水洗涤至无酸性，冷却至室温，用水稀释至刻度，混匀。

移取 25.00 mL 试液于 100 mL 容量瓶中，加入 10 mL 亚硫酸氢钠，在沸水浴中加热至溶液呈无色，取下立即加入 25 mL 显色剂溶液（钼酸铵和硫酸肼），再于沸水浴中加热 15 min，取下，流水冷却到室温，稀释至刻度，混匀。

随同试样进行空白试验：在 825 nm 波长处测量吸光度，以随同试样的空白溶液为参比，在校准曲线上查出相应的磷的质量。

标准曲线的绘制：

金属锰、电解锰磷标准曲线绘制。移取 0.00 mL、1.00 mL、2.00 mL、3.00 mL、4.00 mL、5.00 mL、6.00 mL、7.00 mL(0.1 mg/mL) 磷标准溶液（磷质量分数 0.020%~0.070%）或 0.00 mL、2.00 mL、4.00 mL、6.00 mL、8.00 mL、10.00 mL、12.00 mL(0.02 mg/mL) 磷标准溶液（质量分数 0.003%~0.020%）于一组 100 mL烧杯中，分别加入 5 mL 高氯酸，加热蒸发至冒高氯酸烟，取下，以下按“还原、显色、比色操作”步骤进行。以试剂空白为参比，于分光光度计波长 825 nm 处测量其吸光度，以磷量为横坐标、吸光度为纵坐标绘制校准曲线。

锰铁、锰硅合金校准曲线绘制。移取 0.00 mL、1.00 mL、3.00 mL、5.00 mL、7.00 mL、9.00 mL（0.1 mg/mL）磷标准溶液置于一组 100 mL 烧杯中，分别加入 5 mL高氯酸，加热蒸发至冒高氯酸烟，取下，以下按“还原、显色、比色操作”步骤进行。以试剂空白为参比，于分光光度计波长 825 nm 处测量其吸光度，以磷量为横坐标、吸光度为纵坐标绘制校准曲线。

c　钒铁

称取 0.2500~0.5000 g 试样置于 200 mL 烧杯中，盖上表面器皿，加入 10 mL 硝酸、5 mL 盐酸，低温加热至试样溶解，再加入 10 mL 硫酸，继续加热蒸发至冒硫酸白烟约 2 min。放置冷却后加入 8 mL 氯化铁溶液、50 mL 温水，加热溶解可溶性盐类，用中速定量滤纸过滤不溶性残渣。用温热的硝酸溶液充分洗净，弃去残渣。

将滤液收集于 300 mL 烧杯中，用水稀释至 200 mL，加入 5 mL 过氧化氢，一边搅拌一边加入氢氧化铵中和至沉淀刚好出现，并再加入 10 mL，搅拌，同时再加入 2 mL 过氧化氢，立即用中速定量滤纸过滤，用温水充分洗净，弃去滤液和洗液。分次加入 50 mL 温热硝酸溶解滤纸上的沉淀于原烧杯中，用温热硝酸洗净滤纸（洗至无铁离子反应）；加入 10 mL 高氯酸，加热蒸发至高氯酸冒烟，并浓缩至溶液体积约为 5 mL。

取下冷却后，加入约 30 mL 温水加热溶解可溶性盐类，过滤，温水洗净，弃去残渣。滤液收集于 100 mL 容量瓶中，冷却至室温，以水稀释至刻度，混匀。

显色与测定：

显色溶液，移取 10.00 mL 试液于 100 mL 容量瓶中，加入 10 mL 亚硫酸氢钠溶液，摇匀，在沸水浴中加热溶液至无色，立即加入 25 mL 显色溶液，摇匀，再于沸水浴中加热 15 min，取下，流水冷却至室温，以水稀释至刻度，混匀。

参比溶液，移取 10.00 mL 试液于 100 mL 容量瓶中，加入 10 mL 亚硫酸氢钠溶液，摇匀，在沸水浴中加热溶液至无色，加入 25 mL 硫酸肼溶液，摇匀，再于沸水浴中加热 15 min，取下，流水冷却至室温，用水稀释至刻度，混匀。

随同试样进行空白试验。于分光光度计上 825 nm 波长处，以参比溶液调零，测量显色溶液吸光度，减去随同试样空白溶液的吸光度得到试样溶液的净吸光度。从校准曲线上查得相应磷的质量。

工作曲线的绘制：移取 0.00 mL、1.00 mL、2.00 mL、4.00 mL、6.00 mL、

8.00 mL磷标准溶液于一组 200 mL 烧杯中，各加入 5 mL 高氯酸和 5 mL 氯化铁溶液，加热至高氯酸冒烟，取下，冷却后加入约 30 mL 水，加热溶解盐类，冷却至室温，移入 100 mL 容量瓶中，以水稀释至刻度，混匀。以下按照“显色与测定”步骤进行。于分光光度计上 825 nm 波长处，以参比液调零，测量其吸光度。校准曲线溶液的吸光度减去零浓度溶液的吸光度，为磷校准曲线系列溶液的净吸光度，以磷量为横坐标、净吸光度为纵坐标绘制工作曲线。

7.7.7.2　铋磷钼蓝分光光度法

A　方法原理

试样用硝酸、氢氟酸分解，以高氯酸、硫酸冒烟使磷氧化成正磷酸，磷与硝酸铋、钼酸铵形成磷铋钼三元配合物，用抗坏血酸还原后，磷形成铋磷钼蓝，于分光光度计波长 700 nm 处进行吸光度测定。该方法适用合金中磷的测定范围为：钛铁 0.010%~0.150%；钼铁 0.010%~0.150%。

B　分析步骤

a　钼铁

称取 0.5000 g 试样置于铂器皿中，加入 15 mL 硝酸，待剧烈反应后，缓慢逐滴滴加氢氟酸并加热至试料溶解完全，取下，加入 3 mL 高氯酸、10 mL 硫酸，继续加热至冒硫酸白烟 3~5 min 后，取下，冷却。加入 35 mL 盐酸加热溶解盐类，移入 500 mL 烧杯中，以温水稀释至约 250 mL，煮沸，取下。稍冷，用氨水中和至有沉淀产生并过加 10 mL。低温煮沸 1 min，取下静置待沉淀下沉，以中速定性滤纸过滤，用温水洗涤烧杯、沉淀各 3~4 次。以 65 mL 热硫酸分数次溶解沉淀于原烧杯中，滤纸上的沉淀用热硫酸洗液洗净。将滤液（必要时浓缩体积）移入 100 mL 容量瓶中，冷却至室温，用水稀释至刻度，混匀。

显色与测定：移取 15.00 mL 试液于 50 mL 容量瓶中，加入 5 mL 硫代硫酸钠溶液、5 mL 硝酸铋溶液、10 mL 钼酸铵溶液、10 mL 抗坏血酸溶液，混匀。用水稀释至刻度，混匀。

随同试样进行空白试验。室温静置 15 min，在 700 nm 波长处测量吸光度，用水为参比调零，试样吸光度减去随同试样空白溶液的吸光度得到试样溶液的净吸光度。在工作曲线上查出相应的磷的质量。

工作曲线的绘制：分别移取 0.00 mL、0.50 mL、1.00 mL、2.00 mL、4.00 mL、6.00 mL、8.00 mL、10.00 mL、12.00 mL 磷标准溶液于一组 50 mL 容量瓶中，分别加入 6.0 mL 硫酸、2.0 mL 硫酸铁铵溶液，以下按照“显色与测定”步骤进行。室温静置 15 min，以水为参比，于分光光度计上 700 nm 波长处，测量其吸光度。校准曲线系列每一溶液的吸光度减去零浓度溶液的吸光度，为磷校准曲线系列溶液的净吸光度，以磷量为横坐标、净吸光度为纵坐标绘制工作曲线。

b　钛铁

称取 0.5000~1.0000 g 试样置于铂器皿或聚四氟乙烯烧杯中，盖上表面器皿，加入 20 mL 硝酸，缓慢分次滴加少量氢氟酸至试样溶解，取下表面器皿，加入

10 mL 硫酸和 10 mL 高氯酸于低温电热板上加热至几乎不再冒硫酸白烟，取下冷却。加入 10 mL 硫酸、40 mL 温水，加热溶解可溶性盐类，移入 500 mL 烧杯中，以热水稀释到大约 100 mL，边搅拌边加入氢氧化钠溶液至生成沉淀并一次过量 40 mL。加热煮沸 3~5 min，取下，冷却至室温。移入 200 mL 容量瓶中，以水稀释至刻度，混匀。以中速滤纸过滤，弃去最初滤液。

显色与测定：移取 10.00 mL 滤液于 50 mL 容量瓶中，加入 10 mL 硫酸、加入 1.00 mL 硫酸铁铵溶液、5 mL 硫代硫酸钠溶液、5 mL 硝酸铋溶液、加入 5 mL 钼酸铵溶液，混匀，再加入 5 mL 抗坏血酸溶液，混匀，以水稀释至刻度，混匀。

随同试样进行空白试验。常温静置 15 min，在 700 nm 波长处测量吸光度，用水为参比调零，试样吸光度减去随同试样空白溶液的吸光度得到试样溶液的净吸光度。在工作曲线上查出相应的磷的质量。

工作曲线的绘制：移取 0.00 mL、1.00 mL、2.00 mL、3.00 mL、4.00 mL、5.00 mL 磷标准溶液于一组 50 mL 容量瓶中，加入 10 mL 硫酸溶液，加入 1.00 mL 硫酸铁铵溶液，以下按照“显色与测定”中“加入 5 mL 硫代硫酸钠溶液”及后续步骤进行。常温静置 15 min，以水为参比，于分光光度计上 700 nm 波长处测量其吸光度。将校准曲线系列每一溶液的吸光度减去零浓度溶液的吸光度，为磷校准曲线系列溶液的净吸光度，以磷量为横坐标、净吸光度为纵坐标绘制工作曲线。

c　硅铁

称取 0.3000 g 试样置于铂器皿或聚四氟乙烯烧杯中，加入 15 mL 硝酸，边摇动边加 3~5 mL 氢氟酸至试样溶解，加入 10 mL 高氯酸，于电热板上加热至冒白烟，并浓缩体积至约 3 mL，取下冷却，加入 30 mL 热水，加热溶解盐类，用快速滤纸过滤于 100 mL 容量瓶中，热水洗涤杯壁及滤纸各 4~5 次，冷却至室温，以水稀释至刻度，混匀。

显色与测定：移取 20.00 mL 溶液于 100 mL 烧杯中，加入 5 mL 高氯酸，于低温电热板上蒸发至体积约为 1 mL，取下稍冷却，用水冲洗杯壁，控制体积约 10 mL，加热溶解盐类，取下稍冷却，移入 50 mL 容量瓶中。加入 1 mL 硫代硫酸钠溶液、5 mL 硝酸铋溶液、5 mL 钼酸铵溶液、15 mL 抗坏血酸-乙醇溶液，每加完一种试剂须立即混匀，以水稀释至刻度，混匀，放置 2 min（室温如低于 15 ℃则放置 10 min）。

随同试样进行空白试验。在 690 nm 波长处测量吸光度，以试样空白溶液为参比，在工作曲线上查出相应的磷量。

工作曲线的绘制：移取 0.00 mL、1.00 mL、2.00 mL、4.00 mL、5.00 mL 磷标准溶液于一组 100 mL 烧杯中，用水稀释至 20 mL，以下按照“显色与测定”步骤进行。以试剂空白为参比，于分光光度计上 690 nm 波长处测量其吸光度。以磷量为横坐标、净吸光度为纵坐标绘制工作曲线。

7.7.8　碳的测定

高频感应炉燃烧红外吸收法测定碳。在助熔剂存在下，向高频感应炉内通入氧气流，使试样在高温下燃烧，碳生成二氧化碳气体进入红外吸收池，二氧化碳吸收某特定波长的红外能，其吸收能与其浓度成正比，根据检测器自动测量其对红外能的吸收后，计算并显示结果。该方法适用于合金中 0.002%~8.00%范围碳的测定。

7.7.8.1　分析步骤

（1）通过燃烧几个类似于待测试样的试样来调整和稳定仪器。

（2）校正空白。在已预烧过的陶瓷坩埚中加入相应助熔剂，将坩埚放到炉子的支座上并上升到燃烧位置，重复操作 3 次，得到低而比较一致的读数，计算其平均值。在新建检验方法、检验条件发生变化、结果异常时，必须进行空白检验。

7.7.8.2　校正仪器

称取 0.2000~0.8000 g 与待测试样类似的标准样品置于已预烧过的陶瓷坩埚中，加入相应助熔剂，将坩埚放到炉子的支座上并上升到燃烧位置，重复操作 2~3 个标准样品，直至标准样品中碳的结果稳定在允许差范围内为止。

7.7.8.3　测定

称取 0.2000~0.8000 g 试样，将试样置于已预烧过的陶瓷坩埚中，加入相应助熔剂，将坩埚放到炉子的支座上并上升到燃烧位置，显示碳含量。重复操作 2 次，试样中碳的结果在允许差范围内，以试样两次有效检验的平均值报出。LECO CS—230 高频红外分析仪测定碳的参考工作条件和主要合金测定碳的称样量及助熔剂量参考工作条件见表 7-7 和表 7-8。

表 7-7　LECO CS—230 高频红外分析仪测定碳的参考工作条件

载　气	输入氧气压力 p/kPa	系统气体压力 p/kPa	最短分析时间 t/s	气动气流量 Q/(L · min^{-1})	氧气流量 Q/(L · min^{-1})
氧气 99.5%	245~255	83.4	40	1	3

表 7-8　主要合金测定碳的称样量及助熔剂量参考工作条件

合金种类	称样量/g	锡粒/g	纯铁/g	钨粒/g
高碳锰铁	0.20	0.30		1.80
中、低碳锰铁	0.50	0.30		1.80
锰硅合金	0.20	0.30	0.40	1.50
金属锰	0.80	0.30		1.80
硅铁合金	0.20	0.30	0.50	1.20
钼铁合金	0.80	0.30		1.50
钛铁合金	0.50	0.30		1.50
高碳铬铁	0.25~0.30	0.30		1.50
低碳铬铁	0.45~0.50	0.30		1.50
钒铁合金	0.50	0.30	0.50	1.50

7.7.9　硫的测定

7.7.9.1　高频感应炉燃烧红外吸收法测定硫

在助熔剂存在下，在高频感应炉内通入氧气流，使试样在高温下燃烧，硫生成二氧化硫气体进入红外吸收池，二氧化硫吸收某特定波长的红外能，其吸收能与其浓度成正比，根据检测器自动测量其对红外能的吸收后，计算并显示结果。该方法适用于合金中 0.003%~0.100%范围硫的测定。

A　分析步骤

（1）通过燃烧几个类似于待测试样的试样来调整和稳定仪器。

（2）校正空白。在已预烧过的陶瓷坩埚中加入相应助熔剂，将坩埚放到炉子的支座上并升到燃烧位置，重复操作 3 次，得到低而比较一致的读数，计算其平均值。在新建检验方法、检验条件发生变化、结果异常时，必须进行空白检验。

B　校正仪器

称取 0.2000~0.5000 g 与待测试样类似的标准样品置于已预烧过的陶瓷坩埚中，加入相应助熔剂，将坩埚放到炉子的支座上并升到燃烧位置，重复操作 2~3 个标准样品，直至标准样品中硫的结果稳定在允许差范围内为止。

C　测定

称取 0.2000~0.5000 g 试样，将试样置于已预烧过的陶瓷坩埚中，加入相应助熔剂，将坩埚放到炉子的支座上并上升到燃烧位置，显示碳含量。重复操作两次，试样中硫的结果在允许差范围内，以试样两次有效检验的平均值报出。LECO CS—230 高频红外分析仪测定硫的参考工作条件和主要合金测定硫的称样量及助熔剂量参考工作条件见表 7-9 和表 7-10。

表 7-9　LECO CS—230 高频红外分析仪测定硫的参考工作条件

载　气	输入氧气压力 p/kPa	系统气体压力 p/kPa	最短分析时间 t/s	气动气流量 Q/(L · min^{-1})	氧气流量 Q/(L · min^{-1})
氧气 99.5%	245~255	83.4	40	1	3

表 7-10　主要合金测定硫的称样量及助熔剂量参考工作条件

合金种类	称样量/g	锡粒/g	纯铁/g	钨粒/g
高碳锰铁	0.20	0.30		1.80
中、低碳锰铁	0.20	0.30		1.80
锰硅合金	0.20	0.30		1.80
金属锰	0.50	0.30		1.80
硅铁合金	0.20	0.30	0.50	1.20
钼铁合金	0.50	0.30		1.50
钛铁合金	0.25	0.30	0.50	1.00
高碳铬铁	0.50	0.30		1.50
低碳铬铁	0.50	0.30		1.50
钒铁合金	0.50	0.30	0.50	1.50

7.7.9.2　色层分离硫酸钡重量法

试样在溴液中，以硝酸、氢氟酸溶解，经高氯酸冒烟，以水溶解盐类后过滤，滤液可提高活性氧化铝色层柱，除去大部分干扰元素，用稀氢氧化铵洗脱色层柱上的硫酸根离子，加入氯化钡溶液进行沉淀。沉淀经过滤、灼烧后称重，按硫酸钡的质量计算试样中硫的百分含量。该方法适用于硅铁合金中 0.005%～0.025%范围硫的测定。

A　分析步骤

（1）称取 5.000 g 试样置于 600 mL 聚四氟乙烯烧杯中，加 100 mL 硝酸、5 mL 溴、1～2 mL 氢氟酸。

（2）低温加热至反应开始，取下，逐滴加 50～60 mL 氢氟酸，使其缓慢分解。

（3）加 50 mL 高氯酸，加热至冒高氯酸烟，溶液体积至 20 mL 左右，取下冷却。

（4）150 mL 水和 0.1 g 硼酸，加热溶解盐类，保温 20 min。

（5）用中速滤纸过滤，用高氯酸溶液洗涤聚四氟乙烯烧杯和滤纸各 4～5 次，控制溶液体积约 200 mL。

（6）准确加入 2.00 mL 硫标准溶液。将溶液通过色层柱，流速控制为 10～15 mL/min。待溶液全部通过色层柱，用 50 mL 盐酸溶液分三次洗涤烧杯并通过色层柱，再用 30 mL 水分二次洗涤色层柱，弃去从色层柱流出的溶液和洗液。

（7）用氢氧化铵洗脱色层柱上的硫酸根离子，流速控制在 5 mL/min。将洗脱液收集在 100 mL 烧杯中，用水洗烧杯及滤纸各 4～6 次，溶液低温浓缩至体积约为 45 mL，加入 1 滴甲基红乙醇溶液，滴加盐酸至出现稳定的红色并过量 0.50 mL。加入 1 mL 冰乙酸和 5 滴过氧化氢，还原并络合色层柱带下的少量铬离子，待蓝色褪去，加入 10 mL 无水乙醇，搅匀，加热至近沸，滴加 5 mL 氯化钡溶液，同时搅拌至沉淀出现，在 60～70 ℃保温 2 h 以上。

（8）用慢速定量滤纸过滤。

（9）用热水将沉淀全部转移至滤纸上，用硝酸铵溶液洗涤滤纸及沉淀物氯离子，用硝酸银溶液检查。

（10）将沉淀及滤纸移入已灼烧至恒量的铂坩埚中，低温灰化，在 800～850 ℃高温炉中灼烧 30 min 以上，取出置于干燥器皿中，冷却至室温，称至恒量。

B　注意事项

（1）逐滴加氢氟酸，待其缓慢分解，溶液反应剧烈，注意安全。

（2）用硝酸铵溶液洗涤滤纸及沉淀物中氯离子时，一般需冲洗烧杯 12～13 次，每次约 2 mL。

任务 7.8　各种辅料化学分析

7.8.1　萤石化学分析方法

7.8.1.1　容量法测定氟化钙量

A　方法原理

试样以醋酸溶解后，取一定量体积，在三乙醇胺存在下，pH 值调至 12.5，加钙指示剂，以 EDTA 标准溶液滴定，求得氟化钙含量。

B　分析步骤

称取 0.5000 g 试样，将试样置于 250 mL 的烧杯中，加入 30 mL 醋酸（1+9），盖上表面器皿于沸水浴中保温 30 min，每隔 5 min 振动一次，用中速滤纸过滤，500 mL 三角瓶中，用热水洗涤至无醋酸味为止，沉淀连同滤纸放于原烧杯中，加 15 mL 盐酸、15 mL 硝酸、30 mL 高氯酸、蒸发冒烟近干，取下，稍冷却，加 5 mL 盐酸，加入 100~150 mL 沸水，以快速滤纸过滤于 250 mL 容量瓶中，沉淀用热盐酸水洗涤 7~8 次，再用沸水洗涤沉淀 2~3 次，用水稀释至刻度，振荡均匀。分取 50.00 mL 于 500 mL三角瓶中，加入 100 mL 水，加入 10 mL 三乙醇胺溶液，加入 20 mL 氢氧化钾溶液，加少许钙指示剂，用 EDTA 标准溶液滴定至纯蓝色为终点，计算结果。

C　注意事项

滴氟化钙时，滴定终点不明显或无终点，要检查试液 pH 值。

7.8.1.2　重量法测定二氧化硅量

A　方法原理

试样以稀醋酸分解，将碳酸钙分离，然后残渣以硝酸、盐酸、高氯酸溶解加热蒸发高氯酸烟，经过滤、洗涤、灼烧，称重计算出二氧化硅的含量。

B　分析步骤

称取 0.5000 g 试样，将试样置于 250 mL 的烧杯中，加 30 mL 醋酸（1+9），盖上表面器皿于沸水浴中保温 30 min，每隔 5 min 振动一次，用中速滤纸过滤于 500 mL三角瓶中，用热水洗涤至无醋酸味为止，沉淀连同滤纸放于原烧杯中，加 15 mL 盐酸、15 mL 硝酸、30 mL 高氯酸，蒸发冒烟近干，取下，稍冷却，加 5 mL 盐酸，加 100~150 mL 沸水，以快速滤纸过滤于 500 mL 三角瓶中，沉淀用热盐酸溶液洗涤 7~8 次，再用沸水洗涤沉淀 2~3 次，滤纸连同沉淀放入坩埚中，放于 950 ℃马弗炉中灼烧 30 min，取出，放入干燥器皿中冷却至室温，称重，计算结果。

C　注意事项

（1）试样要每隔 5 min 振荡一次。

（2）要用热蒸馏水洗涤至无醋酸味。

（3）坩埚要恒重。

7.8.2　石灰石、白云石、活性灰等化学分析方法

以下内容适用于石灰石、白云石、活性灰、外购灰、粉石灰、石灰石粉、冶金石灰、脱硫粉剂的化学成分及性能的测定。

7.8.2.1　氧化钙、氧化镁的测定（配合滴定法）

A　方法原理

试料用碳酸钠-硼酸混合剂熔融，稀盐酸浸取。分取部分试液，以三乙醇胺掩蔽铁、铝、锰等离子，在强碱介质中，以钙羧酸作指示剂，用 EDTA 标准溶液滴定

氧化钙。对高镁试样，在试液调节至碱性前预置 90%～95%的 EDTA 标准滴定溶液，以消除大量镁的影响。另取部分试液，以三乙醇胺掩蔽铁、铝、锰等离子，在 pH 值为 10 的氨性缓冲溶液中以酸性铬蓝 K 和萘酚绿 B 作混合指示剂，用 EDTA 标准溶液滴定氧化钙、氧化镁含量。

B　分析步骤

称取 0. 5000 g 试样（随同试样做空白试验），将试样置于预先盛有 3. 0 g 混合熔剂的铂坩埚中，混匀，再覆盖 1. 0 g 混合熔剂，将铂坩埚置于高温炉中熔样。然后用水冲洗铂坩埚外壁，将铂坩埚及铂盖置于 300 mL 烧杯中，加入 75 mL 盐酸，低温加热浸出熔块，用水洗出铂坩埚及盖。低温加热至试液清亮，冷却至室温。将试液移入 250 mL 容量瓶中，用水稀释至刻度，混匀。此试液可作为测定氧化钙、氧化镁、二氧化硅的储备液。

分取 25. 00 mL 储备液两份，分别置于 250 mL 锥形瓶中，加入 25 mL 水，于一份试液中加入 5 mL 三乙醇胺，混匀，加入 20 mL 氢氧化钾溶液及约 0. 1 g 钙指示剂，混匀，用 EDTA 标准溶液滴定至试液由红色变为亮蓝色为终点（氧化钙的滴定）。

于另一份试液中加 5 mL 三乙醇胺，混匀，加 20 mL 氨性缓冲溶液，加入 4～5 滴酸性铬蓝 K 和萘酚绿 B 作混合指示剂，用 EDTA 标准溶液滴定至试液由暗红色变为蓝绿色为终点（氧化钙、氧化镁含量的滴定）。

C　注意事项

（1）石灰石、白云石试样分析前在 105～110 ℃干燥 2 h，置于干燥器皿中冷却至室温。

（2）一定要低温加热浸出熔块，高温易迸溅。

（3）空白试验和氧化镁小于 1. 0%的试样，滴定前加入 1. 0 mL 氧化镁标准溶液，氧化镁大于 2. 5%时，要预滴定。

（4）白云石试样滴定氧化钙时要进行预滴定，即加入相当于滴定溶液中 90%～95%氧化钙含量的 EDTA 标准溶液。

（5）指示剂要加适量，滴定时注意滴定速度。

7. 8. 2. 2　二氧化硅的测定（硅钼蓝分光光度法）

A　方法原理

试料用碳酸钠-硼酸混合剂熔融，稀盐酸浸取。分取部分试液，在约 0. 15 mol/L 的盐酸介质中钼酸铵与硅酸形成硅钼杂多酸，加入草酸-硫酸混合酸，消除磷、砷干扰，用硫酸亚铁铵将其还原为硅钼蓝，用分光光度计于波长 680 nm 处测量吸光度。

B　分析步骤

根据试样二氧化硅的含量分取不同体积的储备液于 100 mL 容量瓶中，加 8 mL 无水乙醇，加入相应量盐酸，立即用水稀释至 50 mL，混匀。加 5 mL 钼酸铵，混匀于室温放置 20 min，加入 20 mL 草酸-硫酸混合酸，混匀，放置 1～2 min，立即加入 5 mL 硫酸亚铁铵溶液，用水稀释至刻度，混匀。将部分显示液移入吸收器皿中，以空白溶液为参比，分光光度计于波长 680 nm 处测量吸光度，从标准曲线上查出相应的二氧化硅含量。

C 注意事项

（1）石灰石、白云石试样分析前在 105~110 ℃干燥 2 h，置于干燥器皿中冷却至室温。

（2）室温低于 15 ℃时，于约 30 ℃的温水浴中放置 15~20 min。

7.8.2.3 灼烧减量的测定

A 方法原理

试料置于铂坩埚内，于高温炉中逐渐升温至（1050±50）℃，灼烧至恒量，其减少的质量即为灼烧减量。

B 分析步骤

称取 1.0000 g 试样置于铂坩埚中，将铂坩埚置于炉温低于 300 ℃的高温炉中，盖上铂盖，使铂坩埚与铂盖间留一间隙。将高温炉逐渐升温。当室温至 800~900 ℃时，开启炉门 2~3 次，每次约 1 min，逐渐升温至（1050±50）℃，并在该温度下灼烧 60 min。取出铂坩埚，盖上铂盖，稍冷却。将铂坩埚及盖放入干燥器皿中冷却至室温，称重。将铂坩埚及盖再次置于高温炉中，于（1050±50）℃灼烧 15 min，取出铂坩埚，盖上铂盖，稍冷却。将铂坩埚及盖放入干燥器皿中冷却至室温，称重。直至前后 2 次称量差不超过 1.0 mg。

C 注意事项

取出的铂坩埚及盖放入干燥器皿中冷至室温，称重。如重复灼烧后称的质量增加，则以称量增加之前最后一次称得的质量计算分析结果。

7.8.2.4 活性度的测定

见任务 7.5 石灰活性度的测定。

7.8.3 铁皮压（团）块、尾渣化学分析方法

7.8.3.1 全铁的测定

A 方法原理

试样用硫磷混酸加氟化钠分解，以钨酸钠为指示剂，用三氯化钛将高价铁还原为低价铁，过量的三氯化钛进一步还原钨酸根生成“钨蓝”，再用重铬酸钾溶液将“钨蓝”氧化消失，以二苯胺磺酸钠为指示剂，用重铬酸钾标准溶液滴定，借此测定全铁含量。

B 分析步骤

称取 0.3000 g 试样置于 500 mL 锥形瓶中，加 0.2~0.5 g 氟化钠，30 mL 硫磷混酸，加热溶解至三氧化硫浓烟冒至瓶口，取下稍冷，再加 30 mL 硫磷混酸加热至冒硫酸烟，取下稍冷。

加入 10 mL 盐酸，滴加二氯化锡溶液至浅黄色，若二氯化锡过量，应滴加高锰酸钾至浅黄色，用水稀释溶液体积约 150 mL，加入 15 滴钨酸钠溶液，用三氯化钛滴至蓝色，再滴加重铬酸钾溶液氧化至蓝色消失，加入适量二苯胺磺酸钠溶液，用重铬酸钾标准溶液滴定至稳定的紫色为终点。

C　注意事项

（1）氟化钠要加适量，加多溶液易混，加少不利于试样溶解。

（2）加入 10 mL 盐酸后趁热滴加二氯化锡溶液至浅黄色。

（3）用三氯化钛滴至刚出现蓝色即可，再滴加重铬酸钾溶液氧化至蓝色消失，不要过量。

7.8.3.2　二氧化硅的测定

A　方法原理

试样用过氧化钠熔融，稀盐酸浸取。在［H^+］为 0.2～0.25 mol/L 的酸性介质中，使硅酸与钼酸作用生成硅钼杂多酸（硅钼黄）。在草酸存在下，用硫酸亚铁铵将硅钼黄还原成硅钼蓝，于波长 660 nm 处进行比色，测量其吸光度，从而测定二氧化硅含量。

B　分析步骤

准确称取试样 0.1500 g 于铁坩埚内，加入 1 g 过氧化钠搅拌均匀后置于 950 ℃高温炉中熔融至液态，取出，在盛满蒸馏水的 1000 mL 烧杯液面上冷却降温后，浸入预先加入 100 mL 水的 300 mL 烧杯中，将铁坩埚用水冲洗干净取出，加盐酸 20 mL至试样完全溶解后，移入 250 mL 容量瓶中，用洗瓶冲洗烧杯，洗液移入上述 250 mL 容量瓶中，稀释至刻度，振荡均匀。用移液管吸取母液 10.00 mL（硅含量高时取 5.00 mL），放入预先加有 10 mL 水的 100 mL 容量瓶中，加入钼酸铵 5 mL，室温下静止 5 min 后，加硫酸亚铁铵溶液 20 mL，用水稀释至刻度，混匀。放置 10 min。取试液置于 1 cm 比色器皿中，以水为参比，于分光光度计波长为 660 nm 处测量其吸光度，从工作曲线上查出相应的硅含量。

C　注意事项

（1）熔融时间不宜过长或过短，熔至液面恰好平静即可取出。

（2）绘制曲线的环境温度应与试样分析的环境温度保持一致，否则影响结果的准确性。

7.8.3.3　磷的测定

A　方法原理

试样用盐酸溶解，高氯酸冒烟，并加入一定量的铁盐消除背景干扰，以过量亚硫酸钠还原高价铁为低价铁，加钼酸铵生成磷钼黄，在弱酸性溶液中，磷钼黄被还原为磷钼蓝，于波长 660 nm 处测量其吸光度，求出磷含量。

B　分析步骤

称取 0.2000 g 试样，随同试样做空白。将试样置于 250 mL 烧杯中，加入 25 mL

盐酸，适量氟化钠，浓缩体积至 5 mL。加入 5 mL 高氯酸，冒烟至皮膜状（体积约 2 mL）。取下待烟冒尽，加入热水控制体积为 25~30 mL，用快速滤纸过滤于 150 mL 三角瓶中，加入高铁盐至试液中铁含量为 0.2 g/mL，按下式计算铁盐的加入体积：

$$V = \frac{m \times (1 - \mathrm{TFe}\%)}{a}$$

式中　m——称样质量，g；

TFe——试样中含全铁质量分数，%；

a——1 mL 高铁盐溶液中铁的量，0.05 g；

V——高铁盐溶液体积，mL。

加入 4.5 mL 盐酸、12 mL 亚硫酸钠溶液，低温加热煮沸 1 min，取下迅速以流水冷却至室温，移至 100 mL 容量瓶中，加入 12 mL 盐酸、8 mL 钼酸铵溶液，静置 10~15 min，稀释至刻度，摇匀。用 3 cm 比色器皿，以水为参比，在分光光度计上于 660 nm 波长处进行比色，测量其吸光度，从工作曲线上查得磷含量。

C　注意事项

（1）高氯酸冒烟必须使液面呈皮膜状，否则氟驱赶不净影响分析结果。

（2）高硅试样需增加盐酸、氟化钠加入量和溶样时间，至样品溶解完全。

（3）绘制曲线的环境温度应与试样分析的环境温度保持一致，否则影响结果的准确性。

7.8.3.4　金属铁（单质铁，MFe）的测定

A　方法原理

用三氯化铁溶液溶解金属铁成二价铁，过滤分离不溶残渣，滤液中的二价铁用重铬酸钾标准溶液滴定，根据重铬酸钾标准溶液消耗量计算金属铁含量。

B　分析步骤

根据金属铁含量称取 0.10~0.50 g 试样，精确至 0.0002 g，见表 7-11。

表 7-11　试样称取量

金属铁质量分数/%	称取试样量/g
≤30.00	0.3500~0.5000
>30.00~70.00	0.2500~0.3500
>70.00	0.1000~0.2500

将称取的试样置于干燥的 250 mL 锥形瓶中，放入磁搅拌子，加入 40 mL 三氯化铁溶液，塞上瓶塞。用电磁搅拌器搅拌 40 min，避免溅起溶液。其间用少量水吹洗瓶壁 1~2 次。

用过滤器抽滤，滤液收集在吸滤瓶中，水洗过滤器 3~4 次，每次 5~10 mL 至淡黄色状溶液后，移至 300 mL 烧杯中，用水洗吸滤瓶 2~3 次，稀释至 150~200 mL。

或用酸洗石棉填充的玻璃漏斗过滤，将残渣洗入漏斗，洗涤 8~10 次，滤液收

集在 500 mL 锥形瓶中，稀释至 150～200 mL。

在 500 mL 锥形瓶中加 20 mL 硫磷混酸（铁高时可再加 10 mL 磷酸），加入 6 滴二苯胺磺酸钠溶液，用重铬酸钾标准溶液滴定至稳定的紫色为终点。

C　注意事项

（1）金属铁含量高时应延长振荡时间，使试样溶解完全，否则结果偏低。

（2）增加试样研磨时间，尽量保证处理均匀，分析时要做平行测试，以减少大偏差的出现。

（3）所用的三氯化铁溶液必须过滤后方可使用，以免引入杂质。

7.8.4　铁碳（磷）球的化学分析测定

7.8.4.1　全铁的测定

同铁皮压（团）块全铁的测定方法。

7.8.4.2　二氧化硅的测定

同铁皮压（团）块二氧化硅的测定方法。

7.8.4.3　磷的测定

同铁皮压（团）块磷的测定方法。

7.8.5　消石灰化学分析方法

7.8.5.1　方法原理

试验溶液以酚酞为指示剂，用盐酸标准溶液滴定至无色。

7.8.5.2　分析步骤

（1）称取 0.5000 g 试样，随同试样做空白置于 250 mL 锥形瓶中，加入 50 mL 水，振摇使之混匀。

（2）加入 50 mL 蔗糖溶液，用电磁搅拌器搅拌 15 min 后加入 2～3 滴酚酞指示剂，用盐酸标准溶液滴至溶液无色，并保持 30 s。

7.8.5.3　注意事项

控制滴定速度，终点滴至溶液为无色，并保持 30 s。

7.8.6　石膏化学分析方法

7.8.6.1　三氧化硫的测定

A　方法原理

在酸性溶液中，用氯化钡溶液沉淀硫酸盐，经过滤灼烧后，以硫酸钡形式称量。根据称量得到的硫酸钡的质量，通过化学计量关系计算出样品中三氧化硫的含量。

B　分析步骤

称取约 0.2000 g 试样，置于 300 mL 烧杯中，加入 30～40 mL 水使其分散。加入 10 mL 盐酸，用玻璃棒压碎块状物，慢慢加热溶液直至试样分解完全。将溶液加热微沸 5 min。用中速滤纸过滤，用热水洗涤 10～12 次。调整滤液体积至 200 mL，煮沸，在搅拌下滴加 15 mL 氯化钡溶液，继续煮沸数分钟，然后移至温热处静置 4 h 或过夜。用慢速滤纸过滤，用温水洗涤，直至检验无氯离子。将沉淀及滤纸一并移入已灼烧恒重的瓷坩埚中，灰化后在 800 ℃的马弗炉内灼烧 30 min，取出坩埚置于干燥器皿中冷却至室温，称量。反复灼烧直至恒量。

C　注意事项

溶液在温热处静置 4 h 或过夜时体积应保持在 200 mL。

7.8.6.2　H_2O 的测定

A　方法原理

试样在（45±3）℃下烘干所失去的附着水分。

B　分析步骤

称取试样 1 g（准确到 0.0001 g），置于已烘干至恒重的称量瓶内，将装有试样的称量瓶在（45±3）℃的干燥箱中烘干 2 h 以上，取出放入干燥器皿中，冷却至室温，马上称量。在同样温度下再烘干 30 min 以上，如此反复烘干，直至恒量。

C　注意事项

（1）称量瓶要恒重。

（2）试样在干燥箱中烘干 2 h 以上，要烘透。

（3）试样冷却至室温取出立即称量，防止吸潮。

7.8.7　增碳剂、发泡剂、石墨压球等化学分析方法

（1）增碳剂、精炼增碳剂、电炉焦粉发泡剂、焦丁增碳剂、石墨压球中固定碳的测定同煤工业分析中固定碳的测定方法。

（2）增碳剂、精炼增碳剂、石墨压球中硫的测定同煤硫的测定方法。

（3）石墨压球中灰分、挥发分的测定同煤工业分析中灰分、挥发分的测定方法。

7.8.8　碳化稻壳中固定碳的测定

7.8.8.1　方法原理

固定碳指在高温下有效的碳素百分含量。固定碳以经干燥后的木炭质量减去其所含灰分及挥发分来计算。

7.8.8.2　分析步骤

A　灰分的测定

在已于 800 ℃下灼烧到恒量的带盖瓷坩埚中称取试样 1 g（准确到 0.0002 g），将坩埚连同试样一道送入温度不超过 300 ℃的高温炉中，敞开坩埚盖，使炉温逐渐升到 800 ℃，并在（800±20）℃的条件下灼烧 2 h，取出坩埚置于瓷板上，盖上坩埚盖，在空气中冷却约 5 min，放入干燥器皿，冷却至室温称量。然后进行检查性灼烧，每次 30 min。直到试样的减量小于 0.001 g 或者质量增加时为止。

公式：　$A = m_2 \times 100/m_A$

B　挥发分的测定

在已于 850 ℃灼烧到恒量的挥发分坩埚中称取试样 1 g（准确到 0.0002 g），将坩埚盖好，轻轻振动以便试样铺平，安放在坩埚架上，迅速送入预先加热到 850 ℃的高温炉中，使坩埚位于热电偶测点的上方或下方，立即严闭炉门，同时开始计时，持续 7 min。试验开始时炉温下降，要求在 3 min 内炉温应该恢复到（850±20）℃，否则高温电炉温度应事先加热到 870 ℃。试验完毕后，取出坩埚置于瓷板上，在空气中冷却 5 min 后，将坩埚自架上取下，放入干燥器皿，冷却至室温称量。

公式：　$V = (m_B - m_3) \times 100/m_B$

固定碳公式：　$C = 100 - (A + V)$

7.8.8.3　注意事项

（1）瓷坩埚要恒重。

（2）要进行检查性灼烧，每次 30 min，直到试样的减量小于 0.001 g 或者质量增加时为止。在后一种情况下必须采用增量前的一次质量作为计算依据。

（3）做灰分时，炉膛内不要放入过多试样，加热要均匀，要灼烧透。

（4）做挥发分时，注意坩埚位于热电偶测点的位置，3~7 min 保证炉温恢复到（850±20）℃，放入坩埚架时不要接触热电偶。

7.8.9　硫磺包芯线化学分析方法

硫的测定。

7.8.9.1　方法原理

本方法通过扣除杂质（灰分、水分、有机物）的质量分数总和的方法，计算得工业硫磺中硫的质量分数。

7.8.9.2　分析步骤

A　水分的质量分数的测定

称取 5 g 试样（精确至 0.0001 g），置于预先恒量的称量瓶中，置于恒温干燥箱内，在（80±2）℃下干燥 3 h，取出称量瓶置于干燥器皿中，冷却，称量，精确至

0. 0001 g。重复以上操作，直至连续两次称量相差不超过 0. 001 g。

结果计算，水分的质量分数数值以%表示，按下式计算：

$$w_2 = \frac{m_2 - m_1}{m_2} \times 100$$

B　灰分的质量分数测定

称取 5 g 试样（精确至 0. 0001 g），置于预先恒量的瓷坩埚中，置于高温电炉门口，在低温下使硫磺缓慢燃烧。燃烧完毕后，移至高温炉内，在 800~850 ℃的温度下灼烧 40 min，取出瓷坩埚置于干燥器皿中，冷却，称量，精确至 0. 0001 g。重复以上操作，直至连续两次称量相差不超过 0. 0002 g。

结果计算，灰分的质量分数 w_3 数值以%表示，按下式计算：

$$w_3 = \frac{m_1 \times 100}{m \times (100 - w_2)} \times 100$$

C　有机物的质量分数测定

称取 5 g 试样（精确至 0. 0001 g），置于预先恒量的瓷器皿中，置于恒温干燥箱内，在（250±2）℃下烘 2 h，将瓷器皿与残余物移入干燥器皿中，冷却至室温，称量，精确至 0. 0001 g。将带有残余物的瓷器皿在高温炉内于 800 ~ 850 ℃ 灼烧 40 min，在干燥器皿中冷却至室温，称量，精确至 0. 0001 g。重复以上操作直至恒重。由 250 ℃和 800 ℃温度下两次称量的质量差计算出有机物的质量分数。

结果计算，有机物的质量分数 w_4 数值以%表示，按下式计算：

$$w_4 = \frac{m_1 \times 100}{m \times (100 - w_2)} \times 100$$

D　硫的结果计算

硫的质量分数 w_1 数值以%表示，按下式计算：

$$w_1 = 100 - (w_2 + w_3 + w_4)$$

7. 8. 9. 3　注意事项

（1）称量瓶、瓷坩埚、瓷器皿要恒重。
（2）做水分时，试样要灼烧透。
（3）做灰分时，注意试样易爆燃。

7. 8. 10　铝粒、铝线、重熔性铝锭、切削铝化学分析方法

7. 8. 10. 1　方法原理

用氢氧化钠溶解试样，以盐酸、氨水调节 pH = 6，再加入过量的 EDTA 标准溶液，以二甲酚橙为指示剂，用锌标准溶液回滴过量的 EDTA，根据其消耗量，借此计算铝的质量分数。

7. 8. 10. 2　分析步骤

称取试样 0. 1 g（精确至 0. 0001 g）于聚四氟乙烯烧杯中，加 20 mL 氢氧化钠

溶液，加热使试样完全溶解，冷却至室温，将溶解后的试液定容于 250 mL 容量瓶中，混匀。准确移取 25.00 mL 试液于 500 mL 锥形瓶中，加 100 mL 水，加一小块刚果红试纸，用盐酸调节试纸由红变为棕红色，如盐酸过量可用氨水进行调节。此时溶液 pH=6，加 25.00 mL EDTA 标准溶液，加 15 mL 醋酸-醋酸钠缓冲溶液，加热，煮沸 2 min，冷却至室温。加 5~6 滴二甲酚橙指示剂，用锌标准溶液，滴定至试液由黄色变玫瑰红色即为终点。

7.8.10.3　注意事项

（1）EDTA 标准溶液与锌标准溶液浓度要完全相同。
（2）试样溶解后，如溶液混浊，则需要过滤处理。
（3）注意溶液的 pH 值。

7.8.11　钝化镁粉化学分析方法

7.8.11.1　方法原理

试样用盐酸溶解，以酒石酸、三乙醇胺掩蔽铁、铝、锰等干扰元素，在 pH 值为 10 的氨性缓冲介质中以铬黑 T 为指示剂，用 EDTA 标准溶液滴定镁量。

7.8.11.2　分析步骤

称取两份 0.2500 g 试样（随同试样作空白试验），并带同种类的标准试样。将试样置于 250 mL 烧杯中，加水少许，缓慢加入盐酸 15 mL 至样品溶完（如有不溶样品可加过氧化氢数滴），在热水溶解中加热溶解，冷却，定容 250 mL 容量瓶中，加水稀释至刻度。用移液管取 25.00 mL 于 250 mL 锥形瓶中，加三乙醇胺 5 mL、抗坏血酸少许（0.05 g）、酒石酸 2 mL，加氨性缓冲溶液 10 mL，再加铬黑 T 指示剂 0.05 g，以 0.025 mol/L EDTA 标准溶液滴定至试液由红色变为纯蓝色为终点。

7.8.11.3　注意事项

（1）控制滴定速度，切记不要太快，否则结果偏高。
（2）滴定终点不明显或不显示时，要检查 pH 值。

7.8.12　保护渣、引流剂、改质剂等化学分析方法

以下内容适用于高碳保护渣、锆质引流剂、速溶改质剂、电炉渣、轴承钢中包覆盖剂、低钛氧化铝球、轴承钢、出钢口填充料、氧化铝球、低钛增碳剂合成渣化学成分的测定。

7.8.12.1　二氧化硅的测定

A　方法原理

试样以混合熔剂在碳粉上，于 950 ℃的马弗炉中熔融，熔块以盐酸溶解，高氯酸发烟使硅酸脱水，过滤、洗涤、沉淀、灼烧，称重，计算二氧化硅的含量。（滤

液保存备做氧化钙、氧化镁、三氧化二铁、三氧化二铝等项测定）

B　分析步骤

称取 0.25 g 试样（精确至 0.0002 g）随同试样做空白试验，用无灰分的定量滤纸叠成包子状，加 3 g 混合熔剂，试样于混合熔剂中混匀，拧紧后放入凹形碳粉中。将装有碳粉的坩埚放入 950 ℃的马弗炉中，溶解试样 13 min，取出器皿，冷却后将熔块从凹形碳粉中取出擦去碳粉，放入 200 mL 烧杯中，加盐酸 30 mL，加热溶解，待试样全溶后加 30 mL 高氯酸，冒尽高氯酸烟（干涸），取下加 5 mL 盐酸、100 mL 热水，加热溶解盐类，以快速滤纸过滤于 250 mL 的容量瓶中，沉淀用热盐酸溶液洗至无铁离子（以硫氰酸铵检验），再以沸水洗至无氯离子（以硝酸银检验），将沉淀连同滤纸放入瓷坩埚中，置于 950 ℃马弗炉中灼烧 30 min，取出，放入干燥器皿中冷却至室温，称重。

C　注意事项

（1）熔融时温度不可过高，否则熔块不光滑。

（2）高氯酸要洗净，否则在高温灼烧时易迸溅。

7.8.12.2　三氧化二铝的测定

A　方法原理

取二氧化硅滤液，调节滤液 pH=2，以磺基水杨酸为指示剂，掩蔽铁离子。调节溶液在 pH=5~6 时，加入 EDTA 标准溶液络合铝离子，以二甲酚橙为指示剂，再以锌标准溶液滴定过量的 EDTA，根据其消耗量，计算铝含量。

B　分析步骤

称取 0.25 g 试样（精确至 0.0002 g）随同试样做空白试验，取二氧化硅滤液 50.00 mL 于 500 mL 锥形瓶中，加 50 mL 水，加一小块刚果红试纸，用氨水调至刚果红试纸变红，再用盐酸调至试纸变蓝（此时 pH=2），加热至 60 ℃左右，加 2 mL 磺基水杨酸溶液，用 EDTA 标准溶液滴至红色消失，变为无色。加氨水使刚果红试纸变红，加入 EDTA 标准溶液（加入 EDTA 的量，根据含铝的高低加入）。加 15 mL 醋酸-醋酸钠缓冲溶液，加热煮沸 2 min，冷却至室温，加 5~6 滴二甲酚橙指示剂，用锌标准溶液滴定至由黄色变成玫瑰红色为终点。

C　注意事项

（1）溶液若铁含量高时，终点为黄色。

（2）如果试样不要求分析铁离子，操作过程也要滴定铁离子，否则干扰铝离子的测定，使结果偏高。

7.8.12.3　氧化钙的测定

A　方法原理

取二氧化硅滤液，在 pH 值不小于 12 时，加入钙指示剂，用 EDTA 标准溶液滴定时，根据 EDTA 标准溶液的消耗量，计算氧化钙的含量。

B　分析步骤

称取 0.25 g 试样（精确至 0.0002 g）随同试样做空白试验，取 25.00 mL 二氧化硅滤液于 500 mL 锥形瓶中，加水 100 mL，加 10 mL 三乙醇胺，加 20 mL 氢氧化钾溶液，加少许钙指示剂，用 EDTA 标准溶液滴定至紫色为终点。

C　注意事项

（1）控制滴定速度，切记不要太快，否则结果偏高。

（2）滴定终点不明显或不显示时，要检查 pH 值。

7.8.12.4　氧化镁的测定

A　方法原理

取二氧化硅滤液，在 pH 值不小于 12 时加入钙指示剂，用 EDTA 标准溶液滴定时根据 EDTA 标准溶液的消耗量，计算氧化钙的含量。

取二氧化硅滤液，以三乙醇胺掩蔽铁、铝、锰等离子，在 pH = 10 时加入镁指示剂，用 EDTA 标准溶液滴定氧化钙、氧化镁含量。

B　分析步骤

称取 0.25 g 试样（精确至 0.0002 g）随同试样做空白试验，取 25.00 mL 二氧化硅滤液于 500 mL 锥形瓶中，加水 100 mL，加 10 mL 三乙醇胺，加 20 mL 氢氧化钾，加少许钙指示剂，用 EDTA 标准溶液滴定至紫色为终点（氧化钙的滴定）。

称取 0.25 g 试样（精确至 0.0002 g）随同试样做空白试验，取 25.00 mL 二氧化硅滤液于 500 mL 锥形瓶中，加水 100 mL，加 10 mL 三乙醇胺，加 10 mL 氯化铵-氢氧化铵缓冲溶液，加少许镁指示剂，用 EDTA 标准溶液滴定至蓝色为终点（氧化钙、氧化镁含量的测定）。

C　注意事项

（1）控制滴定速度，不要太快，否则结果偏高。

（2）滴定终点不明显或不显示时，要检查 pH 值。

7.8.12.5　氧化亚铁的测定

A　方法原理

在隔绝空气的条件下，用盐酸和氟化钠分解试样，以二苯胺磺酸钠为指示剂，用重铬酸钾标准溶液滴定，根据重铬酸钾标准溶液的消耗量计算出氧化亚铁的含量。

B　分析步骤

准确称取 0.2000 ~ 0.5000 g 试样于干燥的 500 mL 三角瓶中，加氟化钠 0.1 ~ 0.3 g，加入碳酸氢钠 1 g，加盐酸 30 ~ 40 mL，于低温电炉上溶解，盖上坩锅盖，浓缩体积至 7 ~ 8 mL。取下，迅速冲洗三角瓶，并加水 100 mL 左右，加入硫磷混酸10 mL，加二苯胺磺酸钠指示剂 5 滴，迅速用重铬酸钾标准溶液滴至稳定的紫色为终点。

C　注意事项

（1）分析过程连续，滴定操作要迅速。

（2）当结果大于 20%时，滴定前应再加入碳酸氢钠 0.5 g 左右。

7.8.12.6　三氧化二铁的测定

A　方法原理

取二氧化硅滤液，调节滤液 pH = 2，控制温度在 60 ℃，EDTA 与铁形成络合物，加入磺基水杨酸，用 EDTA 标准溶液滴定，磺基水杨酸被置换出来，红色逐渐减少，终点时，磺基水杨酸全部置换出来，呈现无色。

B　分析步骤

称取 0.25 g 试样（精确至 0.0002 g）随同试样做空白试验，取二氧化硅滤液 50.00 mL 至 500 mL 锥形瓶中，加水 50 mL，加一小块刚果红试纸，用氨水调至刚果红试纸将要变红，再用盐酸调至试纸变蓝（此时 pH = 2）。加热至 60 ℃左右，加 2 mL 磺基水杨酸溶液，用 EDTA 标准溶液滴至红色消失、无色为终点。

C　注意事项

（1）滴定铁时 pH 值一定为 2，否则终点不明显。

（2）若溶液铁含量高时，终点为黄色。

7.8.12.7　二氧化钛的测定

A　方法原理

试样用碳酸钠-硼酸混合熔剂熔融，稀盐酸浸取。取部分滤液，在盐酸介质中钛与二安替比林甲烷形成黄色络合物，于分光光度计波长 390 nm 处测量其吸光度。加入抗坏血酸消除三价铁的干扰。

B　分析步骤

称取 0.2 g 试样（精确至 0.0001 g）随同试样做空白试验，将试样置于盛有 4 g 混合熔剂的铂坩埚中，混匀，再覆盖 1 g 混合熔剂，盖上坩埚盖并稍留缝隙，置于 800～900 ℃高温炉中，升温至 1050～1100 ℃熔融，使其完全熔融，取出，旋转坩埚，使熔融物均匀附于坩埚内壁，冷却。放入盛有煮沸的 60 mL 盐酸的 200 mL 烧杯中，低温加热浸取熔融物至溶液清亮，用水洗出坩埚及坩埚盖，冷却至室温，移入100 mL容量瓶中，用水稀释至刻度，摇匀。移取 25.00 mL 试样溶液于 50 mL 容量瓶中。

注：也可采用移取 25.00 mL 检验二氧化硅滤液（光度法）进行测定。加入 5 mL 抗坏血酸溶液、6 mL 二安替比林甲烷溶液、12 mL 盐酸，用水稀释至刻度，摇匀，放置 40 min。于分光光度计波长 390 nm 处以空白试验溶液为参比测量其吸光度。

标准曲线绘制：根据试样含量移取 0.00 mL、1.00 mL、2.00 mL、4.00 mL、6.00 mL、8.00 mL 不同浓度的钛标准溶液，分别置于一组 50 mL 容量瓶中，加 5 mL 抗坏血酸溶液、6 mL 二安替比林甲烷溶液、12 mL 盐酸，用水稀释至刻度，摇匀，于室温下放置 40 min。于分光光度计波长 390 nm 处以试剂空白为参比测量其吸光度，绘制标准曲线。

结果计算：　$w(TiO_2) = 1.668 \times 100 \times m_1/m$

C　注意事项

（1）熔融时间不宜过长或过短，熔至液面清亮平静，熔融完全即可（不同物料熔融时间不同）。

（2）浸取熔融物时，溶液易突沸迸溅，控制低温浸取并轻轻摇动烧杯，防止试液溅出。

（3）绘制曲线的环境温度应与试样分析的环境温度保持一致，否则影响结果的准确性。

7.8.13　引流剂化学分析方法

以下内容适用于高效无碳引流剂、铬质引流剂、高效低碳引流剂、锆质引流剂化学成分的测定。

三氧化二铬的测定。

7.8.13.1　方法原理

试样用碱溶解后，在硝酸银存在条件下，用过硫酸铵氧化将三价铬氧化为高价铬，用硫酸亚铁铵标准溶液滴定。

7.8.13.2　分析步骤

称取 0.1000 g 试样，精确至 0.0002 g。先加 2~3 g 的过氧化钠于坩埚中，再在试样上覆盖 1 g 左右的过氧化钠，置于马弗炉 800~850 ℃中熔融，关闭 3~7 min，使之均匀熔融直至试样完全溶解，取出冷却，置于事先加入 100~150 mL 热水的 600 mL 烧杯中，浸出熔块，洗出坩埚，加入 20 mL 硫酸酸化，再转移至 500 mL 锥形瓶中，加 10 mL 磷酸，用水稀释至体积为 200 mL，加 5 mL 硝酸银溶液，加 10 mL 过硫酸铵溶液，煮沸约 5 min，溶液至红色稳定，并使过量的过硫酸铵分解。加 10 mL 氯化钠溶液煮沸，溶液呈橙黄色稳定，冷却至室温，加 5~8 滴 N-苯代邻氨基苯甲酸指示剂，用硫酸亚铁铵标准溶液滴定至亮绿色为终点。

结果的计算，按下式计算三氧化二铬含量：

$$w(Cr_2O_3) = \frac{CV \times 152}{6m \times 1000} \times 100$$

7.8.13.3　注意事项

（1）控制滴定速度，切记不要太快，否则结果偏高。

（2）加完氯化钠溶液后的体积不得小于 100 mL，否则结果偏低。

7.8.14　硅钙线化学分析方法

7.8.14.1　硅的测定

A　方法原理

试样以混合熔剂于 950 ℃的马弗炉中熔融，熔块以盐酸溶解，高氯酸冒烟。经过滤、洗涤、灼烧、称量，求得硅含量。

B　分析步骤

取一张无灰滤纸，叠成包子状，在滤纸中放约 3 g 混合熔剂；称取 0.2500 g 试样，精确至 0.0001 g，倒入其中混匀；将滤纸拧成球状，放于铺有碳粉坩埚的小凹里，将坩埚连同试样放入 950 ℃马弗炉中熔融至清亮，取出冷却、凝固；用镊子将熔块取出，擦去碳粉，然后放入 250 mL 烧杯中，加 30 mL 盐酸，加热溶解后，加高氯酸 30 mL 冒烟（干涸）；再加水溶解盐类，以快速滤纸过滤于 250 mL 容量瓶中，沉淀用热盐酸溶液洗至无铁离子（以硫氰酸铵检验，滤液不显红色）为止；再以热蒸馏水洗至无氯离子（以硝酸银检验，无白色沉淀）为止；将沉淀连同滤纸放入瓷坩埚中，置于马弗炉中，于 1000 ℃灼烧 30 min，取出，冷却至室温，称量。

结果计算：　$w(\mathrm{Si}) = m_1 \times 0.4674 \times 100/m$

C　注意事项

（1）熔融时温度不可过高，否则熔块不光滑。

（2）高氯酸要洗净，否则在高温灼烧时易溅出。

7.8.14.2　钙的测定

A　方法原理

控制硅滤液 pH=12，加入钙指示剂，钙离子与指示剂生成绿色络合物，再用 EDTA 标准溶液滴定。Ca^{2+} 与 EDTA 中的阴离子可形成更稳定的络合产物，从而置换出钙指示剂，游离出的钙指示剂则呈现本身的紫色，借此判定滴定终点。

B　分析步骤

将测硅所得滤液移入 250 mL 容量瓶中，用水稀释至刻度。分取 50~500 mL 锥形瓶中，加 50 mL 水、10 mL 三乙醇胺溶液、20 mL 氢氧化钾溶液，少许钙指示剂，用 EDTA 标准溶液滴定至亮绿色消失为止。

结果计算：　$w(\mathrm{Ca}) = V \times C \times 0.04008 \times 100/m_1$

C　注意事项

（1）控制滴定速度，切记不要太快，否则结果偏高。

（2）滴定终点不明显或不显示时，要检查 pH 值。

7.8.15　铝铁化学分析方法

7.8.15.1　铁的测定

A　方法原理

试样用盐酸、氟化钠分解。先用二氯化锡将部分高价铁还原为低价铁，在一定体积下，加钨酸钠指示剂，用三氯化钛还原剩余的高价铁，过量的三氯化钛进一步还原钨酸根生成“钨蓝”，再用重铬酸钾将“钨蓝”氧化消失，加入硫磷混酸，以二苯胺磺酸钠为指示剂，用重铬酸钾标准溶液滴定。

B　分析步骤

称取 0.2 g 试样（精确至 0.0001 g）。将试样置于 500 mL 三角瓶中。加 0.1~

0.3 g 氟化钠、30 mL 盐酸，于低温电炉盘上加热溶解 3~4 min，滴加二氯化锡还原至溶液呈浅黄色，继续加热至试样溶解完全。浓缩体积为 8~10 mL 后，加 80 mL 水、15 滴钨酸钠溶液，滴加三氯化钛至溶液呈浅蓝色，再滴加重铬酸钾至无色，立即加入 20 mL 硫磷混酸、5~6 滴二苯胺磺酸钠，以重铬酸钾标准溶液滴定至稳定的紫色为终点。记取滴定消耗重铬酸钾标准溶液的体积。空白试验：用相同的试剂，按与试样相同的操作测量空白值，但在滴定前加入 10.00 mL 硫酸亚铁铵溶液，用重铬酸钾标准溶液滴定至终点；再加入 10.00 mL 硫酸亚铁铵溶液，用重铬酸钾标准溶液滴定至稳定的紫色为终点。前后滴定消耗重铬酸钾标准溶液体积之差即为空白值。空白值计算：$V_0=A-B$。

结果计算：

$$w(\mathrm{TFe})=\frac{(V-V_0)\times C\times 55.86}{m\times 1000}\times 100\%$$

C　注意事项

（1）用三氯化钛还原时，不宜过量，否则滴定时终点回返呈淡绿。

（2）三氯化钛还原时，溶液温度控制为 40~50 ℃，还原后应立即滴定。

7.8.15.2　铝的测定

A　方法原理

试样经酸溶解、氧化后，加过量氢氧化钠搅拌、过滤，分离铁、锰等干扰元素。分取部分滤液加入过量的 EDTA 标准溶液，以 PAN 为指示剂，先用硫酸铜标准溶液滴定过量的 EDTA，再用氟盐取代，最后用硫酸铜标准溶液滴定，借此求得铝含量。

B　分析步骤

准确称取 0.1000 g 试样，置于 250 mL 烧杯中，加 10 mL 盐酸，加热溶解后加 2 mL 硝酸，浓缩体积为 1~2 mL，取下稍冷。加 70 mL 水、5 g 氯化钠，加热至 50 ℃，在不断搅拌下加入 10 g 氢氧化钠，煮沸 5 min，冷却至室温。加 100 mL 水，搅拌、过滤、定容于 250 mL 容量瓶中。

分取 50.00 mL 滤液于 500 mL 锥形瓶中，加 30 mL EDTA 标准溶液，加 1~2 滴酚酞指示剂，用盐酸中和至无色；加 20 mL 乙酸-乙酸钠缓冲溶液，加热煮沸 3~5 min，加 5 滴 PAN 指示剂，用硫酸铜标准溶液滴定至紫蓝色为终点（不记读数）；加 10 mL 氟化钠溶液，摇匀，煮沸 2 min，冷却至室温；加 2 滴 PAN 指示剂，用硫酸铜标准溶液滴定至紫蓝色为终点，记录第二次消耗硫酸铜标准溶液的体积。

结果计算：

$$w(\mathrm{Al})=\frac{C\times V\times 0.02698}{m}\times 100$$

C　注意事项

（1）控制好温度。

（2）注意第一次不记读数，用硫酸铜标准溶液滴定溶液中过量的 EDTA 时紫蓝色为终点，不要过量。

7.8.16　稀土化学分析方法

稀土总量的测定。

7.8.16.1　方法原理

以硝酸、硫酸溶解试样，用草酸盐沉淀稀土，过滤、灼烧成稀土氧化物，称量，计算出稀土总量的质量分数。

7.8.16.2　分析步骤

称取约 0.1 g 试样（精确至 0.0001 g）。将试样置于 300 mL 烧杯中，加 10 mL HNO_3溶解，待试样溶解后，加 4 mL H_2SO_4，加热至冒浓硫酸烟；取下，冷却，用水冲洗杯壁，再加热至冒硫酸白烟，取下冷却；用 15 mL 水浸取盐类，加 10 mL HCl 加热至沸，加热水稀释体积至 100 mL，加 50 mL 热草酸溶液，加 5~6 滴甲酚红指示剂，用氨水调至橘黄色（pH = 1.5 ~ 2.0）并用 pH 试纸测验，煮沸，保温 10 min，在室温下放置 2 h，用慢速滤纸过滤，用草酸-草酸铵混合液，洗烧杯 3~4 次，洗沉淀 7~8 次，将沉淀连同滤纸放入瓷坩埚中，低温灰化；置于 850~900 ℃ 的马弗炉中灼烧 40 min，冷却至室温，称量。

稀土总量：
$$RE\% = \frac{W}{G} \times K \times 100\%$$

式中　W——灰分的质量，g；

G——试样的质量，g；

K——稀土氧化物换算为稀土总量的换算系数，通常采用 0.831~0.835。

7.8.16.3　注意事项

加热蒸发硫酸烟不易时间太长。

7.8.17　衬板分析方法

体积密度的测定。

7.8.17.1　方法原理

称量试样的质量，测量试样的尺寸，求出体积，计算体积密度。

7.8.17.2　分析步骤

称量前应把试样表面附着的灰尘及细碎颗粒刷净，在电热干燥箱内于（110±5）℃下干燥 1 h，并于干燥器皿内自然冷却至室温，称量每个试样的质量，精确至 0.01 g。再于（110±5）℃下干燥 15 min，置于干燥器皿内自然冷却至室温，再称量，直至恒重；用游标卡尺分别测量每个试样的长度 a、宽度 b 和厚度 c，精确至 0.05 mm。测量应在各面的中心线进行，每个尺寸需取 4 个面测定的平均值。试样干燥至最后两次称量之差不大于其前一次的 0.1%，即为恒重。

结果计算：　　(体积密度) $D_b = m/V = m/(abc)$

7.8.17.3　注意事项

正确使用游标卡尺，读数要准确。

任务 7.9　各种辅料仪器分析

7.9.1　钙包芯线、氧化铝粉 ICP 光谱仪分析方法

ICP 光谱仪分析的辅料品种有纯钙包芯线、氧化铝粉。

7.9.1.1　ICP 光谱仪工作原理

液态样品通过雾化室用泵打成细小的喷雾，大液滴通过雾化室去除，小液滴通过等离子区去除。高温蒸发溶剂后，样品被分解成激发态的离子和原子，并发射出可以检测的特征光，从而可以测量样品中每种元素的浓度。

7.9.1.2　ICP 光谱仪操作

A　ICP 分析仪点火操作

(1) 单击右下角点火图标，打开等离子状态对话框，设置泵速、雾化器气体流量、驱气气体流量。

(2) 确认光室温度稳定在 (38±0.1) ℃。

(3) 再次确认氩气储量和压力 0.60 MPa。

(4) 查看仪器状态是否正常，若有红灯警示，须做相应检查，若一切正常单击等离子体开启，进行点火操作。如果上次分析后有动过炬管，须打开仪器外门，注意观看点火时火焰的颜色、燃烧时的声音；发现点火后有不正常情况时要立即打开炬室门；正常点燃后，须查看废液泵管是否有水和气泡流出。

(5) 样品分析须等待等离子体燃烧 30 min 稳定后方可进行。

B　ICP 分析仪的常规试样分析操作

(1) 单击“分析”进入分析模块，单击“方法”→“新建”→……，选择所需的元素及其谱线。如校验曲线，需单击“方法”→“打开”，选择所需方法后确定。

(2) 单击“方法”→“分析参数”，设置重复次数，样品冲洗时间，积分时间。

(3) 单击“等离子源设置”，设置冲洗泵速和分析泵速、泵稳定时间、RF 功率、雾化器压力、辅助气流量、雾化器流量和垂直观测高度。

(4) 单击“标准”，选择标准中所含有的元素及其所需的谱线，设置和修改元素含量。

(5) 单击“方法”→“保存”，输入方法名，单击“确定”，方法编辑完成。

(6) 选择“分析方法”，单击标准化图标中运行校正标准，依次运行标准溶液，单击“完成”。

（7）通过“方法”→“元素”→“拟合”，察看谱线的线性关系和相关系数，以确定该谱线是否可用。如果没问题，就可单击未知样图标分析样品。

（8）输入样品名称后单击“运行”。

（9）测试完毕后，进样管用滤纸轻擦拭后，迅速放入蒸馏水中。

7.9.1.3　ICP 分析方法

A　纯钙包芯线仪器分析方法

a　方法原理

试样以盐酸溶解后稀释至一定体积。在电感耦合等离子体发射光（ICP-AES）仪器上同时测定锰、铜、镍、镁、铁、铝、硅元素发射光强度，计算锰、铜、镍、镁、铁、铝、硅的质量分数。

b　分析步骤

称取 0.1 g 试样（精确至 0.0001 g），随同试样做空白试验。将试料置于 100 mL两用瓶中，加入 20 mL 盐酸，低温加热至试料完全溶解，冷却至室温，用水稀释至刻度，混匀；启动电感耦合等离子体发射光谱仪，并在测量前至少预热 0.5 h，按照仪器操作说明使仪器优化。测定试料溶液中锰、铜、镍、镁、铁、铝、硅元素发射光强度，计算机自动由工作曲线计算出锰、铜、镍、镁、铁、铝、硅元素的浓度，以 g/mL 或%表示。

工作曲线：分别移取 1%钙溶液 10 mL 6 份于 100 mL 容量瓶中，并加入 20 mL 盐酸（1+1），分别加入锰、铜、镍、镁、铁、铝、硅标准溶液，使其分别含锰、铜、镍、镁、铁、铝、硅元素浓度为 0.000%、0.010%、0.050%、0.100%、0.500%、1.000%，定容，摇匀，以此作为标准溶液。由低到高测定工作曲线溶液中锰、铜、镍、镁、铁、铝、硅元素的发射光强度，分别以锰、铜、镍、镁、铁、铝、硅元素浓度为横坐标，分析线强度为纵坐标，绘制工作曲线。按下式计算锰、铜、镍、镁、铁、铝、硅元素的含量：

$$w = \frac{C \times V}{m \times 10^6} \times 100$$

c　注意事项

（1）当在配制工作曲线溶液和试料溶液所加试剂量完全相同时，可不做空白试验。

（2）溶液必须为澄清溶液，不能有漂浮、混浊、沉淀物。

（3）点火前检查蠕动泵泵管，确保无磨损或磨损过度。

（4）检查雾化器，看是否被堵。

B　氧化铝粉仪器分析方法

a　方法原理

试料以硫酸-磷酸混合酸在石英烧杯中加热溶解，用水稀释后，在电感耦合等离子体发射光谱仪上同时测定硅、铁、钠元素发射光强度，计算二氧化硅、三氧化二铁、氧化钠的质量分数。

b　分析步骤

称取 0.1 g 试样（精确至 0.0001 g）随同试料做空白试验。将试样置于 200 mL 石英烧杯中，加入 10 mL 磷酸和 2 mL 硫酸，盖上表面器皿，在电炉上边摇边加热溶解，待试料溶解完全后，立即取下冷却至 40~70 ℃，用热水冲洗表面器皿，洗涤液并入原烧杯中；再用热水将全部溶液洗入 200 mL 容量瓶中，混匀，冷却至室温；再用水稀释至刻度，混匀。启动电感耦合等离子体发射光谱仪，并在测量前至少预热 0.5 h，按照仪器操作说明使仪器优化；测定试料溶液中硅、铁、钠元素的发射光强度，计算机自动由工作曲线计算出二氧化硅、三氧化二铁、氧化钠的浓度，以%表示。

工作曲线：称取 5 个不同含量的氧化铝标准样品与试样同操作，由低到高测定标准样品溶液中硅、铁、钠元素的发射光强度。根据发射光强度和标准值由计算机自动绘制工作曲线。

c　注意事项

（1）溶液必须为澄清溶液，不能有漂浮、混浊、沉淀物。

（2）点火前检查蠕动泵泵管，确保无磨损或磨损过度。

（3）检查雾化器，看是否被堵。

7.9.2　石灰石、白云石、铁碳（磷）球、炉渣 X 射线荧光光谱仪分析方法

7.9.2.1　X 射线荧光光谱仪工作原理

照射原子核的 X 射线能量与原子核的内层电子的能量在同一数量级时，核的内层电子共振吸收射线的辐射能量后发生跃迁，在内层电子轨道上留下一个空穴，处于高能量的外层电子跳回低能态的空穴，将过剩的能量以 X 射线的形式放出产生的 X 射线即为代表各元素特征的 X 射线荧光谱线。其能量等于原子内壳层电子的能级差，即原子特定的电子层间跃迁能量。X 射线荧光分析法是根据特征谱线的波长或光量子能量来鉴别元素的。

7.9.2.2　X 射线荧光光谱仪操作

A　X 射线荧光光谱仪操作（PW 2540）

（1）样品的制作，采用不同方法将试样压片。

（2）将样品片进行编号，注明品种日期。

（3）将样品放入杯中，如所测的是疏松的粉末样品那么必须使用一个合适的样品杯（或用套环固定），防止样品污染样品室和通道光路，易发热的样品在光谱仪中不宜停留太长时间。

（4）在 Super Q 系统下选择测量这一项，单击“Open sample list”图标，如进样器中有样品存在则按“Remove”键取消，然后选定样品所在的进样器位置，按“Add Sample”键。

（5）进入“Add New Sample”窗口，选择“Routine”，在“Application”中选择品种。在“Value”中输入样品编号，单击“Add”添加，完毕后关闭此窗口，

按“No”回到进样器窗口。

（6）单击“Measurement sample queue”查看所输入样品顺序号是否正确，确定无误后单击“Sample changer map”回到进样器窗口，单击“Start”，开始自动分析。

（7）分析结束后，按黄色图标“Results quantitative”，进入“Results quantitative”窗口，输入样品品种名称，在“Select”中选择查询方式，查询所有单击“All”，按时间查询单击“Time Period”，并更改日期，单击“OK”后出现所有样品的结果。

B　X 射线荧光光谱仪操作（ARL 9900）

（1）打开计算机，启动“OXSAS”（输入用户名“HY”）无密码，单击“OK”进入操作系统。

（2）出现发送仪器配置对话框，直接关闭此对话框。

C　操作步骤

单击“分析和数据”→“批处理”，出现批处理界面。选择“方法”，可使用填充中的第一个方框按钮进行方法复制；“位置”可使用填充中的第二个方框按钮进行依次递增；在样品标识“Sample Name”中输入样品编号（注意：菱镁石样品在手工输入 LOI 中要输入灰分量），然后用鼠标选取所分析样品，按运行分析中的第三个方框按钮（包含所选样品），再按运行分析中的第一个方框按钮（开始执行批处理分析）。样品开始自动分析，分析完成，结果会显示在定量分析的界面。

D　分析结果的查看

单击“分析和数据”选项查看结果。单击每条结果前面的“+”，结果将在下面显示。

7.9.2.3　X 射线荧光光谱分析方法

A　方法原理

试样用助熔剂混合后，用铂黄坩埚在高频熔样机内进行熔融，冷却后成为光滑完整的熔片，或用压片机选择合适的压片模式将试样压制成片，通过 X 射线荧光光谱仪选择相应的工作曲线，进行分析。

B　分析步骤

a　铁碳（磷）球分析方法

称取试样（0.3500±0.0002）g，钴粉（0.3000±0.0002）g，将试样和钴粉置于一个称取（5.0000±0.0002）g 无水四硼酸锂的瓷坩埚中，搅拌均匀，然后倒入铂黄坩埚中，加入 15 滴硝酸锂溶液、适量的溴化锂溶液，放入高频熔样机中（根据实际情况设定熔样条件，必须保证试样熔融均匀完全，样片完整无裂纹）。选择设置的模式，开始熔样，熔样完毕，取下，冷却完全。选择相应的工作曲线，用 X 射线荧光光谱仪进行分析，分析结束后记录结果。

b　石灰石、白云石分析方法

称取试样（0.7000±0.0002）g，置于一个称取（7.0000±0.0002）g 无水四硼酸

锂的瓷坩埚中，搅拌均匀，然后倒入铂黄坩埚中，加入适量的溴化锂溶液，放入高频熔样机中（根据实际情况设定熔样条件，必须保证试样熔融均匀完全，样片完整无裂纹）。选择设置的模式，开始熔样，熔样完毕，取下，冷却完全。选择相应的工作曲线，用 X 射线荧光光谱仪进行分析，分析结束后记录结果。

c　炉渣分析方法

称取试样（10.0000±0.0002）g，放入套环中，用压片机根据实际情况选择压片模式（确保样片完整无裂纹），开始压片；然后选择相应的工作曲线，用 X 射线荧光光谱仪进行分析，分析结束后记录结果。

C　注意事项

（1）分析试样前先分析标样，检查曲线是否漂移，若标样结果与标准值比较在误差范围之内对样品进行分析；若标样结果与标准值比较超出误差范围须对工作曲线进行校正，校正后再分析标样，如标样结果与标准值比较在误差范围之内对样品进行分析。

（2）将压片放入荧光仪器前一定要检查压片是否疏松，要使用一个合适的样品杯（或用套环固定），防止样品污染样品室和通道光路。

（3）易发热的样品在光谱仪中不宜停留太长时间。

7.9.3　石灰石、矿粉、活性灰等红外碳硫仪分析方法

以下内容适用于采用红外碳硫仪分析石灰石、铁碳（磷）球、矿粉、铁皮压（团）块、活性灰、外购灰、新型中包无碳渣、低碳钢包砖、高碳保护渣、硅钙线、锆质引流剂、速溶改质剂中碳、硫。

7.9.3.1　红外碳硫仪工作原理

加入助熔剂的试样通氧，在感应炉作用下融化，试样中的碳转化为一氧化碳、二氧化碳，硫转化为二氧化硫，待测气体随载气进入气路系统，先到达二氧化硫检测池进行 S 的检测，随后通过热的氧化铜，将少量的一氧化碳转化成二氧化碳，二氧化硫转化成三氧化硫被纤维素吸收，然后，待测气体通过二氧化碳红外池检测碳含量。

7.9.3.2　红外碳硫仪操作

（1）在分析画面上输入样品编号，选择合适的分析方法。

（2）在外置天平上放一个空坩埚，关好天平门，按“Tera”键，进行去皮。

（3）称取所需试样，将试样放入坩埚内进行称重，关好天平门待重量稳定后，按天平的输入键输入重量。

（4）置于烧过并铺有助熔剂的坩埚中，用测定标样相同的条件、程序、操作进行测量。

（5）按炉子的“UP/DOWN”键，打开炉子，将坩埚置于支架上。

（6）再按“UP/DOWN”键，炉子关闭，分析自动开始。

（7）分析结果和释放峰值在显示器上自动显示出来。

7.9.3.3　红外碳硫仪分析方法

A　方法原理

试样于高频感应炉的氧气流中加热燃烧，生成的二氧化碳（二氧化硫）由氧气载至红外分析器的测量室，二氧化碳（二氧化硫）吸收某特定波长的红外能，其吸收能与其浓度成正比，根据检测器接受能量的变化可测得碳（硫）含量。

B　分析步骤

（1）铁碳（磷）球、铁皮压（团）块、活性灰、外购灰、新型中包无碳渣、低碳钢包砖、高碳保护渣、硅钙线、锆质引流剂、速熔改质剂中碳（硫）含量的测定：称取（0.2±0.02）g 试料，精确至 0.0001 g。将试料置于已预烧过的碳（硫）坩埚中，覆盖 1.5 g 钨粒，将坩埚放到炉子的支座上并上升到燃烧位置，按照仪器说明书中“自动分析”步骤操作，显示碳（硫）含量。

（2）铁矿石硫含量的测定：称取约 0.400 g 试料，精确至 0.001 g。将试料置于已预烧过并铺有 0.9 g 纯铁助熔剂的坩埚中，加 0.2 g 锡粒，再覆盖 0.4 g 纯铁助熔剂和 1.9 g 钨粒，用测定标样相同的条件、程序、操作进行测量。

（3）石灰石硫含量的测定：称取 0.15~0.20 g 试料，精确至 0.0001 g。将试料置于已预烧过并铺有 0.3 g 锡粒、0.5 g 纯铁和 1.5 g 钨粒，均匀覆盖。按照仪器说明进行分析测定。

C　注意事项

（1）如果气体关闭 8 h 以上，应打开气体流通 1 h 后，方可分析。

（2）如果高频炉不工作，将坩埚取走，炉头关闭。

（3）除非故障或长时间不使用否则不要关闭主电源开关。

（4）分析过程中不要用手接触坩埚，用专门的坩埚钳夹取坩埚，防止烫伤。

（5）分析过程中不要用手接触试样、助熔剂，不要让其他东西混入试样和助熔剂中，防止污染，以免影响分析结果。

（6）分析过程中，可根据试样熔解状态适量添加锡粒、纯铁助熔剂，改变钨粒的用量，改善试样熔解状态。

（7）石灰石试样分析前在 105~110 ℃干燥 2 h，置于干燥器皿中冷却至室温。

7.9.4　出钢口填充料、氧化铝球、轴承钢中包覆盖剂等快水仪分析方法

以下内容适用于余用快水仪分析出钢口填充料、氧化铝球、轴承钢中包覆盖剂、轴承钢合成渣、低钛氧化铝球、新型中包无碳渣、钢中包覆盖剂、高碳保护渣、锆质引流剂、衬板、铁皮（团）块、铁碳（磷）球、萤石压块、增碳剂、精炼增碳剂、电炉焦粉发泡剂、焦丁增碳剂、石墨压球、碳化稻壳中的水分。

7.9.4.1　方法原理

称取一定量的粒度小于 6 mm 的试样，使用红外线照射试样进行加热干燥，根据试样水分蒸发产生的质量损失计算出水分的含量。

7.9.4.2　分析步骤

按检验品种不同称取不同质量。衬板、碳化稻壳试样称取 10.0~12.0 g。氧化铝球、电炉发泡剂、增碳剂、焦丁增碳剂、石墨压球、精炼增碳剂、出钢口填料、中包无碳渣、萤石压块、精炼合成渣等试样称取 20.0~22.0 g。铁皮团块、铁碳（磷）球试样称取 30.0~32.0 g。

试样均匀地放在称样盘内，确认显示面板上显示稳定标志“0”后，按“START/STOP”键，开始分析。随温度逐渐上升至 120 ℃，每隔 2 min 自动进行一次称量，待两次称量结果变化等于 0.03%时，系统自动结束分析。测定结束时，加热器标志消失，显示测定结果标志“ * ”，蜂鸣器响 10 s。按“TERE/RESET”键复位。测定结果显示消失，显示干燥后的质量，分析结果直接显示在显示器上。打开加热器盖，垂直上提提圈，取出样品盘。使整个机器冷却到室温，再进行下次测定。

7.9.4.3　注意事项

（1）第二次测定时要让仪器冷却到室温，测定时必须使用常温的样品盘。

（2）试样应平坦均匀地摊开盛放。

课后习题

7-1　简答题：氧气转炉炼钢用的主要金属料组成有哪些？对铁水有何要求？

7-2　简答题：化验室检测炼钢用石灰，常检测哪些项目？

7-3　简答题：列举三种检测炼钢原料的设备，并简述它的工作原理。

思政展播

【党的二十大报告摘引】

必须坚持自信自立。中国人民和中华民族从近代以后的深重苦难走向伟大复兴的光明前景，从来就没有教科书，更没有现成答案。党的百年奋斗成功道路是党领导人民独立自主探索开辟出来的，马克思主义的中国篇章是中国共产党人依靠自身力量实践出来的，贯穿其中的一个基本点就是中国的问题必须从中国基本国情出发，由中国人自己来解答。我们要坚持对马克思主义的坚定信仰、对中国特色社会主义的坚定信念，坚定道路自信、理论自信、制度自信、文化自信，以更加积极的历史担当和创造精神为发展马克思主义做出新的贡献，既不能刻舟求剑、封闭僵化，也不能照抄照搬、食洋不化。

【工匠故事】

刘洁，女，1980 年 8 月出生，2007 年 8 月参加工作，中国共产党党员，硕士研究生学历，现任河钢集团钢研总院理化检测中心化学组组长。入职 14 年以来，她弘扬匠人精神，立足岗位，踏实勤奋，刻苦钻研，追求极致，在化学分析检测技术领域用精准数据说话，为高端材料研发领航，多项自主开发检测技术领先行业。2017 年，她代表河北省参赛，获得第二届京津冀职工职业技能大赛化学分析工冠军。2018年，她成为河北省“三三三人才工程”第三层次人选。先后荣获“河北省劳动模范”“河北省五一劳动奖章”称号，获得“河北冶金科学技术奖”“河钢集团科学技术奖”等11项，申请国家专利3项，核心期刊上发表科研论文20余篇，先后被授予河钢集团“优秀共产党员”“河钢工匠”“技术能手”“十大青年技术标兵”等多项殊荣。

初到岗位，她就被眼前的场景震撼了，化验室的设备多数她都从未见过，光凭自己那点儿理论知识，要想做出成绩，太难了！

刘洁深刻地意识到，要想在岗位有所成就，就必须从“零”做起。从那时起，化验室里多了一个勤学好问、刻苦钻研的身影。短短六个月的时间里，刘洁掌握了化验设备的运用和各种理化检测的技巧，大家都能做的她能做到速度最快，大家不能做的她却能够做到，她成了化验“全能手”。

2010年初，在岗位上表现出色的刘洁被择优推荐到刚组建的河钢钢研工作。以前的工作侧重于分析化验结果，河钢钢研的工作核心则是科技研发，相比较而言，要求更高了。但她利用业余时间通读了《分析化学》《仪器分析》《工业分析》等专业书籍，先后参加过国家实验室认可委员会组织的不确定度知识培训，同时由于有了将近3年的产线锻炼，这让她的理论知识与实际操作有了很好的衔接。

技无捷径，前无止境。在专业领域的探索中，她倾注了大量的专心、细心、耐心、创新和匠心。主持国家和行业标准制定3项，参与国际标准、国家标准制定、修订4项。填补了3项国内检测方法的空白。

前几年，在研发镍基高端合金的过程中，出现产品元素含量存在差异的问题，需要进行快速检测来确保成分的均匀性和准确性。

对于镍基合金的检测，无ISO标准。虽然存在国外标样，但是和国内所开发的高端镍基合金含量大相径庭，导致检测无标准方法可参考，也没有国内的标准样品做对照。国内现存镍基合金元素检测标准只有用其他实验方法进行定值，达不到产线快检要求。所以，无快检方法成为镍基高端合金研发之路的绊脚石。

“没有方法，我们就创造方法！”刘洁立刻召集全体成员召开攻关会议，查阅资料。最后，决定使用内控样法来检测高端镍基合金的成分含量，并用直读光谱仪进行精密度及准确度比对。刘洁带领化学组全体检测人员，半个月放弃周末休息，马不停蹄地做实验、比对数据、建线，将元素含量进行定值，以一系列高端镍基合金作为内控标样，成功地解决了一直以来的难题。

刘洁一直认为，一个人的力量是有限的。作为化学组组长，为迅速提升团队整体实力，刘洁探索实施“用目标引领质量提升”的管理机制，组织设定每位员工承担的科研项目、检测任务、创效指标等关键目标；同时，以湿法分析、仪器分析、实验室认可、危化品使用等为重点，制定规范了湿法化学检测项目标准、设备操作规程、维护点检规程、化学试验安全规程等100余项规章制度，提高了化学实验室的专业化、标准化的目标管理水平。在刘洁同志的帮助和带领下，化学实验室的员工技术能力不断提升，她带领团队承担的《镍基合金冶炼过程成分精准检测方法的建立与应用》荣获河北省冶金行业优秀质量管理成果奖二等奖，《中、高镍合金精准检测系列新方法的建立与应用》荣获河北冶金科学技术奖二等奖，获得“用于X

射线荧光光谱分析的铁合金熔融制样方法”国家发明专利的授权。近 5 年来，化学实验室试验成本同比年均降低 10%，设备利用率同比年均提高 23%，为子分公司创效 2000 余万元，外委创收 300 余万元。

“梅花香自苦寒来”，刘洁凭着化学反应般强烈的热情、如元素般单纯的执着和女性特有的细腻，践行着做一行爱一行专一行的工匠精神，在新材料研发检测工作上谱写着“火一样的青春”，为钢铁材料前沿技术研究、高端产品研发贡献自己的力量。

（资料来源：“河北国资”微信公众号）

参 考 文 献

[1] 田玉伟，曲涛．钢铁质量检验技术［M］. 北京：冶金工业出版社，2021.
[2] 张明远，邓能运，袁晓丽．冶金工程实验教程［M］. 北京：冶金工业出版社，2012.
[3] 储满生．钢铁冶金原燃料及辅助材料［M］. 北京：冶金工业出版社，2010.
[4] 吴胜利，王筱留．钢铁冶金学（炼铁部分）［M］. 北京：冶金工业出版社，2020.
[5] 石焱，杨广庆．冶金工程概论［M］. 北京：清华大学出版社，2020.
[6] 包丽明，吕国成．炼铁原料生产与操作［M］. 北京：化学工业出版社，2015.
[7] 俞海明，聂玉梅．炼钢原料概论［M］. 北京：冶金工业出版社，2016.
[8] 司卫华．金属材料化学分析［M］. 北京：机械工业出版社，2018.
[9] 孙斌煜．钢铁生产概论［M］. 北京：冶金工业出版社，2020.
[10] 王松青，应海松．铁矿石与钢材的质量检验［M］. 北京：冶金工业出版社，2007.

附　录

附录1　实 训 报 告

项目A　实验项目名称

实训地点		实训时间	
小组成员		姓名	
实训意义			
实训目标			
实训注意事项			
实训任务			
方法原理			
实训设备介绍			
实训操作程序			
实训数据记录			
实训结果 计算分析			

续项目 A

<table>
<tr><td>实训地点</td><td></td><td>实训时间</td><td></td></tr>
<tr><td>小组成员</td><td></td><td>姓名</td><td></td></tr>
<tr><td>考核评价</td><td colspan="3">
<table>
<tr><td colspan="4">专业实训任务评价</td></tr>
<tr><td>评价内容</td><td>标准分值</td><td>小组自身评价（占 40%）</td><td>教师对学生评价（占 60%）</td></tr>
<tr><td>出勤、纪律（10%）</td><td>10</td><td></td><td></td></tr>
<tr><td>实习表现（20%）</td><td>20</td><td></td><td></td></tr>
<tr><td>实验过程（40%）</td><td>40</td><td></td><td></td></tr>
<tr><td>实验结果与分析（30%）</td><td>30</td><td></td><td></td></tr>
<tr><td>合计</td><td></td><td></td><td></td></tr>
</table>
</td></tr>
<tr><td>参考资料</td><td colspan="3"></td></tr>
</table>

附录 2 《冶金原料性能检测与分析》试题（一）

一、是非判断题（请在括号内对你认为正确的打√，错误的打×）（每小题 2 分，共 10 分）

1. 物料成球性能的测定中，成球性指数 $K>0.8$ 具有优等成球性。（　　）
2. 天平感量与灵敏度成正比，感量越小，灵敏度越高。（　　）
3. 生石灰活性度的测定需要在高温下进行。（　　）
4. 孔隙率是试样中全部孔隙的体积与试样的总体积之比，用体积分数表示。（　　）
5. 焦炭的机械强度表示其在常温下的抗碎强度和耐磨强度。（　　）

二、选择题（请将你认为正确的选项的字母填入题后的括号内）（每小题 3 分，共 18 分）

1. 铁矿石的软熔性对高炉（　　）带的特性有决定性的影响。

A. 块状　　B. 软熔　　C. 滴落　　D. 风口

2. 铁矿石的还原度是指铁矿石中的氧化物被（　　）还原的难易程度。

A. Ar　　B. N_2　　C. CO_2　　D. CO

3. 烧结过程中料层自上而下分为五层，位于燃烧层上方的是（　　）。

A. 垫底料层　　B. 预热层　　C. 烧结矿层　　D. 过湿层

4. 烧结实验中混匀阶段二混加入的是（　　）。

A. 碱性液体　　B. 水蒸气　　C. 酸性液体　　D. 水

5. 某烧结机料层厚度为 0.49 m，有效长度为 40 m，机速为 1.8 m/min 时的垂直烧结速度为________mm/min。

A. 100.05　　B. 22.05　　C. 6.21　　D. 36.69

6. 氧化球团是应用最为广泛的一种铁矿球团，一般情况下要求原料中粒度（　　）75 μm(200 目) 部分的比例大于 80%。

A. 小于　　B. 大于　　C. 等于　　D. 大于等于

三、填空题（请将你认为正确的答案填在横线上）(每空 2 分，共 36 分)

1. ________________是球团生产中常用的黏结剂。

2. 在碳酸盐分解压力的测定中，碳酸盐加热发生分解反应，$MCO_{3(s)} = MO_{(s)} + CO_{2(g)}$，求得 $\Delta rGm = RT\ln P'_{CO_2} - RT\ln P_{CO_2}$。

当 $P'_{CO_2} > P_{CO_2}$ 时，$\Delta rGm > 0$，分解反应________向进行，

当 $P'_{CO_2} < P_{CO_2}$ 时，$\Delta rGm < 0$，分解反应________向进行。

当 $P'_{CO_2} = P_{CO_2}$ 时，$\Delta rGm = 0$，分解反应达到____________。

3. 高温焙烧固结是提高球团强度的一种重要方法，根据焙烧气氛不同，有________________和________________两种，但其所用的焙烧设备基本相同。

4. 在实验室进行的模拟烧结实验，把粉状物料在高温下转变成烧结矿的过程，都是模拟生产工艺参数在______________上完成的，它包括______________、____________、____________、____________。

5. 单位质量（或体积）的散装粉末状物料所具有的总表面称为__________，它是矿粒__________和__________之和，单位用 cm^2/g 或 cm^2/cm^3 表示。

6. 渗透法是测定比表面的一种常用的方法。渗透法系利用流体在通过被测试样料层时的速度计算比表面，因所用流体的不同，分为____________________和____________________。____________________可用于测定大于 5 μm 的试样，更细的物料和水发生作用的物料需用____________________。

四、名词解释（每题 3 分，共 12 分）

1. 烧结矿的转鼓指数。
2. 烧结矿的抗磨指数。
3. 孔隙率。
4. 软化温度区间。

五、简答题（共 9 分）

在烧结混匀和制粒过程以及球团造球过程中，最大毛细水含量和最大分子水含量直接影响成球速度和生球强度。简述两者之间的区别和测定方法有什么不同。

六、计算题（1 小题，共 15 分）

焦炭的筛分组成及机械强度的测定中，实验数据记录于附表 1。

附表 1　实验数据

筛分粒级/mm	各粒级质量/kg	所占比例/%
40~60	15	
25~40	40	
10~25	10	
<10	5	
总质量	70	

求：

（1）将上表中的“所占比例”一列补充完整（5分）；

（2）焦炭的抗碎强度（m_{+25}）（5分）；

（3）耐磨强度（m_{-10}）（5分）。

附录3 《冶金原料性能检测与分析》试题（一）答案

一、是非判断题（每小题2分，共10分）

1. √ 2. √ 3. × 4. √ 5. √

二、选择题（每小题3分，共18分）

1. B 2. D 3. C 4. B 5. B 6. A

三、填空题（每空2分，共36分）

1. 膨润土
2. 逆、正、平衡
3. 氧化球团、预还原球团
4. 烧结杯、装料、点火、烧结、冷却
5. 比表面、内表面、外表面
6. 液体渗透法、气体渗透法、液体渗透法、气体渗透法

四、名词解释（每题3分，共12分）

1. 烧结矿的转鼓指数：转鼓后将烧结矿筛分，采用6.3 mm的方孔筛，筛上物质量占入鼓烧结矿质量的百分比称为烧结矿的转鼓指数。

2. 烧结矿的抗磨指数：转鼓后将烧结矿筛分，筛下物采用0.5 mm的筛子进行筛分，筛下物质量占入鼓烧结矿质量的百分比称为抗磨指数。

3. 孔隙率：试样中全部孔隙的体积与试样的总体积之比，用体积分数表示。

4. 软化温度区间：软化开始温度和软化终了温度之间的温度区间。

五、简答题（共9分）

答：最大毛细水含量采用容量法测定。水在毛细力作用下沿物料颗粒之间形成的毛细孔上升，直至水将全部毛细孔充满为止。

最大分子水含量一般采用压滤法。分子水被牢固吸附在矿粒表面，失去了自由水的一切特性，以至在较大的离心力或者压力下都难以使分子水与矿粒分离。

六、计算题（1小题，共15分）

解：

（1）21.43%　57.14%　14.29%　7.14%

（2）$m_{+25}=m_1\times100\%$

式中　m_1——大于25 mm焦炭的质量，kg。

$m_1=15+40=55$ kg

式中　m——入鼓焦炭的总质量，kg。

$m=70$ kg

$$m_{+25}=\frac{m_1}{m}\times 100\%$$
$$=55/70\times 100\%$$
$$=78.57\%$$

（3）耐磨强度（m_{-10}）。

$$m_{-10}=(m_2/m)\times 100\%$$

式中　m_2——小于 10 mm 粒级焦炭的质量，kg。

$$m_{-10}=(m_2/m)\times 100\%$$
$$=5/70\times 100\%$$
$$=7.14\%$$

答：本实验中焦炭的抗碎强度 m_{+25} 为 78.57%，耐磨强度 m_{-10} 为 7.14%。

附录 4　《冶金原料性能检测与分析》试题（二）

一、判断题（请在括号内对你认为正确的打√，错误的打×）（每小题 2 分，共 10 分）

1. 生球制取工序经过母球的形成、母球长大和生球的紧密三个阶段。（　　）

2. 堆积密度是指在规定条件下，散状物料在自然状态下堆积时单位容积内的质量（g/cm^3）。（　　）

3. 筛上物质量占入鼓烧结矿质量的百分比称为抗磨指数，筛下物质量占入鼓烧结矿质量的百分比称为转鼓指数。（　　）

4. 低温还原粉化性的测定，就是模拟高炉上部条件进行的，是评价铁矿石冶金性能的重要指标。（　　）

5. 物料可按粒度大小分成若干级别，各粒级的相对含量称为粒度分析。（　　）

二、选择题（请将你认为正确的选项的字母填入题后的括号内）（每小题 3 分，共 18 分）

1. 减重法测铁矿石的还原度实验中 CO 还原铁矿石发生在（　　）装置中。

A. 煤气发生炉　　B. 还原管　　C. 分析配气　　D. CO

2. 为了减少生球入炉粉末，应提高（　　）。

A. 生球粒度　　B. 生球强度　　C. 生球水分　　D. 生球筛间隙

3. 体积包括物料内部孔隙的体积，其密度称为视密度或者假密度的是（　　）。

A. 散状物料　　B. 块状物料　　C. 散状物料或块状物料

4. 铁矿石熔滴性能测定实验完成后，需要切断还原气体，改通（　　）保护冷却。

A. CO_2　　B. H_2　　C. N_2　　D. CO

5. 铁精矿经过强力混合以后，物料均匀程度______，−0.075 mm 粒子含量______。（　　）

A. 下降 提高　　B. 提高 提高　　C. 提高 下降　　D. 下降 下降

6. 物料的成球性指数 K 在______范围内具有优等成球性。(　　)

A. >0.5　　B. >0.2　　C. >0.8　　D. >0.3

三、填空题（请将你认为正确的答案填在横线上）(每空 2 分，共 36 分)

1. 电热管状炉是实验室常用的小型球团焙烧设备，它是由____________和____________连用，并配制有鼓风设备、流量计和测温热电偶。

2. 煤粉的发热量在氧弹热量计中进行测定。将一定量的分析试样置于氧弹热量计中，其在充有过量____________的氧弹内燃烧，氧弹计的热容量通过在相似条件下燃烧一定量的基准物苯甲酸来确定。根据试样点燃前后量热系统产生的____________并对点火热等附加热进行校正后，即可求出试样的____________。

3. 球团矿还原膨胀指数的测定中，试样直径为 12 mm，还原前试样的体积为________ mm^3，还原膨胀指数为 10%，还原后试样的体积为________ mm^3。

4. 铁矿石低温还原粉化性能的测定模拟的是铁矿石进入高炉炉身上部 500～600 ℃温度区间，由于受到____________和____________的冲击以及铁矿石还原过程中发生晶形变化，导致块状含铁矿物____________而产生大量的粉状物料。大量的粉末直接影响炉内____________和____________，从而影响高炉冶炼的产量和质量。

5. 焦炭的机械强度表示其在常温下的____________和____________。

6. 圆盘造球过程中加水方式可以采用____________和____________。

7. 在煤粉发热量的测定中，从弹筒发热量中扣除硝酸产生热和硫酸校正热后，即得煤粉的____________。对煤中水分（煤中原有的水和氢燃烧后生成的水）的汽化热进行校正后，即得煤粉的____________。

四、名词解释（每题 3 分，共 12 分）

1. 筛比。

2. 还原膨胀指数。

3. 视密度。

4. 煤粉的着火点。

五、计算题（每题 8 分，共 16 分）

1. 某铁矿石成球性能的测定实验中，测得试样的最大分子湿容量 7.4%，测得试样的最大毛细湿容量 16.5%，求成球形指数 K 为多少？

2. 球团矿转鼓指数的测定实验中，取入鼓试样质量 m_0 为 15 kg 球团矿放入转鼓内，以 25 r/min 的速度旋转 8 min，结束后将试样从转鼓中取出，采用机械摇筛分级，转鼓后大于 6.3 mm 粒级的质量 m_1 为 14 kg，转鼓后 0.5～6.3 mm 粒级的质量 m_2 为 0.7 kg，试求球团矿的转鼓指数 T 和抗磨指数 A。

六、简答题（共 8 分）

根据附图 1 实验装置，简述粗颗粒滴定法测定生石灰活性度的方法。

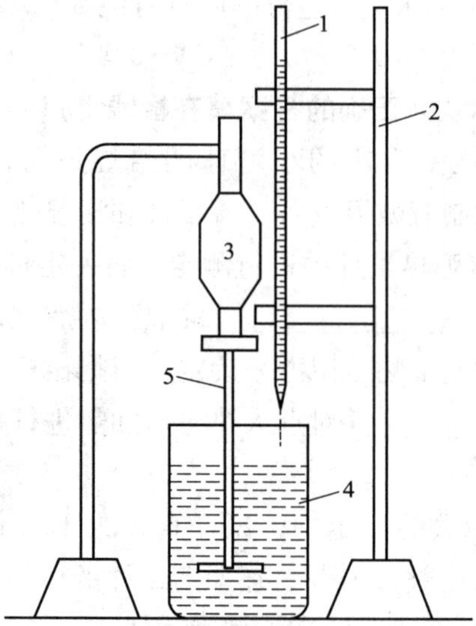

附图 1　生石灰活性测定装置

1—滴管；2—支架；3—电机；4—生石灰水溶液；5—搅拌器

附录 5　《冶金原料性能检测与分析》试题（二）答案

一、判断题（每小题 2 分，共 10 分）

1. √　2. √　3. ×　4. √　5. ×

二、选择题（每小题 3 分，共 18 分）

1. B　2. B　3. B　4. C　5. B　6. C

三、填空题（每空 2 分，共 36 分）

1. 干燥预热炉、高温焙烧炉

2. 氧气、温升/温度变化、弹筒发热量

3. 904、9944

4. 物料、气流、粉化、气流的分布、炉料的顺行

5. 抗碎强度、耐磨强度

6. 滴状水、雾状水

7. 高位发热量、低位发热量

四、名词解释（每题 3 分，共 12 分）

1. 筛比：两个相邻筛子的筛孔尺寸之比。

2. 还原膨胀指数：球团矿在等温还原过程中自由膨胀，还原前后体积增长的相对体积分数称为还原膨胀指数。

3. 视密度：块状物料的体积包括物料内部孔隙的体积，其密度称为视密度。

4. 煤粉的着火点：将煤粉加热到开始燃烧的温度称为煤粉的着火点。

五、计算题（每题 8 分，共 16 分）

1. 解：成球性指数 K 的计算公式为：$K = W_{分}/(W_{毛} - W_{分})$，本题中 $W_{分}$ =

7.4%　$W_{毛}$ = 16.5% 代入上述公式中，$K = 7.4\%/(16.5\% - 7.4\%)$ 计算得 $K =$ 0.8131。

2. 解：已知入鼓试样质量 $m_0 = 15$ kg，转鼓后大于 6.3 mm 粒级的质量 $m_1 =$ 14 kg，转鼓后 0.5~6.3 mm 粒级的质量 $m_2 = 0.7$ kg。

（1）求转鼓指数 T（4分）

$$\begin{aligned} T &= (m_1/m_0) \times 100\% \\ &= 14/15 \times 100\% \\ &= 0.9333 \times 100\% \\ &= 93.33\% \end{aligned}$$

（2）抗磨指数 A（4分）

$$\begin{aligned} A &= [(m_0 - m_1 - m_2)/m_0] \times 100\% \\ &= [(15-14-0.7)/15] \times 100\% \\ &= 0.02 \times 100\% \\ &= 2\% \end{aligned}$$

答：此球团矿的转鼓指数 T 为 93.33%，抗磨指数 A 为 2%。

六、简答题（共8分）

答：（1）将事先准备好的（40±1）℃的蒸馏水 2000 mL 倒入 3000 mL 的烧杯中，滴入 5~6 滴酚酞指示剂。

（2）在滴管内装好 500 mL 的 4N HCl 的溶液，然后开动搅拌机（转速 225 r/min）。

（3）把 50 g 粒度为 1~10 mm 的生石灰，一次加入水温为 40 ℃的烧杯中，同时滴入 4N HCl 溶液，并开始计时。滴入 HCl 时，应使溶液始终保持当量点（显微红色）。

（4）分别测定滴定 5 min 和 10 min 到达终点（即红色消失）时的 HCl 消耗量，生石灰的活性用 HCl 的消耗量来表示。